WALTER **SCHUMANN**
ADAPTATION FRANÇAISE J.-P. POIROT

Minéraux et roches

Plus de 600 échantillons grandeur nature

delachaux
et niestlé

Avertissement important
Les conseils et recommandations inclus dans cet ouvrage sont le résultat des longues années d'expérience de l'auteur et ont été vérifiées dans la pratique courante. Il est néanmoins recommandé au lecteur, dans son propre intérêt, de toujours se comporter avec sagesse, et de prendre toutes les mesures de précautions nécessaires, notamment en présence de substances toxiques ou radioactives. Toute responsabilité de l'auteur, de ses traducteurs ou des maisons d'édition concernés est exclue quant aux éventuels accidents sur les personnes et les biens.

Minéraux émettant des rayonnements radioactifs intenses ou durables

Minéraux émettant des rayonnements radioactifs faibles ou occasionnels

Édition originale :
Titre : *Der grosse BLV Steine- und Mineralienführer*

Édition française :

ISBN : 978-2-603-02462-1
Dépôt légal : mars 2016
Impression : Printer Trento (Italie)

Révision scientifique : Jean-Paul Poirot
Mise en pages : Dédicace, Villeneuve-d'Ascq
Couverture : Léa Larrieu

Cet ouvrage a précédemment paru aux Éditions Delachaux et Niestlé sous le titre *Guide des minéraux et des roches*.

Extrait de l'avant-propos de la 5e édition

Collectionner des pierres est devenu un passe-temps auquel s'adonnent de plus en plus d'adeptes, qui touche maintenant un vaste public et est apprécié par des passionnés de tous âges. Le développement croissant des loisirs va encore renforcer cette tendance puisque jours de congé et collecte vont souvent de pair aujourd'hui. En effet, l'envie d'utiliser son marteau de minéralogiste détermine bien souvent le lieu et le genre des vacances envisagées. Le but de ce *Guide des minéraux et des roches* est à la fois d'aider le collectionneur et d'initier celui qui souhaite le devenir. C'est pourquoi son texte a été conçu de manière à intéresser aussi bien le spécialiste que l'amateur. Il tient compte, par ailleurs, des données scientifiques les plus récentes. Plus de 600 échantillons sont présentés en couleurs et grandeurs nature. Ils ont été sélectionnés avec soin et choisis parce qu'ils étaient les représentants caractéristiques du monde des minéraux et des roches. Les textes sont toujours placés en regard des illustrations qu'ils décrivent, d'où une information rapide, aussi précise qu'optimale.

Walter Schumann

Avant-propos de la 8e édition

Le *Guide des minéraux et des roches* a été actualisé et augmenté avec d'importantes indications pour les collectionneurs. Le concept de base, bien accueilli par les collectionneurs, demeure inchangé. Une nomenclature pratique est introduite dans cet ouvrage pour améliorer encore plus la détermination des minéraux et roches, également dans la littérature spécialisée. Par sa traduction en de nombreux idiomes, le *Guide des minéraux et des roches* est distribué dans le monde entier.

Walter Schumann

Note concernant la traduction

Le texte allemand a été transposé aussi fidèlement que possible ; cependant, certaines présentations ont en outre été précisées, notamment quant aux différences entre densité et poids spécifique, entre irisation, iridescence, opalescence, quant aux définitions des pierres précieuses, fines et ornementales. Quelques adaptations ont dû être apportées pour tenir compte des spécificités françaises et allemandes.

Jean-Paul Poirot

Table des matières

Introduction

Quelques notions et définitions

Pierre Dans le langage populaire, pierre est un terme général désignant tous les composants solides de l'écorce terrestre, excepté la glace. Par contre, le joaillier ne comprend sous ce terme que les gemmes et les pierres décoratives, de même que l'entrepreneur n'entend par là que les matériaux lui permettant de construire. Mais en géologie, science de la Terre, on ne parle pas de pierres, mais seulement de roches et de minéraux.

Roches Les roches sont des assemblages naturels de minéraux. Elles forment des corps géologiques indépendants de grande extension. – La pétrologie, ou pétrographie, est la science des roches.

Minéral Un minéral est un constituant naturel homogène de la croûte terrestre ou de la surface de la Lune. La plupart des minéraux ont des formes cristallines bien déterminées. – La minéralogie est la science des minéraux.

Micromounts Les micromounts sont de très petits échantillons de minéraux, atteignant tout au plus la taille d'un ongle. Ce mot n'est utilisé que par les collectionneurs. Un micromounter est un collectionneur de petits échantillons. Cette manière de collectionner les minéraux s'est répandue à travers le monde entier ces dernières années.

Cristal Un cristal est un corps fait d'une matière homogène, à structure interne géométrique caractérisée par la stricte ordonnance de ses composants élémentaires (atomes, ions ou molécules) dans un réseau cristallin. – La cristallographie est la science concernant l'étude des cristaux.

Gemme Il n'existe pas à proprement parler, de définition des gemmes. La plupart du temps, les gemmes sont des minéraux, plus rarement des agrégats de minéraux, parfois d'origine organique ; des cristaux synthétiques tentent de les contrefaire.
Les gemmes ont en commun une certaine rareté et l'esthétisme. Une véritable différenciation entre pierres précieuses, fines et décoratives n'est pas possible, bien que le langage populaire emploie ces expressions, car les critères font défaut. La locution « pierre semi-précieuse » est interdite d'emploi, mais elle est encore répandue parmi les ignorants et les personnes peu scrupuleuses. La science de la pratique des gemmes (« *Edelsteinkunde* ») est dite internationalement « gemmologie ».

Minerai En gîtologie, on entend par minerai en général un assemblage de minéraux ayant une teneur exploitable pour un métal donné. Au point de vue structure, un minerai présente le caractère d'une roche. Il arrive que d'autres matières premières utilisées en technique soient également appelées minerai, même lorsqu'elles ne possèdent pas de caractère métallique. En pétrographie, en revanche, on appelle minerai tous les composants métalliques, c'est-à-dire tous les minéraux métalliques.

Météorite Les météorites sont des fragments solides provenant de l'espace. On peut qualifier ces roches d'extra-telluriques.

Tectite Les tectites sont des pierres rondes et vitreuses. Elles proviennent de la condensation de matières sublimées par l'impact de météorites géantes. L'appellation météorite vitreuse est incorrecte.

Organisation de l'ouvrage

Disposition La matière se répartit dans trois grands chapitres concernant respectivement les minéraux, les roches et les pierres extra-terrestres. La présentation a été conçue de façon à ce que chacune des trois parties puisse être considérée aussi bien pour elle-même qu'en relation avec les autres chapitres.
Une importante clé de détermination pour les minéraux (p. 352-375) et un tableau de détermination des roches (p. 376-380) pourront être simplement consultés ou utilisés pour l'identification d'échantillons.
Les roches lunaires ne sont pas traitées, car elles ne représentent pas un groupe particulier dans la classification génétique des roches. Les roches lunaires sont des roches magmatiques de composition principalement basaltique et doléritique.

Illustrations De nombreuses illustrations à grande échelle complètent le texte. Cela a permis d'alléger les descriptions, et de les réduire parfois à un minimum.
Les modèles des photographies ne sont ni des pièces de musée exceptionnelles, ni des micromounts, mais des minéraux et des agrégats tels que les collectionneurs peuvent les trouver ou les acheter, par exemple dans les bourses aux minéraux. Les différents échantillons sont représentés, à peu d'exceptions près (accompagnées des indications nécessaires), dans leur dimension réelle. Ainsi, en regardant la photo d'un minéral ou d'une roche, le lecteur pourra découvrir de nombreux détails à l'œil nu, comme dans la nature.

Présentation

Texte Le texte est très concis, de façon à ménager de la place aux nombreuses illustrations. L'emploi du style télégraphique s'est révélé parfois nécessaire. Des subdivisions variées et de nombreuses définitions rendent la matière plus accessible, et, en particulier pour les gens pressés, la lecture plus facile. Quant aux concepts spéciaux, nous avons évité de recourir soit à de trop longues explications, soit aux abréviations qu'on rencontre pourtant couramment dans la littérature spécialisée. Comme ce livre s'adresse à un large public, le texte a été conçu de la façon la plus simple et la plus compréhensible possible. Nous avons renoncé volontairement à des thèmes très importants pour les spécialistes, tels que les classes de symétrie, la structure cristallochimique des silicates ou la constitution atomique des cristaux, étant conscients des problèmes que pose la vulgarisation des connaissances et des découvertes scientifiques.

Choix des sujets traités Tout choix de minéraux ou de roches pour une étude comporte toujours une part de subjectivité. Pour ce livre, les critères de sélection des sujets à traiter ont été scientifiques, tout en tenant compte des goûts des collectionneurs amateurs.

Formules chimiques Par égard pour les lecteurs qui n'auraient que peu de connaissances en la matière, les formules chimiques ont été en partie simplifiées. Dans le tableau de données accompagnant la description des différents minéraux, l'expression « formule chimique » a été remplacée par « chimie » pour des raisons de place.

Illustration des formes cristallographiques Les représentations des formes cristallographiques des minéraux placées à côté du texte ne sont forcément que des exemples tirés d'un groupe généralement très important. Elles permettront au lecteur d'avoir une impression générale des formes minérales possibles. Les originaux proviennent de différents ouvrages.

Provenance Les données sur les lieux ou régions de provenance ne doivent être considérées qu'à titre d'exemple. Nous ne prétendons pas être exhaustifs.

Minéraux

Introduction à la minéralogie

Histoire de la minéralogie

L'homme des temps préhistoriques savait déjà se servir des différentes qualités de minéraux et d'assemblages de minéraux. En Mésopotamie, vers 3500 av. J.-C., du cuivre, du zinc, de l'or et de l'argent, ainsi que de nombreuses pierres précieuses (malachite, turquoise, lapis-lazuli, opale, agate) étaient utilisés pour les parures, les armes et les ustensiles.
Dans la haute Antiquité, l'aptitude à découvrir des éléments métalliques dans la roche et à les extraire par fusion ne reposait que sur l'observation et l'expérimentation. Il n'existait pas d'approche scientifique des phénomènes minéralogiques. Le philosophe grec Aristote (384-322 av. J.-C.) écrivit la première publication scientifique sur les minéraux connus à l'époque. Son système minéralogique demeura valable jusqu'au XVIe siècle.
En Europe, les connaissances sur les minéraux ne firent aucun progrès durant tout le Moyen Âge. L'alchimie, l'astrologie, la spéculation théorique et les prétendues forces occultes des roches étaient les préoccupations prioritaires des sciences naturelles. Les livres sur les pierres publiés à cette époque, les Lapidaires, n'apportaient pas de nouvelles connaissances, n'étant, au contraire, que des résumés fidèles des conceptions anciennes de l'Antiquité et du Moyen Âge.
Au début du XVIe siècle, à la Renaissance, un renouveau des sciences naturelles s'instaura. Un médecin né en Saxe, Georges Agricola (1494-1555), écrivit le premier exposé scientifique sur les mines et sur les minéraux. Il se détourna résolument de la démarche alchimiste et proposa ses observations personnelles. Il développa une classification systématique des minéraux qui est restée valable jusqu'au début du XIXe siècle. L'œuvre d'Agricola fut à l'origine d'un essor si extraordinaire qu'il est considéré comme le père de la minéralogie.
Le début de la révolution industrielle du XVIIIe siècle donna une impulsion nouvelle aux sciences naturelles. La demande accrue en matières premières minérales exigeait les fondements scientifiques du développement de l'extraction de minerais et de la mise en valeur de nouveaux gisements. Un minéralogue saxon, A.G. Werner (1749-1817), conçut une nouvelle systématique des minéraux, qui, dans les grandes lignes, est encore valable aujourd'hui.
La minéralogie moderne se développe finalement en relation étroite avec la physique et la chimie.

Les noms des minéraux

La nomenclature des minéraux ne répond pas à un système uniforme. Certains noms furent empruntés au langage populaire ou à celui des mineurs, d'autres ont été créés de toutes pièces. Ces noms se réfèrent à des lieux, des personnes, des particularités marquées ou de prétendues forces occultes ou mystiques. Comme les noms des minéraux proviennent de différentes régions linguistiques (principalement latine, grecque, germanique et orientale), la façon de les écrire peut parfois varier.
Désormais, pour éviter efficacement d'ultérieures corrections, tous les minéraux nouvellement découverts ainsi que leurs dénominations proposées doivent être soumis pour approbation à la « Commission on new mineral names » de l'IMA (International mineralogical Association).

Groupement cristallin de quartz stalactite, d'apophyllite bipyramidale et de gyrolite globulaire, Poonah/Inde ; grossissement 3x.

Formation et structure des minéraux

Genèse des minéraux

Les minéraux peuvent se former de diverses manières. La même espèce minérale peut se constituer dans des conditions totalement différentes. La plupart des minéraux nécessitent des milliers d'années pour cristalliser, d'autres, en revanche, n'ont besoin que de quelques années, voire de quelques heures.
La genèse des minéraux se déroule soit dans la zone des roches en fusion, c'est-à-dire dans le magma, soit à la surface ou près de la surface de la croûte terrestre, ou en profondeur, sous l'influence de forces transformatrices, qualifiées de métamorphiques. Le spécialiste parle, selon les cas, de genèse magmatique, sédimentaire ou métamorphique.

Formations magmatiques De nombreux minéraux se forment directement à partir du magma. Le feldspath, le mica et le quartz, par exemple, cristallisent lors du refroidissement du magma en profondeur dans la croûte terrestre, par des températures de 1 100-550 °C.
D'autres minéraux se forment à partir de gaz s'exhalant du magma. Ces gaz, en refroidissant et en réagissant avec la roche encaissante, produisent des minéraux contenant des chlorures, des fluorures et des sulfates, mais aussi de l'or et de l'argent. Lorsque le magma continue à se refroidir en dessous de 400 °C, la formation de minéraux se produit à partir de la précipitation de substances et d'apports venant de la roche encaissante. C'est de cette façon que se sont formés les minéraux des fentes alpines (gros amas rocheux).

Formations sédimentaires Certains minéraux prennent naissance à la surface ou à proximité de la surface de la Terre lors de l'altération ou de la formation des roches. Les acteurs principaux sont ici l'eau, le dioxyde de carbone et l'oxygène atmosphérique. Ces éléments dissolvent des substances dans les couches supérieures des sols, celles-ci s'infiltrent en profondeur pour aboutir finalement, sous l'action des nappes phréatiques, à la formation de minéraux dans des zones d'enrichissement telles que, par exemple, des gisements d'argent et de cuivre.
Dans les régions à la fois sèches et chaudes, du fait d'un taux d'évaporation élevé, les évaporites se forment par précipitation chimique dans les lacs et les marais salés ou des bras de mer isolés.
De nombreux organismes prennent également part, directement ou indirectement, à la formation de minéraux, par exemple par apport d'oxygène ou prélèvement d'acide carbonique, par des processus de putréfaction, ou par production de coquilles calcaires et de squelettes siliceux sécrétés à partir d'éléments en solution.

Formations métamorphiques Lorsque des roches se retrouvent enfouies à de grandes profondeurs dans la croûte terrestre à la suite d'un enfouissement progressif ou de processus orogéniques, de nouveaux minéraux se forment par transformation des minéraux préexistants sous l'effet de hautes températures associées à de fortes pressions. Une transformation métamorphique comparable, bien que beaucoup plus limitée dans l'espace, se produit lorsque le magma liquide et incandescent, pénétrant dans des cheminées ou le long de fissures, entre en contact avec la roche encaissante.

Paragenèses Du fait de processus génétiques semblables ou très proches, de nombreux minéraux se rencontrent groupés en associations caractéristiques appelées paragenèses. En revanche, certains minéraux s'excluent mutuellement.
La connaissance des paragenèses est une aide précieuse pour la recherche ou l'identification de minéraux, surtout en gîtologie. Par exemple, la barytine, la fluorine et la galène se rencontrent toujours ensemble dans certaines roches. Et inversement, on ne trouvera jamais des feldspaths et du sel gemme sur le même groupe de cristaux.

Structure cristallo-chimique des minéraux

Minéral Un minéral est un constituant homogène d'origine naturelle de la croûte terrestre ou de la surface de la Lune. La plupart des minéraux ont des formes cristallines bien déterminées.

Composition chimique Les minéraux ont une composition chimique bien déterminée, exprimée par une formule chimique (tableau des éléments chimiques p. 381). Cette formule est idéalisée, c'est-à-dire qu'elle ne mentionne que les principaux composants du minéral. Les très petites inclusions ou impuretés naturelles, qui peuvent influencer la couleur ou même la faire changer, ne sont pas prises en compte.

Polymorphie Certains minéraux ont la même composition chimique que d'autres, mais leurs réseaux cristallins sont différents. La même substance chimique peut cristalliser de diverses manières et donner ainsi naissance à plusieurs minéraux. Ce phénomène est appelé « polymorphie », et les différents minéraux des « polymorphes » : par exemple, le carbone constitue les polymorphes graphite et diamant. De même, quartz, cristobalite, coesite, stishovite tridymite sont des polymorphes de la silice, auxquels on peut éventuellement adjoindre l'opale et le verre de silice

Isomorphie Chez certains minéraux, des particules élémentaires peuvent être remplacées par des substances proches sans que la structure cristalline et chimique du minéral en soit fondamentalement modifiée. Des substances chimiques différentes mais voisines peuvent donc cristalliser selon un même réseau cristallin et constituer plusieurs minéraux différents, lesquels sont dits « isomorphes ». Les échanges d'éléments s'effectuant selon diverses proportions, cela conduit à un grand nombre de « cristaux mixtes » appartenant à une série dite « isomorphique ». Les plagioclases en sont un exemple (p. 42). C'est aussi le cas de la série calcite, sidérite, smithsonite, rhodochrosite, ou celui de la série aragonite, strontianite, withérite, cérusite ; noter qu'aragonite et calcite sont polymorphes l'un de l'autre.

Réseau cristallin L'apparence et les propriétés physiques d'un minéral sont déterminées par la structure interne de celui-ci, c'est-à-dire l'arrangement de ses composants élémentaires, les atomes, ions ou molécules. Lorsque l'agencement de ces composants présente une ordonnance géométrique régulière, on parle de réseau cristallin.

Cristallin, amorphe On qualifie de cristallins les minéraux possédant un réseau cristallin et d'amorphes ceux qui en sont dépourvus. La majeure partie des minéraux sont cristallins. L'opale est un minéral amorphe.

Variétés Une variété est un ensemble de minéraux présentant, à l'intérieur de la même espèce minérale, des caractères typiques. Les variétés de coloration sont généralement des pierres décoratives ou des gemmes. Des inclusions, des formes inhabituelles de cristaux ou d'agrégats, peuvent aussi produire des variétés lorsqu'elles ne se présentent pas de façon isolée, mais qu'elles se rencontrent chez un grand nombre de minéraux de la même espèce. Les structures chimiques et cristallines fondamentales des variétés restent très proches de celles de la forme normale du minéral.

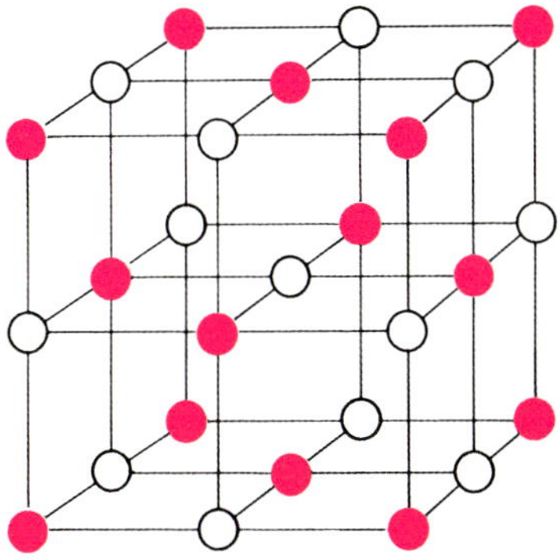

Figuration schématique du réseau cristallin de l'halite (sel gemme). Rouge : ions sodium ; blanc : ions chlore. (p. 14).

Systèmes cristallins et formes cristallographiques

Système cubique

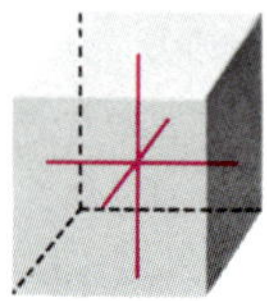

Cube

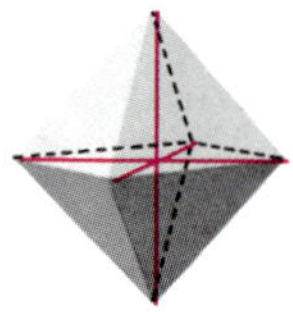

Octaèdre

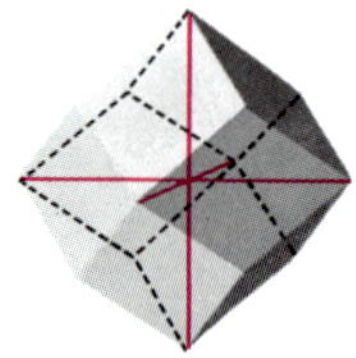

Rhombododécaèdre

Système quadratique

Prisme quadratique

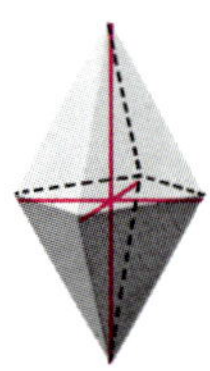

Bipyramide quadratique

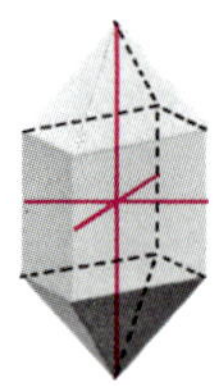

Prisme avec bipyramide avec pinacoïde

Système hexagonal

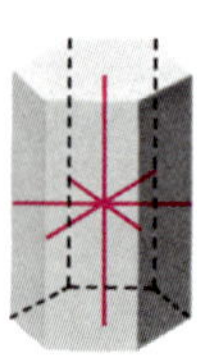

Prisme hexagonal avec pinacoïde

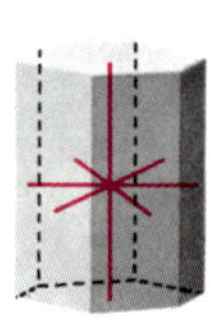

Prisme hexagonal avec pinacoïde

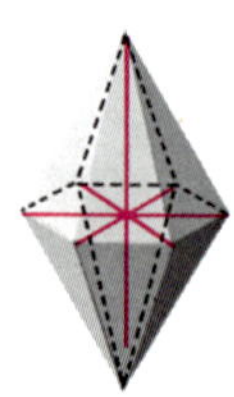

Bipyramide hexagonale

Systèmes cristallins et formes cristallographiques

Système rhomboédrique

Bipyramide rhomboédrique

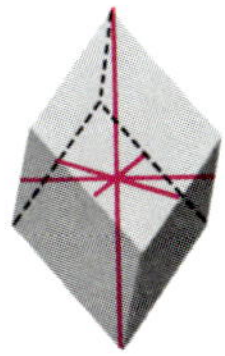

Rhomboèdre

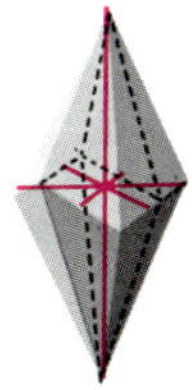

Scalénoèdre

Système orthorhombique

Prisme orthorhombique
avec pinacoïde

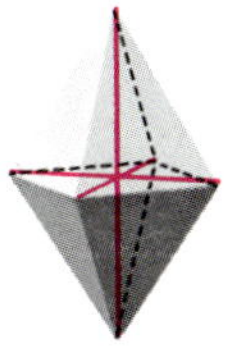

Bipyramide
orthorhombique

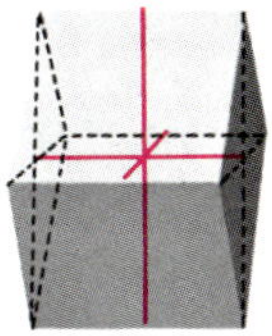

Prisme orthorhombique
avec pinacoïde

Système monoclinique

3 pinacoïdes formant prisme

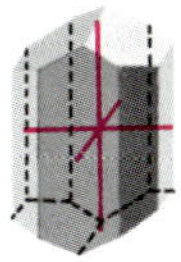

Prisme monoclinique
avec prisme droit et pinacoïde

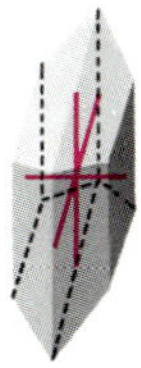

Pinacoïde
avec dièdres

Système triclinique

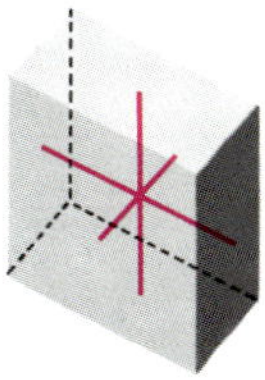

3 pinacoïdes
formant prisme

Pinacoïdes
formant prisme

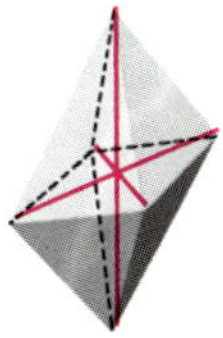

Pinacoïdes
formant bipyramide

Formes cristallines des minéraux

Systèmes cristallins La plupart des minéraux ont une structure cristalline. Ils développent des corps géométriques caractéristiques et bien déterminés, appelés formes cristallines. Ces formes sont groupées en septsystèmes cristallins (cubique, quadratique, hexagonal, rhomboédrique, orthorhombique, monoclinique, triclinique). Ces systèmes sont basés sur les axes de symétrie et les angles situés aux intersections de ces axes. Les systèmes cristallins sont représentés avec leurs formes cristallines typiques p. 14 et 15.

Système cubique Les trois axes portent des unités de même longueur et sont perpendiculaires entre eux. Les formes principales sont le cube, l'octaèdre, le rhombododécaèdre (dit « grenatoèdre »), le pentagonododécaèdre (dit « pyritoèdre »), le tétragonotrioctaèdre (dit « leucitoèdre »), l'hexaoctaèdre (forme générale).
Système quadratique (dit aussi « tétragonal ») Les trois axes sont perpendiculaires ; deux d'entre eux portent une unité de même longueur, le troisième (axe principal) porte une unité plus longue ou plus courte. Les formes principales sont des prismes tétragonaux, le scalénoèdre tétragonal (typique de la chalcopyrite), des pyramides tétragonales, des bipyramides tétragonales(classique du zircon).
Système hexagonal Le système hexagonal comporte quatre axes dont trois coplanaires, faisant entre eux des angles de 120°, portent une unité de même longueur. Le quatrième (axe principal) leur est perpendiculaire et porte une unité de longueur différente. Les formes principales sont des prismes pyramides et bipyramides hexagonaux et dihexagonaux.
Système rhomboédrique (dit aussi « trigonal ») Ce système comporte les mêmes axes et angles que dans le système hexagonal, dont il ne diffère que par le nombre d'éléments de symétrie, l'axe principal passant d'un ordre 6 (hexagonal) à un ordre 3 (« trigonal » ou rhomboédrique) : il est souvent considéré comme une hémiédrie du sytème hexagonal. La forme primitive du système hexagonal est le prime droit à base hexagone régulier, celle du système rhomboédrique est le rhomboèdre, ou le prisme droit à base triangle équilatéral (d'où l'appellation « hémièdre », du grec *hêmi* « à moitié, » et *edra* « face ») Les formes principales du système rhomboédrique sont des prismes hexagonaux, des prismes et des pyramides trigonaux et ditrigonaux, le rhomboèdre et le scalénoèdre ditrigonal.
Système orthorhombique Les trois axes sont perpendiculaires entre eux et portent des unités de longueurs différentes. Les formes cristallines typiques sont le pinacoïde, le pédion, des prismes et des pyramides orthorhombiques, des bipyramides orthorhombiques.
Système monoclinique Les trois axes portent des unités de longueurs différentes ; deux d'entre eux sont perpendiculaires, le troisième étant incliné sur leur plan. Les formes cristallographiques sont le pinacoïde et des prismes monocliniques, des dièdres.
Système triclinique Les trois axes portent des unités de longueurs différentes et forment entre eux des angles différents non droits. Les formes cristallines sont le pinacoïde (faces parallèles) et le pédion (face simple).

Modification de l'apparence Chaque cristal est différent des autres, même à l'intérieur de la même espèce minérale : ils peuvent être grands, petits, épais, fins, droits et obliques. La forme idéale (« cristal idéal »), telle qu'on la représente dans les livres d'étude ou de détermination, n'est presque jamais atteinte. Dans la nature, un cristal (cristal réel) est habituellement quelque peu malformé, c'est-à-dire modifié de son apparence idéale. Les dimensions et les proportions des faces entre elles varient d'un cristal à l'autre. Toutefois, malgré des différences d'aspect, les cristaux cristallisent toujours selon des règles bien précises : deux faces bien définies font entre elles un angle demeurant immuablement constant pour une espèce minérale donnée.

Habitus La totalité des formes cristallines développées sur un cristal se nomme habitus. Certains cristaux se présentent sous une forme cristalline simple (cube, le rhombododécaèdre, etc.), d'autres sous la combinaison de deux ou plusieurs formes cristallines (cube et octaèdre, ou prisme, pyramide et pédion, etc). Voir pages précédentes.

Pseudomorphoses Des minéraux présentant des formes atypiques ayant l'aspect d'un autre minéral sont dits « pseudomorphoses ». Ce phénomène se produit lorsque des espaces vides laissés par des cristaux dissous sont remplis par une nouvelle substance, et que la forme cristalline d'origine est en partie ou totalement préservée. Ainsi, un cristal présentant la forme extérieure de la barytine peut se révéler être du quartz. On parle de « quartz pseudomorphosant de la barytine », ou de « pseudomorphose de barytine en quartz ». Les bois silicifiés sont des pseudomorphoses (bois pétrifié, voir p. 38).

Massifs Description de minéraux ou d'agrégats de minéraux sans faces cristallines, c'est-à-dire sans limites franches.

Groupe de cristaux (dit « **cluster** » par les Anglo-Saxons, terme passé en français) Grappe, bouquet de minéraux comportant plusieurs cristaux indépendants et bien dégagés de la même espèce minérale ou non (par ex. le cristal de roche n° 4, p. 37)..

Druse Cavité rocheuse (dite aussi « four ») pouvant atteindre jusqu'à 1 mètre et plus de diamètre, aux parois tapissées de cristaux (ill. ci-dessous). Voir « géode ».

Géode Une géode est une ancienne cavité rocheuse (druse) remplie ou presque de substances minérales (n° 3, p. 179). Druse et géode sont souvent utilisés comme synonymes pour désigner le remplissage minéral plus ou moins dense d'une cavité.

Druse d'améthyste aux cristaux bien développés, Minas Gerais/Brésil.

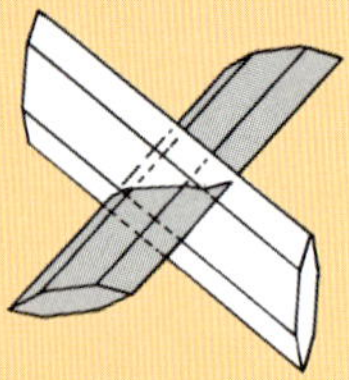

Gypse macle
par inter-pénétration

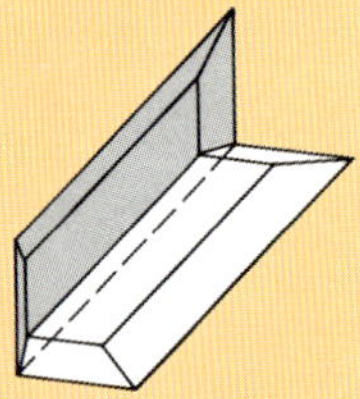

Gypse maclé
en queue-d'aronde

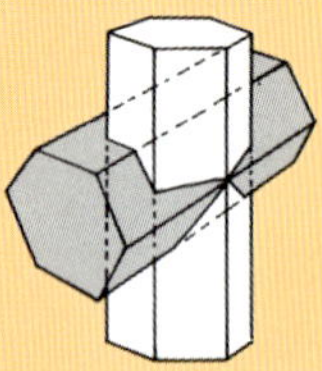

Staurotide macle
par inter-pénétration

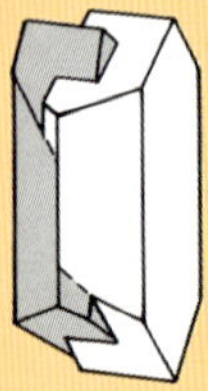

Orthose macle
de Carlsbad

Macles

Occasionnellement, des cristaux de même espèce et de même forme peuvent croître symétriquement les uns avec les autres : nous parlons de macle si eux individus cristallins sont concernés, de macle triple s'ils sont trois, de macle quadruple s'ils sont quatre, etc., de macle multiple s'ils sont plusieurs. Selon la situation des cristaux les uns par rapport aux autres, la macle est dite par accolement s'ils sont juxtaposés symétriquement de part et d'autre d'un plan commun, par interpénétration s'ils entrent l'un dans l'autre. Un cas particulier de cette dernière est représenté par les cristaux formant une croix ; les conditions selon lesquelles s'établit une macle sont dites « loi de macle ».
Lorsqu'une macle se répète avec plusieurs individus, il sera question de macle triple, quadruple, sextuple, octuple, multiple.
Les macles se reconnaissent souvent par des angles rentrants, c'est-à-dire formant une encoche dans le volume cristallin, ce qui ne se rencontre jamais sur des cristaux isolés.
Certaines lois de macles ont reçu des appellations : macle du Brésil, du Dauphiné (alpine, ou suisse) et du Japon pour le quartz, macles en queue-d'aronde et de Montmartre pour le gypse, macle de Carlsbad, de Baveno et de Manebach pour l'orthose (feldspath), macle dite de la croix de fer pour la pyrite, macle dite du bec de l'étain pour la cassitérite.
Autres illustrations de macles simples et de macles multiples : quartz/macle du Japon, [n° 3, p. 37] – staurotide/croisette de Bretagne [n° 3 p. 79] – alexandrite/macle mimétique simulant un hexagone [n° 9, p. 165].

Macles du gypse, de la staurotide
et de l'orthose.

Agrégats minéraux

Les associations de minéraux forment des ensembles de taille allant du centimètre au mètre. Les associations de grands cristaux (groupe de cristaux p. 17) sont rares, il s'agit plutôt de petits cristaux.

Constitution interne

Spathique Nombreux petits plans de clivage lisses et brillants apparaissant à la cassure d'un agrégat constitué de minéraux à clivage parfait.
Granuleuse Grains assemblés, visibles à l'œil nu.
Massive Les différents minéraux sont trop petits pour être distingués à l'œil nu.
Oolithique Petites sphères allant de la taille d'une tête d'épingle à celle d'un pois. De sens proche : pisolithique, testacée.
Bacillaire Les minéraux sont disposés dans le sens de la longueur. De sens proche : rayonnante, fibroradiée, fibreuse.
Feuilletée Structure lamellaire. De sens proche : écailleuse, foliacée.

Aspect extérieur

Concrétions globuleuses lisses Surface lisse, souvent brillante, formée de nombreuses petites sphères. Structure interne fibroradiée. Similaire : mamelonnée, botryoïde (en forme de grappe), globulaire, réniforme, noduleuse, verruqueuse.
Stalactiforme Surface en forme de bourrelets allongés rappelant des stalactites.
En rosettes Minéraux lamellaires disposés en rosettes.
Fasciculé Minéraux allongés réunis en groupes. Similaire : en gerbes, en éventails.
En forme de squelette Formes plates et minces ressemblant à des fleurs de givre. Similaire : dendritique, filamenteux, mousseux, réticulé.
En croûte Mince pellicule recouvrant un autre agrégat. Similaire : en mouchetures, en efflorescences, en enduits.
Terreux Masse peu consolidée, au contour irrégulier, informe. Similaire : pulvérulente, farineuse.

1

2

3

4

5

1 Agrégat oolithique (aragonite)
2 Agrégat fibroradié (pyrite)
3 Agrégat mammelonné (hématite)
4 Agrégat en rosette (gypse)
5 Agrégat dendritique (cuivre)

Propriétés des minéraux

On ne parvient que rarement à identifier avec sûreté des minéraux d'après leur forme cristalline ou d'autres caractères typiques. Il faut généralement prendre en considération d'autres propriétés. Pour déterminer un minéral, l'amateur devrait d'abord examiner la couleur du trait, la dureté, la densité, l'éclat, la cassure et le clivage de l'échantillon.

On trouvera aux pages 352 à 375 une importante clé de détermination des minéraux.

Couleur du trait

Très peu de minéraux ont une couleur constante et caractéristique, comme la malachite verte, le cinabre rouge, l'azurite bleue et le soufre jaune. La plupart des minéraux peuvent revêtir de nombreuses couleurs, et certains même toutes les couleurs du spectre. La couleur n'est donc que rarement un critère de détermination chez les minéraux.

La couleur du trait, appelée simplement « trait », ou trace, est en revanche un moyen plus significatif de détermination des minéraux. La coloration d'un minéral ou d'une variété est généralement due à des impuretés en trace ou à des dérangements du réseau cristallin, et est donc une couleur étrangère au minéral. Au contraire, la couleur du trait reproduit fidèlement la couleur propre d'une espèce minérale, qui est unique et indépendante des variétés de coloration. Chez la fluorine, par exemple, la couleur du trait est invariablement blanche, que le minéral ait une couleur jaune, bleue, verte ou noire. Pour obtenir la couleur du trait, il faut frotter un angle de l'échantillon à déterminer sur une tablette de porcelaine dépolie. Au besoin, le bord inférieur non vernissé d'un plat de porcelaine, d'un vase de fleurs, la surface d'un fusible, ou l'envers d'un carreau de faïence feront également l'affaire. Lors du frottement apparaît, suivant le cas, une trace poudreuse colorée.

Couleurs de traits. En haut, à partir de la gauche : orpiment, pyrite, cinabre.
En bas, à partir de la gauche : hématite, azurite, malachite.

Essai de trait sur une plaquette d'essai en porcelaine. La pyrite de couleur laiton donne un trait noir verdâtre.

Ces minuscules grains de poudre agissent comme de très fines plaques filtrant la lumière, et cela permet de faire abstraction de la coloration accidentelle. Lorsque le frottement d'un minéral sur une tablette de porcelaine ne produit pas de trace visible, on dit que le trait est incolore, ou blanc.
Pour les minéraux plus durs que la porcelaine (c'est-à-dire de dureté supérieure à 6 dans l'échelle de Mohs), il faut d'abord pulvériser un petit morceau du minéral à déterminer dans un mortier, puis l'étendre en l'écrasant sur la tablette de porcelaine. Pour l'essai du trait, on veillera à n'utiliser que des cassures fraîches en évitant les surfaces oxydées, altérées, ou les couleurs irisées.

Chatoyance et reflets lumineux

Le chatoiement et les reflets lumineux en forme de stries que l'on observe chez certains minéraux ne dépendent ni de la couleur naturelle du minéral, ni de la présence d'impuretés, ni de sa composition chimique. Ils sont dus à des phénomènes de réflexion, d'interférence et de réfraction de la lumière.

Adularescence Reflets chatoyants d'un blanc bleuté apparaissant chez une variété d'adulaire, la pierre de lune [n° 7, p. 171].

Aventurinescence Vifs reflets multicolores sur fond généralement opaque, dus à des phénomènes de réflexion sur des inclusions de paillettes [aventurine, n° 1 et 4, p. 177 – pierre de soleil (feldspath-aventurine) n° 10, p. 171].

Labradorescence Jeux de couleurs dans des tons d'éclat métallique, s'observant principalement sur le labrador [n° 3, p. 43].

Irisation Aspects « arc-en-ciel » sur des « givres ouverts » (fissures) de gemmes transparentes ; emplir ces fisures avec de la résine élimine les interférences lumineuses responsables de cet effet désagréable (gemmes « filled » = traitées par introduction de résine, ou de verre).

Opalescence Reflets d'un bleu laiteux ou nacrés de l'opale ordinaire [n° 5, p. 39].

Iridescence Jeux de lumières en taches multicolores de l'opale noble [n° 8 et 9, p. 181].

Chatoyance (effet « œil de chat ») Reflet lumineux rappelant la pupille fendue d'un chat, produit par réflexion de la lumière sur des fibres, des aiguilles ou des vides orientés parallèlement. Est mis en valeur de façon optimale dans la taille en cabochon [œil-de-tigre n° 2, p. 177.

Astérisme Reflets lumineux en forme d'étoile, se recoupant en un point. Ce phénomène a la même origine que l'œil-de-chat, à la différence que les fibres réfléchissantes sont agencées dans des directions divergentes [saphir synthétique n° 1, p. 163 – rubis synthétique n° 4, p. 163].

Dureté

Le collectionneur de minéraux entend toujours par dureté la résistance qu'oppose un minéral à la rayure par un matériau aux arêtes vives.

La notion de dureté fut introduite il y a plus de 150 ans ; diverses échelles comparatives avec des échelons marqués par des minéraux de référence furent alors proposées ; celle établie par un le minéralogiste viennois Friedrich Mohs (1773-1839), à partir de 10 minéraux de dureté différente fut internationalement retenue. Connue sous le nom « échelle de dureté Mohs », toujours valable, elle est utilisée dans le monde entier. L'échelon 1 représente le degré le plus tendre, et le 10, le plus dur. Dans l'intervalle de ces deux extrêmes, chaque minéral classé raye celui dont la dureté lui est inférieure et est lui-même rayé par le minéral plus dur qui le suit dans l'échelle. Les minéraux de même dureté se rayent difficilement l'un l'autre. En pratique, les intervalles de dureté sont subdivisés en deux.

Tous les minéraux connus à ce jour sont classés dans cette échelle des duretés. Dans les livres sur les minéraux, les descriptions indiquent toujours la « dureté Mohs ». Les minéraux de dureté 1 et 2 sont considérés comme tendres, ceux de degré 3 à 6 semi-durs et ceux au-dessus de 6 comme durs. Autrefois, pour les degrés 8 à 10, on parlait aussi de « dureté de pierre précieuse ». Mais cette appellation est aujourd'hui infirmée car il existe des pierres dites précieuses présentant des « duretés Mohs » inférieures à 8.

Les minéraux ne présentent pas la même dureté sur toutes leurs faces. Mais les différences sont généralement si faibles que le non-spécialiste peut les négliger. Il faut en tenir compte lorsqu'elles sont importantes. Les cristaux prismatiques du disthène, par exemple, présentent une dureté de 4/4,5 dans leur allongement, et de 6/7 dans le sens perpendiculaire.

Échelles des duretés relatives et absolues

Duretés Mohs (à la rayure)	Minéral de référence	Moyens simples pour reconnaître la dureté	Duretés Rosiwal (à l'abrasion)
1	talc	se laisse très facilement rayer par l'ongle	0,03
2	gypse	rayable à l'ongle	1,25
3	calcite	rayable par une pièce en cuivre	4,5
4	fluorine	facilement rayé au canif	5,0
5	apatite	rayable au canif	6,5
6	orthose	rayable par une lime d'acier	37
7	quartz	raye le verre à vitre	120
8	topaze		175
9	corindon		1 000
10	diamant		140 000

Ce phénomène de différences de dureté permet de tailler le diamant par une poudre diamantée, car la dureté du cristal varie selon la direction d'usure (schéma p. 23). La poussière de diamant naturel (égrisée naturelle) contient des surfaces de clivage très résistantes à l'usure, ce qui permet de tailler les faces moins dures d'un cristal de diamant. Les faces de l'octaèdre ne peuvent pas être usées : le diamantaire doit incliner légèrement la surface d'usure par rapport à celle de l'octaèdre.

L'échelle de dureté de Mohs est une échelle relative qui permet de déterminer quel minéral raye l'autre, mais ne donne aucune précision sur la variation réelle de dureté Mohs à l'intérieur de l'échelle. Les mesures effectuées révèlent que si les minéraux se classent sensiblement dans le même ordre pour la dureté-résistance à la rayure et pour la dureté-résistance à l'usure, ces « duretés » varient l'une et l'autre, de manière non linéaire selon la charge appliquée aussi bien sur l'outil que sur la pierre usée à la meule. L'ordre de classement varie selon ces charges dans l'un et l'autre cas.

Pour les experts ou les scientifiques, l'échelle des duretés Mohs est inutilisable, car trop relative et trop imprécise. C'est pourquoi on a établi à l'aide de moyens techniques importants des valeurs de dureté plus précises. Rosiwal attribue ainsi conventionnellement la valeur 1000 au corindon, et classe les minéraux par comparaison à cette valeur : la valeur attribuée à chaque minéral est inversement proportionnelle à la perte de masse subie par ce minéral lors d'une usure à la meule diamantée dans des conditions de temps, de vitesse rotation de la meule, de pression sur l'échantillon, identiques pour chaque minéral. Dans le tableau de la p. 22, les valeurs des duretés Rosiwal (résistance à l'abrasion mesurée selon le protocole défini par Rosiwal) sont introduites en regard des valeurs des duretés Mohs. On constate à quel point les intervalles entre les degrés de l'échelle de Mohs peuvent varier. Néanmoins, l'échelle de Mohs est très précieuse pour le non-spécialiste, pour qui l'estimation de la dureté Rosiwal n'est guère possible.

Moyens de détermination de la dureté On peut se procurer dans le commerce des échantillons de référence et une trousse de dureté (voir ill. p. 24). Lorsque l'on n'a pas à sa disposition les échantillons de référence de l'échelle, on peut également reconnaître certains degrés de dureté à l'aide d'autres moyens simples : l'ongle raye les corps de dureté allant jusqu'à 2, une pièce de cuivre, jusqu'à 3, un canif, jusqu'à 5 environ, un couteau avec un acier de très bonne qualité, jusqu'à 5,5. Une lime d'acier est encore plus dure, elle raye jusqu'à une dureté de 6. Le quartz (dureté 7) raye sans peine du verre à vitre. En vertu de cette simplicité d'utilisation, l'échelle des duretés Mohs est très appréciée des amateurs. Elle nécessite peu de frais et permet d'effectuer déjà sur le terrain, lors de promenades ou d'excursions, une première détermination de façon commode et rapide.

Pour le test de dureté Mohs, il faut prendre soin de n'utiliser que du matériel aux arêtes vives et de l'appliquer sur des surfaces lisses, non altérées. Les formes cannelées, les cristaux feuilletés et les minéraux altérés semblent avoir une dureté moindre. Lorsque l'on raye un minéral, il reste un trait poudreux, qui peut tout aussi bien provenir du matériel de référence que du minéral à déterminer. C'est pourquoi il faut terminer l'essai en passant le doigt sur la surface rayée. Si le trait s'efface, c'est que le matériel de référence était plus tendre que le minéral à déterminer. Dans le cas contraire, il était plus dur, et a creusé une rayure dans l'échantillon à déterminer. On recourra à une loupe quand la rayure n'est pas nette.

L'échelle des duretés Mohs sert à la détermination des minéraux, et non des roches. Pour des roches monominérales, constituées d'une seule espèce minérale, tels le sel gemme, le calcaire et le marbre, on peut obtenir à l'aide du test de dureté selon Mohs des valeurs approximatives utiles pour la détermination de roches et, par là, de minéraux.

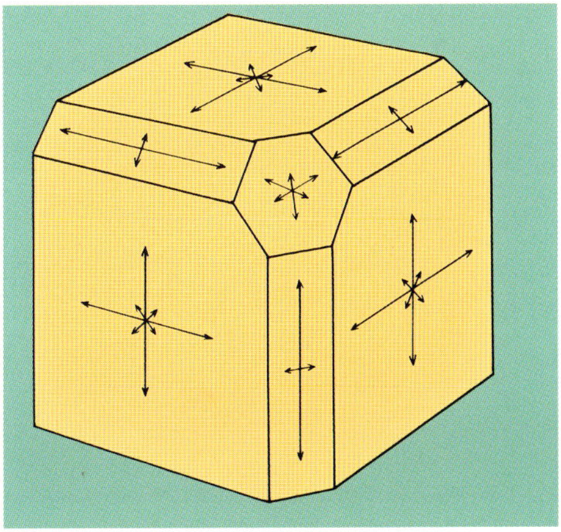

Différences de duretés selon les faces (cube, dodécaèdre, octaèdre) d'un cristal de diamant. Plus les flèches sont courtes, plus la résistance à l'abrasion est grande dans cette direction. (D'après E.M. et J. Wilks).

Trousse de « crayons de dureté » contenant des tiges métalliques sur lesquelles sont fixées des esquilles de minéraux.

Échantillons de référence constitutifs de l'échelle de dureté Mohs. Y sont adjoints une pointe en acier, un couteau et une lime, autres moyens simples de test.

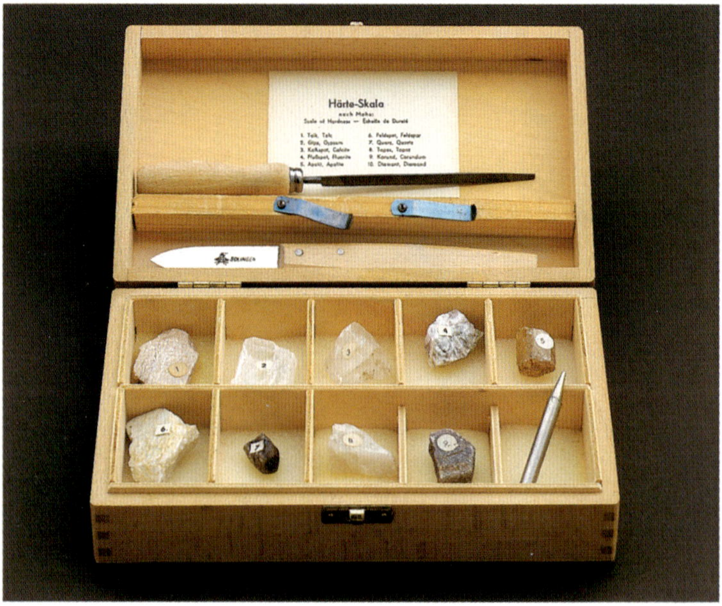

Éclat

Les gemmes taillées ne sont pas les seules à posséder des faces brillantes, de nombreux minéraux présentent eux aussi un éclat caractéristique, fourni par la lumière réfléchie à la surface du minéral. Cet éclat dépend de l'indice de réfraction du minéral et de la nature de sa surface, mais non de sa couleur.

Dans les descriptions des minéraux et dans les tables de détermination (p. 352-375), il sera fait mention d'éclat vitreux, résineux, soyeux, nacré, adamantin, gras, cireux, ou métallique. Les minéraux dépourvus d'éclat sont qualifiés de mats.

L'éclat vitreux est le plus répandu, on le trouve chez environ les deux tiers de tous les minéraux. L'éclat métallique n'existe que chez les minéraux opaques, en particulier chez les métaux natifs, les sulfures et certains oxydes. L'éclat soyeux se rencontre chez des minéraux ou des agrégats fibreux. L'éclat nacré et l'éclat gras s'observent avant tout sur les plans de clivage.

Des enduits, des irisations ou une surface altérée peuvent nuire à l'éclat d'un minéral. C'est pourquoi il doit être déterminé sur des échantillons intacts, et toujours sous un bon éclairage. Il peut varier suivant la direction des faces cristallines ou des plans de clivage.

Transparence

On entend par transparence la faculté d'un milieu à laisser passer la lumière. Il existe des minéraux transparents, des minéraux translucides (qui laissent passer une lumière affaiblie) et des minéraux opaques.

De nombreux minéraux opaques en gros échantillons sont transparents ou translucides en très minces lamelles. Mais tous les métaux sont opaques, même en fines esquilles. Les minéraux ou les agrégats granuleux, fibreux ou bacillaires sont toujours opaques, car leurs nombreuses faces réfractent la lumière de façon continue jusqu'à ce qu'elle soit complètement réfléchie ou absorbée. Pour la plupart des gemmes, la transparence est un facteur de qualité.

Biréfringence

Lorsqu'on pose un rhomboèdre de calcite sur un support comportant une marque, comme une croix, par exemple, les lignes apparaissent doubles à travers le cristal. Cela provient de la double réfraction. La cause de ce phénomène réside dans le fait qu'un rayon lumineux traversant le cristal est à la fois dévié et divisé en deux.

Tous les minéraux non cubiques laissant passer la lumière montrent une double réfraction plus ou moins élevée. La variété de calcite appelée spath d'Irlande présente ce phénomène avec une particulière netteté. Pour certaines gemmes, la double réfraction est une aide à la détermination extrêmement importante.

Phénomène de la double réfraction présenté par la calcite d'Islande (« spath d'Islande »).

Densité

On entend par « densité » d'un corps (sous-entendu : « par rapport à l'eau ») le rapport du poids de ce corps par rapport au poids de son volume d'eau. Avec une densité de 2,65, le quartz est ainsi 2,65 fois plus dense qu'une quantité d'eau de même volume. La densité des minéraux varie entre 1 et 20. Les valeurs inférieures à deux sont celles des corps considérés comme légers (ambre, environ 1,0), celles entre 2 et 4 sont des valeurs dites moyennes (calcite, environ 2,7) et celles au-dessus de 4 sont celles des minéraux dits lourds (galène, environ 7,5). Dans le milieu scientifique et dans celui de l'exploitation minière, tous les minéraux de densité supérieure à 2,9 sont tenus pour des minéraux lourds. Les gemmes de grande valeur et les métaux précieux ont une densité très supérieure à celle du sable (composé de quartz et de feldspath). Dans les eaux courantes des rivières ou près des côtes, ils sont donc déposés avant les minéraux de sable plus légers, et se concentrent en gîtes, les placers.
La densité est calculée comme suit :

$$\text{densité} = \frac{\text{poids du minéral}}{\text{poids de l'eau ayant le volume du minéral}}$$

Il ne faut pas confondre la densité, donnée par un nombre pur indépendant des unités utilisées pour le déterminer, avec le poids spécifique (poids par unité de volume) qui dépend des unités choisies et de la valeur de l'attraction terrestre selon le lieu et la pression atmosphérique, ou avec la masse spécifique (masse par unité de volume), qui dépend des unités choisies. Dans le système cgs, où les unités sont le gramme (masse de 1cm^3 d'eau à 4 °C sous pression normale) et le centimètre cube, la valeur de la densité et celle de la masse spécifique donnée en g/cm^3 est représentée par le même nombre ; de même, le poids spécifique donné en gramme-force (gf)/cm^3 est également représenté par le même nombre en Europe par temps normal.
Le poids d'un minéral est mesuré à l'aide d'une balance. Plus la mesure est précise, plus l'identification sera sûre. Le débutant peut commencer avec un pèse-lettres. Il vaudrait mieux pouvoir effectuer des mesures au 1/10e g. Le spécialiste travaille avec une précision d'1/100e g, c'est-à-dire de deux décimales. Le volume peut être déterminé par immersion dans un récipient gradué ou à l'aide d'une balance hydrostatique. Cette dernière méthode est plus précise et plus indiquée pour de petits

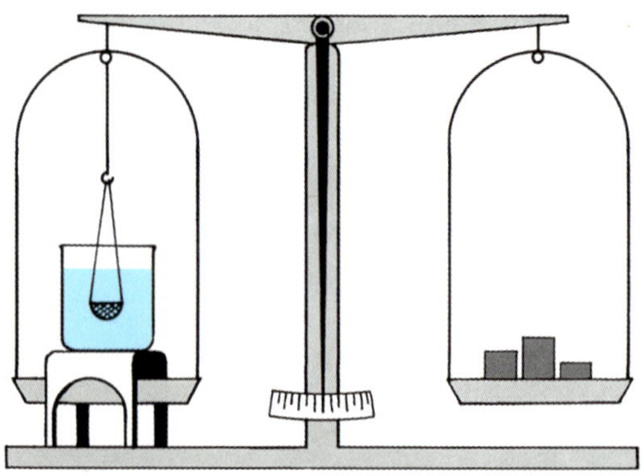

Représentation schématique d'une balance hydrostatique.

échantillons. Le minéral à déterminer est d'abord pesé dans l'air, puis dans l'eau. La différence de poids exprime le poids de l'eau déplacée et par là même, du fait de la définition du gramme-force, le volume du minéral.

Exemple :	poids dans l'air	5,2 g
	poids dans l'eau	3,3 g
	différence =	1,9 g

$$\text{densité} = \frac{\text{poids}}{\text{poids du volume d'eau déplacée}} = \frac{5{,}2}{1{,}9} = 2{,}7$$

La densité de cet échantillon est de 2,7. Il pourrait s'agir de calcite. Il faut prendre garde à ce qu'aucune bulle d'air ne reste fixée sur le minéral lors de sa pesée dans l'eau ; ajouter une goutte de savon liquide dans l'eau aide à éviter cette mésaventure. Il est important que le minéral à déterminer soit sec lors du pesage dans l'air, et qu'il ne contienne pas de corps étrangers. Cependant, certains minéraux présentent toujours des impuretés en faibles quantités ou des variations de composition à l'état naturel. Les valeurs de densité sont alors variables et ne peuvent être définies que de façon approximative. Chacun peut se fabriquer une balance hydrostatique en se basant sur le schéma proposé. Le débutant pourra se contenter d'adapter un pèse-lettre. Le collectionneur averti devrait utiliser une balance de précision afin de pouvoir effectuer des mesures au 1/100e de gramme.
Outre les mesures à l'aide de la balance hydrostatique, on utilise, en gemmologie, la méthode des liqueurs denses pour les déterminations de densités. Elle se base sur le principe que des objets plongés dans un liquide de même densité flottent, c'est-à-dire ne coulent ni ne remontent en surface. En utilisant des liqueurs normées de densité connue, ou en diluant les liqueurs de base jusqu'à ce que l'échantillon flotte, on peut obtenir la densité de la gemme à déterminer. La méthode des liqueurs denses est particulièrement indiquée lorsque l'on veut isoler des gemmes données se trouvant parmi un lot de pierres non déterminées, ou quand il s'agit d'identifier des pierres artificielles ou des imitations par rapport à des gemmes véritables.

Cassure

Lorsque, à la suite d'une contrainte (choc, pression), un minéral se brise en présentant des surfaces de fracture irrégulières, on parle de cassure. Si les fragments ont, au contraire, des faces planes, ce phénomène est appelé clivage (p. 28). Une séparation de cristaux maclés par accolement n'est pas un clivage, c'est un plan de partage (« *parting* » en anglais). La faculté d'un minéral à réagir par la cassure ou le clivage dépend de la structure de son réseau cristallin. Si les composants du réseau sont disposés de telle sorte qu'on ne pourrait pas faire coulisser une surface plane à travers ce dernier, le minéral se brise irrégulièrement, et il s'agit d'une cassure. Voir à cet effet les représentations de réseaux cristallins à la p. 28.
La cassure peut être conchoïdale (ressemblant à une empreinte de coquillage), irrégulière, lisse, fibreuse, râpeuse, esquilleuse ou terreuse.

Cassure conchoïdale sur obsidienne (roche vitreuse).

Clivage

On appelle clivage le morcellement d'un minéral en fragments limités par des faces planes. La capacité d'un minéral à se laisser cliver ou non dépend de la structure du réseau cristallin. Lorsque la disposition des atomes, des ions ou des molécules est telle que l'on pourrait faire coulisser des surfaces planes à travers le réseau, le minéral se clive. Dans le cas contraire, il se produit une cassure, avec des fragments présentant des faces irrégulières (p. 27).
Suivant la puissance des forces de cohésion entre les composants du cristal, le clivage peut être plus ou moins facile. En minéralogie, la classification du clivage en divers degrés n'est pas toujours utilisée de façon uniforme. Dans ce livre, les degrés de clivage suivants seront utilisés dans les descriptions des minéraux :

parfait – net – indistinct – aucun

Certains minéraux ne se clivent que dans un sens, d'autres, dans deux ou plusieurs directions. On attribuait autrefois le nom de « spath » (du mot allemand *spalten*, « cliver ») à tous les minéraux transparents présentant un très bon clivage dans plusieurs directions, d'où les noms de feldspath, spath d'Irlande, spath brunissant, etc. Les plans de clivage n'ont rien à voir avec la forme extérieure du minéral. Ils dépendent uniquement de la structure du réseau cristallin. Les mêmes figures de clivage peuvent aussi se produire chez les minéraux développant des formes différentes. On obtient toujours des cubes avec la galène et le sel gemme, et toujours des rhomboèdres avec la calcite. Pour de nombreux minéraux, l'angle compris entre deux plans de clivage est un critère de détermination typique. Par exemple, deux minéraux très semblables comme la hornblende et l'augite peuvent être différenciés, lorsque les contours des cristaux ne sont pas visibles, par l'angle formé par les deux plans de clivage, qui est de 124° chez la hornblende, et de 87° chez l'augite (voir schéma p. 52). Les faces cristallines ne sont jamais aussi lisses, ni généralement aussi brillantes que les plans de clivage. Elles présentent au contraire des stries, des petits motifs, des encoches ou d'autres sortes d'inégalités minuscules.
En minéralogie, le mot clivage est souvent remplacé par le symbole || dans la littérature spécialisée. Pour le lapidaire, la connaissance des clivages des minéraux est de première importance pour la taille et le montage des gemmes.

Réseau cristallin de l'halite (sel gemme).

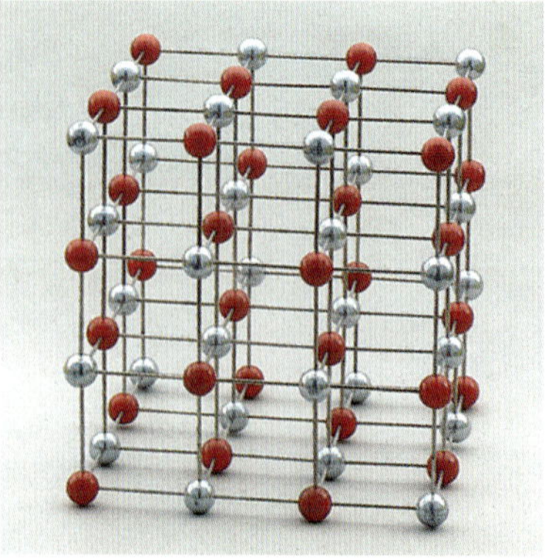

Réseau cristallin du quartz.

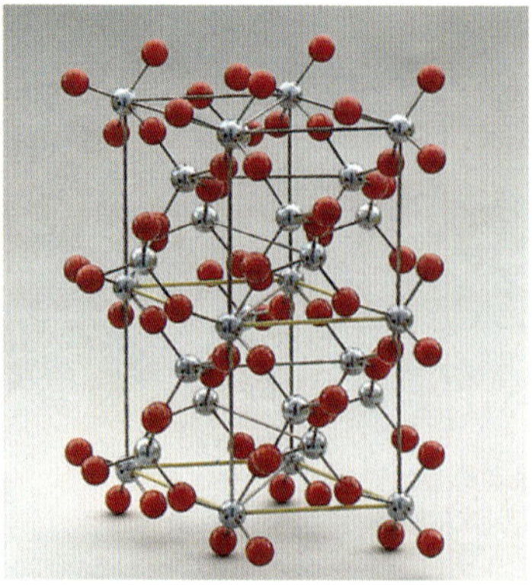

Magnétisme

Le comportement magnétique est variable selon les minéraux. Certains, comme la magnétite, attirent eux-mêmes des objets magnétiques, d'autres, comme la pyrrhotine, sont attirés par l'aimant, et d'autres, enfin, ne possèdent absolument aucune propriété magnétique.

Les deux types de comportement magnétiques peuvent être déterminés de façon sûre à l'aide de l'aiguille d'une boussole. Cette aiguille aimantée, très légèrement suspendue, est très sensible à toute influence magnétique. Déposez l'échantillon à déterminer près d'une aiguille au repos, et observez la déviation de l'aiguille. Il faut balancer de gauche à droite et le plus près possible de l'aiguille les petits fragments de minéraux, étant donné leur faible magnétisme.

Chez certains minéraux, le magnétisme varie selon la localité d'origine et leur teneur en fer.

Cohésion

Par cohésion (nommée ténacité en langage courant), on entend pour les minéraux la fragilité mécanique (cassant, tendre, sectile), la ductilité (malléable, flexible, extensible) et l'élasticité (souplesse élastique, souplesse non élastique ou plasticité). Les attributs de la cohésion peuvent être une aide dans la détermination des minéraux. Ces observations sont en général réservées aux spécialistes. Dans cet ouvrage, les caractéristiques de cohésion ne seront mentionnées qu'incidemment lors de la description des minéraux.

Luminescence

La luminescence est un terme général désignant les phénomènes d'émission de lumière par une substance soumise à un rayonnement quelconque, à l'exception du simple rayonnement de chaleur. Celle qui présente un intérêt pour le collectionneur de minéraux est avant tout la luminescence aux rayons ultraviolets (UV), appelée fluorescence, car de nombreux minéraux ne s'illuminent pas seulement en blanc, mais aussi en différentes couleurs spectrales. Plus amples développements page 348.

Si le minéral continue à émettre de la lumière après la fin de l'irradiation, on parle de *phosphorescence*, ainsi nommée en raison de l'émission lumineuse bien connue du phosphore.

Minéraux fluorescents en lumière blanche (à gauche) et exposés aux rayons UV (à droite).
De gauche à droite pour chaque vue : en haut, calcite, aragonite ;
au centre, halite, fluorine ; en bas, willemite.

La détermination d'un minéral par voie sèche demande une certaine expérience.

Déterminations par voie sèche

Les réactions de fusion et la coloration de la flamme à l'aide d'un chalumeau, expérience appelée essai par voie sèche dans les milieux spécialisés, servent à la détermination des minéraux. Le chalumeau est un tube de laiton comportant à une extrémité un embout en bois que l'on tient contre les lèvres et à l'autre extrémité une ouverture de l'épaisseur d'un cheveu. En soufflant dans le chalumeau, la flamme d'un bec Bunsen, d'une bougie ou d'une lampe à alcool peut être fortement chauffée et transformée en un pinceau dirigé sur un échantillon minéral reposant dans une petite cavité d'un morceau de charbon de bois. Par le jeu de la force du souffle vers la flamme ou dans le cône de la flamme, il se produit des réactions d'oxydo- réduction accompagnées de phénomènes de fusion, décomposition et sublimation, ainsi que la formation de gaz et la coloration de la flamme. Tout cela fournit des indications sur la composition chimique de l'échantillon ainsi examiné.
L'utilisation de la voie sèche demande une certaine expérience. Aussi est-elle réservée à des collectionneurs avertis.

Pléochroïsme

La couleur et son intensité de certains minéraux transparents varient selon la direction d'observation. Cela résulte de l'anisotropie plus ou moins forte de l'absorption lumineuse des cristaux biréfringents transparents (variation de l'absorption selon les longueurs d'ondes et la direction de propagation du rayon lumineux).
Selon que le cristal exhibe ainsi deux ou trois couleurs principales, ce phénomène est dit « dichroïsme » ou « trichroïsme » ; plus généralement, les termes « polychroïsme » (observation en lumière naturelle) et « pléochroïsme » (observation en lumière polarisée) s'appliquent dans l'un et l'autre cas. Le dichroïsme n'est possible que pour les cristaux quadratiques, hexagonaux et rhomboédriques, le trichroïsme que pour les cristaux orthorhombiques, monocliniques et tricliniques.
Aucun pléochroïsme n'est possible pour les minéraux cubiques et amorphes.
Selon l'importance de la différence entre ses couleurs principales, le pléochroïsme (ou le polychroïsme) est qualifié de faible, net ou fort. Il doit être pris en considération lors de la taille des gemmes pour en placer la table dans une direction qui évite des tons trop clairs ou trop foncés, et donne une couleur aussi franche que possible.

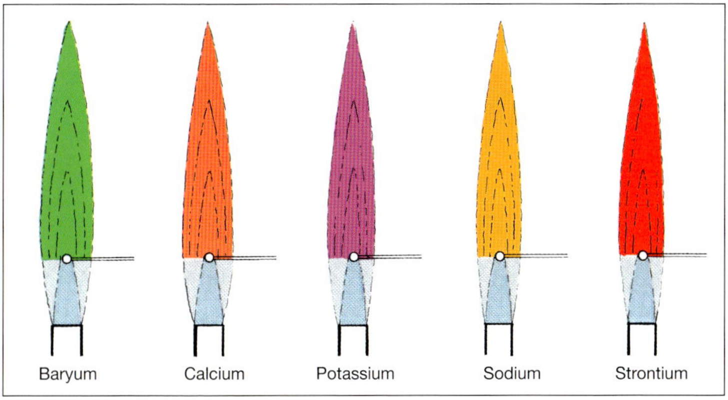

La couleur de flamme peut être une aide à la détermination des minéraux.

Couleur de flamme

La présence de certains éléments chimiques colore une flamme, aussi des indications sur la composition chimique d'un minéral sont-elles fournies par l'essai à la flamme. Le bec à gaz est préférable aux bougies, car il peut être réglé de façon à obtenir une flamme incolore. La couleur de flamme s'observe mieux dans une pièce obscure. Le strontium produit un rouge pourpre, le lithium un rouge carmin, le calcium un rouge brique, le sodium du jaune, le baryum un vert jaunâtre, le bore du vert, le cuivre du bleu et du vert, le potassium du violet. Une petite esquille minérale introduite dans la flamme à l'aide d'un fil de platine suffit pour l'essai.

Autres propriétés

Parfois, des essais très simples tels que celui de l'**odeur**, de la **saveur**, du **toucher** et de la **solubilité dans l'eau**, peuvent être d'une grande utilité pour la détermination d'un minéral ou d'une roche. Par exemple, le soufre, qui déjà fond à la flamme d'une allumette, dégage en brûlant l'odeur piquante caractéristique de l'anhydride sulfureux, la halite (sel gemme) a un goût salé normal alors que la sylvine qui lui ressemble a, au contraire, un désagréable goût salé âpre et amer.
Des sculptures en marbre et en albâtre se différencient facilement au toucher : le marbre, bon conducteur de la chaleur donne une sensation de froid tandis que l'albâtre, mauvais conducteur de la chaleur, donne une sensation de chaud. Le froid toucher du cristal de roche (quartz) s'oppose à la chaude sensation du verre, ce qui est facile à vérifier et suffit souvent pour les différentier.
En certaines circonstances, le spécialiste doit procéder à des examens particuliers, par exemple lorsqu'il s'agit de différencier gemmes naturelles de cristaux synthétiques, ou de déterminer les divers minéraux d'un minerai. Les propriétés optiques de réfraction, dispersion (décomposition de la lumière blanche en couleurs de l'arc-en-ciel), absorption et spectres d'absorption (extinction de certaines parties de lumière ultraviolette, visible, infrarouge), l'étude au microscope de sections polies en lumière réfléchie ou de lames minces (petites tranches de 0,03 mm d'épaisseur) en lumière transmise, ainsi que maints autres examens de laboratoire nécessitant un matériel sophistiqué peuvent souvent apporter la dernière certitude quant au minéral ou à l'agrégat minéral étudié.
Lorsqu'il procède à la détermination de minéraux, le collectionneur averti devrait intégrer dans ses considérations les propriétés de certains minéraux brièvement décrites dans ce qui suit.

Classification des minéraux

Environ 4 000 espèces minérales sont actuellement connues, et de nouveaux minéraux sont découverts chaque année. De plus, il existe plusieurs milliers de variétés. Il n'est guère possible de saisir un nombre si important de minéraux dans leur ensemble. Il est donc nécessaire de les classer, c'est-à-dire de les grouper selon des propriétés identiques ou voisines.
Diverses possibilités sont alors possibles. Les minéraux peuvent être groupés d'après leur mode de formation, leur répartition dans les roches, ou encore selon des caractéristiques extérieures comme la forme cristalline, la dureté, l'éclat ou la densité. La pertinence de ces diverses classifications se détermine en fonction des objectifs poursuivis.
En minéralogie scientifique, les minéraux sont habituellement classés d'après leur composition chimique, et dans un deuxième temps, d'après leur structure. Lorsqu'on parle aujourd'hui de « système minéralogique » en milieu scientifique, on entend toujours par là une classification basée sur la composition chimique. Divers modèles avec différents modes de groupement des minéraux ont été proposés, mais une classification en neuf classes de minéraux s'est imposée, devenue depuis 2001 une classification en dix classes. Un amateur de minéraux qui collectionne en suivant cette classification est dit simplement « systématicien ».
Pour les non-spécialistes et pour la plupart de ceux qui exercent un métier en relation avec les roches (comme les tailleurs de pierre, les sculpteurs et les professionnels de la construction), le système chimique de classification des minéraux n'est généralement pas acceptable. C'est pourquoi, dans ce livre, les minéraux sont présentés tels que le non-spécialiste les perçoit au mieux, c'est-à-dire comme constituants des roches, comme constituants des minerais et comme gemmes. Ce genre de classification rendant inévitables des recoupements dans la présentation des minéraux, des compromis dans les grandes lignes se sont révélés nécessaires. Nous nous y sommes consciemment résolus.
Le tableau ci-dessous est destiné aux collectionneurs classant leurs minéraux d'après le système scientifique. Les illustrations et textes s'y rapportant sont indiqués dans l'index se trouvant à la fin du livre.
Le choix des minéraux présentés dans les pages qui suivent s'est opéré en fonction de leur importance en pétrographie et comme minerais, de leur utilisation comme gemmes, ainsi que de leur popularité auprès des collectionneurs amateurs. Un tel choix n'est naturellement pas exempt de subjectivité.

Classification minéralogique scientifique

Les minéraux sont groupés en neuf classes. Une dixième classe comprend des composés organiques ressemblant à des minéraux.

1re classe	Éléments
2e classe	Sulfures et sulfosels
3e classe	Halogénures
4e classe	Oxydes et hydroxydes
5e classe	Nitrates carbonates
6e classe	Borates
7e classe	Sulfates, chromates, molybdates, tungstates
8e classe	Phosphates, arséniates, vanadates
9e classe	Silicates (nésosilicates, sorosilicates, cyclosilicates, inosilicates, phyllosilicates, tectosilicates)
10e classe	Composés organiques

Répartition des minéraux cités dans l'ouvrage parmi les dix classes de la classification minéralogique

1re classe : éléments

Amalgame, Antimoine, Arsenic, Diamant, Or, Graphite, Cuivre, Platine, Mercure, Soufre, Argent, Tellure, Bismuth.

2e classe : sulfures et sulfosels

Acanthite, Antimonite, Argentite, Arsénopyrite, Orpiment, Berthiérite, Galène, Bornite, Boulangérite, Bournonite, Chloanthite, Covelline, Cubanite, Énargite, Freibergite, Gersdorffite, Jamesonite, Jordanite, Cobaltite, Chalcosine, Chalcopyrite, Linnéite, Löllingite, Pyrrhotine, Marcassite, Millérite, Molybdénite, Nickéline, Patronite, Pentlandite, Petzite, Polybasite, Proustite, Pyrargyrite, Pyrite, Réalgar, Safflorite, Matildite, Schwazite, Sperrylite, Skuttérudite, Stannine, Stéphanite, Stibiopalladinite, Sylvanite, Tennantite, Tétraédrite, Bismuthine, Wurtzite, Sphalérite, Cinabre.

3e classe : halogénures

Atacamite, Carnallite, Chlorargyrite, Fluorite, Halite, Calomel, Cryolite, Salmiac, Sylvine.

4e classe : oxydes et hydroxydes

Aeschynite, Alumogel, Anatase, Arsénolite, Asbolane, Bétafite, Bismite, Bixbyite, Boehmite, Brannérite, Braunite, Brookite, Chromite, Chrysobéryl, Coesite, Columbite, Coronadite, Cristobalite, Cuprite, Davidite, Diaspore, Glace, Euxénite, Fergusonite, Franklinite, Gahnite, Gibbsite, Goethite, Hématite, Hausmannite, Hétérogénite, Hollandite, Ilménite, Cassitérite, Corindon, Cryptomélane, Lépidocrocite, Magnétite, Manganite, Molybdite, Niobite, Opale, Pechblende, Pérowzskite, Psilomélane, Pyrochlore, Pyrolusite, Quartz, Rutile, Samarskite, Sassoline, Senarmontite, Spinelle, Stishovite, Tantalite, Ténorite, Thorianite, Tridymite, Uraninite, Valentinite, Wolframite, Yttrotantalite, Zincite.

5e classe : nitrates, carbonates

Ankérite, Aragonite, Aurichalcite, Azurite, Bismuthite, Calcite, Cérusite, Dolomite, Gaylussite, Hydrozincite, Leadhillite, Magnésite, Malachite, Nitre, Nitratine, Phosgénite, Rhodochrosite, Sidérite, Smithsonite, Strontianite, Withérite.

6e classe : borates

Boracite, Borax, Colémanite, Hambergite, Kernite, Kurnakovite, Sinhalite, Ulexite.

7e classe : sulfates, chromates, molybdates, tungstates

Alunite, Alunogène, Anglésite, Anhydrite, Barytine, Brochantite, Chalcanthite, Célestine, Épsomite, Gypse, Halotrichite, Hanksite, Jarosite, Kainite, Kiesérite, Crocoïte, Linarite, Polyhalite, Powellite, Scheelite, Picromérite, Serpiérite, Thénardite, Wulfénite.

8e classe : phosphates, arséniates, vanadates

Adamite, Amblygonite, Annabergite, Apatite, Autunite, Béryllonite, Brasilianite, Cacoxènite, Carnotite, Descloizite, Érythrine, Lazulite, Mimétite, Monazite, Mottramite, Olivénite, Pharmacolite, Purpurite, Pyromorphite, Scholzite, Stolzite, Strengite, Torbernite, Turquoise, Uranocircite, Vanadinite, Variscite, Vivianite, Wardite, Wavellite, Zeunérite.

9e classe : silicates

Ægirine, Actinote, Allanite, Analcime, Andalousite, Anthophyllite, Apophyllite, Arfvedsonite, Augite, Axinite, Bénitoïte, Bertrandite, Béryl, Bronzite, Cancrinite, Chabasite, Chamosite, Chlorite, Chrysocolle, Cordiérite, Danburite, Daphnite, Datolite, Delessite, Diopside, Dioptase, Dumortiérite, Enstatite, Épidote, Euclase, Fassaïte, Fayalite, Groupe des feldspaths, Forstérite, Gadolinite, Garniérite, Glaucophane, Groupe des Micas, Groupe des Grenats, Gyrolite, Harmotome, Haüyne, Hédenbergite, Hémimorphite, Heulandite, Hornblende, Hypersthène, Illite, Ilvaïte, Jadéite, Kaliophilite, Kaolinite, Clinochlore, Kornérupine, Cyanite, Lapis-lazuli, Lazurite, Laumontite, Lépidolite, Leucite, Mélilite, Mésolite, Milarite, Montmorillonite, Natrolite, Néphéline, Népouite, Neptunite, Noséane, Okénite, Olivine, Omphacite, Pectolithe, Pennine (chlorite), Pétalite, Phénacite, Phillipsite, Piémontite, Préhnite, Pyrophyllite, Ripidolite (chlorite), Rhodonite, Riébeckite, Sépiolite, Serpentine, Sillimanite, Scapolite, Scolécite, Sodalite, Spodumène, Staurotide, Stilbite, Talc, Thomsonite, Thorite, Thortveitite, Thuringite (chlorite), Titanite, Topaze, Trémolite, Tourmaline, Uranophane, Vésuvianite, Willemite, Wollastonite, Zoïsite, Zircon.

10e classe : composés organiques

Ambre, Mellite, Ozocérite, Whewellite.

Minéraux constitutifs des roches

Parmi plus de 4 000 minéraux connus, seuls quelques douzaines ont une certaine importance en tant qu'éléments constitutifs des roches. On distingue, d'après leur quantité relative, les constituants essentiels, accessoires et accidentels.

Minéraux majeurs Minéraux apparaissant en plus ou moins grande quantité dans la roche dont ils constituent la majeure partie, qualifiés aussi de « minéraux majeurs ».

Minéraux accessoires (ou mineurs) Minéraux présents de manière subordonnée dans la roche, qualifiés aussi de « minéraux mineurs ».

Minéraux accidentels Minéraux ordinairement accessoires dans une roche, pouvant parfois prendre localement une grande importance et devenir ainsi caractéristiques d'une roche.

Il n'existe certes pas de délimitation précise entre ces catégories, mais les minéraux dits majeurs ne doivent pas représenter moins de 10 % environ de la totalité de la roche à laquelle ils appartiennent.

Dans les pages suivantes, les minéraux sont présentés selon leur apparition préférentielle dans les trois grandes catégories de roches, les roches magmatiques, sédimentaires et métamorphiques. Il a été cependant indispensable de recourir à certains compromis, car s'il est évident que les minéraux se forment soit en milieu magmatique, sédimentaire ou métamorphique (p. 12), ce qui ne signifie pas pour autant que la présence d'un minéral donné soit limitée à un groupe. Toute une série de minéraux se rencontrent dans deux de ces groupes, voire dans les trois. Pour éviter des répétitions dans la présentation, les minéraux ne sont décrits et illustrés que dans un seul groupe de roches. Lors de la description des roches (pages 187 et suivantes), la participation des divers minéraux à sa constitution est naturellement indiquée dans chaque cas.
En raison de leur importance économique, les minéraux des minerais et des gemmes, qui sont également des éléments constitutifs des roches, sont traités à part en deux groupes distincts.
Les synonymes sont mentionnés, même s'ils sont totalement tombés en désuétude, car l'amateur minéralogiste est susceptible d'avoir besoin de consulter aussi d'anciens ouvrages.

Minéraux des roches magmatiques

Les minéraux essentiels des roches magmatiques sont le quartz, les feldspaths, les feldpathoïdes, les micas, l'augite, la hornblende et l'olivine. Les minéraux accessoires sont, entre autres, l'apatite, l'hématite, l'ilménite, la magnétite, la natrolite, la néphéline, le sphène, le zirkon.

Lors d'une éruption volcanique, des cendres et des lambeaux de lave peuvent être projetés à des centaines de mètres de haut.
Stromboli, îles Éoliennes/Italie, juillet 1977.

Groupe du quartz

Ce groupe constitué de silice comprend le quartz, l'opale, ainsi que des minéraux plus rares comme la tridymite, la cristobalite, la coesite et la stishovite.

Quartz [1-6]

chimie : SiO_2	couleur : incolore, blanc, toutes les couleurs
dureté Mohs : 7	trait : blanc
densité : 2,65	éclat : vitreux, gras
clivage : aucun	transparence : transparent à opaque
cassure : conchoïdale	système cristallin : rhomboédrique

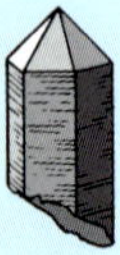

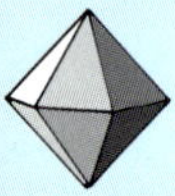

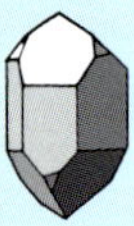

Les cristaux présentent en général un prisme à six faces terminé par des faces pyramidales. Les stries horizontales sur les faces du prisme sont un critère de détermination important. Le quartz renferme parfois d'autres minéraux sous forme d'inclusions et, souvent, des gaz ou des liquides. Il existe des cristaux énormes, de la taille d'un homme. Pseudomorphoses de minéraux très variés.
Les macles par interpénétration (macle du Dauphiné et macle du Brésil) sont si intimement mêlées qu'il est difficile de distinguer les différents individus. Les macles par accolement (macle du Japon [3]) possèdent des angles rentrants bien visibles. En général, les cristaux de quartz se présentent en groupes [4]. Les agrégats peuvent être granuleux à massifs [6], bacillaires ou fibreux.
Le quartz est très répandu, car il est très résistant mécaniquement et difficilement attaquable chimiquement (soluble seulement dans l'acide fluorhydrique). Le quartz est, après les feldspaths, le minéral le plus courant de la partie supérieure de la croûte terrestre. Il est le composant principal des roches magmatiques et métamorphiques riches en silice, ainsi que de la plupart des sables. C'est souvent un élément majeur de la gangue des filons minéralisés, parfois entièrement en quartz (voir ill. p. 256). Dans les assemblages de minéraux, le quartz apparaît généralement incolore ou laiteux. Gisements : Fichtelgebirge, Palatinat/Allemagne, Alpes, Brésil. Utilisé comme matière première dans l'industrie du verre et de la céramique, en technique (propriétés piézoélectriques) dans le réglage d'émetteurs et de montres. Les variétés colorées sont appréciées comme gemmes et pierres décoratives (p. 174-176). Le mot quartz provient du langage des mineurs allemands du Moyen Âge. Sa signification pourrait être une contraction de *quaderz* « mauvais minerai », « gangue ».

Quartz bipyramidé [2] Cristal de quartz pourvu de faces pyramidales aux deux extrémités. Se forme en cristaux isolés dans les roches sédimentaires.
Quartz sceptre [1] Cristal renflé au sommet d'une tige mince (anomalie cristalline).
Quartz hématoïde [5] Agrégat de quartz coloré en jaune, brun ou rouge par des oxydes de fer. Se rencontre dans les fentes de roches sédimentaires.
Variétés colorées macrocristallines Améthyste [1], aventurine, cristal de roche [4], quartz bleu, citrine, quartz hématoïde [5], quartz filonien (p. 198,2), quartz commun [6], quartz laiteux [2], morion, prase, quartz fumé, quartz rose (p. 174).
Variétés de formes macrocristallines Quartz fibreux, quartz fantôme, quartz prismatique, quartz corrodé, quartz étoilé, quartz sceptre [1].
Variétés microcristallines Calcédoine au sens large (p. 38).
Variétés de pseudomorphose Œil-de-faucon, quartz œil-de-chat, œil-de-tigre (p. 176), bois silicifié ou agate xyloïde (p. 38).

1 Quartz sceptre (améthyste), Mexique.
2 Quartz bipyramidé, Warstein/Allemagne.
3 Macle du Japon, Arizona/États-Unis.
4 Cristal de roche et pyrite, Trepča/Kosovo.
5 Quartz hématoïde, Warstein/Westphalie.
6 Quartz commun, fragment de galet roulé/Rhénanie

1

2

3

4

5

6

Calcédoines

Ce sont toutes les variétés microcristallines de quartz (agate, calcédoine proprement dite, chrysoprase, agate à dendrites, héliotrope, bois silicifié, jaspe, cornaline, agate mousse, onyx, sardoine). Le terme « calcédoine » désigne la variété gris bleuté.

Calcédoine [1] Calcédoine proprement dite (*sensu stricto*)

chimie : SiO_2	couleur : bleuâtre, gris-blanc
dureté Mohs : 6½-7	trait : blanc
densité : 2,58-2,64	éclat : cireux, mat
clivage : aucun	transparence : translucide
cassure : irrégulière, écailleuse	système cristallin : rhomboédrique

La calcédoine est faite de très petites fibres parallèles. Les agrégats sont fibroradiés, stalactiformes, botryoïdaux ou réniformes. Poreuse, la calcédoine peut être colorée artificiellement. En encroûtements et remplissages de cavités. Gisements : Brésil, Inde, Madagascar, Namibie. Utilisée comme gemme et pierre décorative (p. 178).

« Quartz polyédrique » [2] « pseudoagate »

Appellation fantaisiste d'une agate zonée formée dans une cavité polygonale ; ces formes géométriques sont celles de druses de calcédoine, aux couches alternant parfois avec du quartz grossièrement cristallisé. Se forment comme remplissages de fentes dans des cristaux tabulaires dissous par la suite. Gisements : Brésil.

Agate mousse [3]

Calcédoine incolore, translucide, contenant de la hornblende verte semblable à de la mousse. En remplissage de fissures, ou sous forme de galets en gisements secondaires. Gisements : Inde, Chine, États-Unis. Taillée comme gemme.

Bois silicifié [4] bois pétrifié, agate xyloïde

Calcédoine en pseudomorphose de bois formée par l'action des eaux souterraines qui, en circulant, dissolvent la matière organique enfouie dans les sédiments et la remplacent par des substances minérales ; certains éléments des cellules végétales et le remplissage des vacuoles joueraient un rôle primordial dans cette silicification du bois. Gisements : Arizona, Égypte, Patagonie.

Opale [5]

chimie : $SiO_2.nH_2O$	couleur : blanche, toutes couleurs ; opalescence ; iridescence
dureté Mohs : 5½-6½	trait : blanc
densité : 1,98-2,50	éclat : vitreux, cireux
clivage : aucun	transparence : opaque à translucide
cassure : conchoïdale, esquilleuse, fragile	système cristallin : empilement de boules

Cristobalite et tridymite fibroradiées en boules de même diamètre (1/5 mm env.) forment le réseau régulier de l'opale noble, d'où ses feux multicolores (iridescence) ; teneur en eau : 1-30 %. Encroûtements, nodules. Provenances : Australie, Mexique, Brésil. Variétés : opale commune, opaque, opalescente (boules de diamètres inégaux d'où pas de réseau) [5], opale ornementale (opale d'eau, opale cireuse, prasopale, opale laiteuse, opale ligneuse, opale miel, opale vitreuse ou hyalite), opale noble aux feux multicolores, et opale de feu, d'un rouge orangé, généralement seulement opalescente. Pierre décorative et gemme (p. 180).

1 Calcédoine de couleur naturelle, légèrement polie, Minas Gerais/Brésil.
2 Quartz zoné, Brésil.
3 Agate mousse, polie, Kathiavar/Inde.
4 Bois silicifié, section polie, Oregon/Étas-Unis.
5 Opale commune (opale ligneuse), Hongrie.

1
2
3
4
5

Groupe des feldspaths

Ces minéraux silicatés possèdent plusieurs propriétés communes et constituent plus de 60 % de la partie supérieure de l'écorce terrestre. Ils doivent leur nom à leur vaste répartition (dans chaque champ, *Feld*, en allemand).

Feldspaths potassiques = orthoses au sens large	**Feldspaths sodo-calciques = plagioclases**			
		% Na	% Albite = Ab	% Anorthite = An
Orthose proprement dite	Albite	100	100-90	0-10
(= *sensu stricto*)	Péricline			
Adulaire	Oligoclase	80	90-70	10-30
Pierre de lune	Aventurine			
Sanidine	Andésine	60	70-50	30-50
Microcline	Labrador	40	50-30	50-70
Amazonite	Bytownite	20	30-10	70-90
	Anorthite	0	10-0	90-100

Feldspaths alcalins (feldspaths sodo-potassiques) Cristaux mixtes situés entre le pôle potassique (orthose) et le pôle sodique (Ab), comme l'anorthose, la perthite, ainsi que l'orthose et le microcline sodiques.

Orthose proprement dite [5] orthose commune, orthose au sens strict

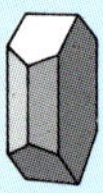

chimie : $K[AlSi_3O_8]$	couleur : blanc, jaune, rouge, autres couleurs
dureté Mohs : 6	trait : blanc
densité : 2,53-2,56	éclat : vitreux, nacré
clivage : parfait	transparence : transparente à opaque
cassure : conchoïdale, irrégulière, fragile	système cristallin : monoclinique

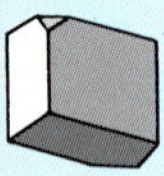

Cristaux tabulaires, prismatiques. L'angle formé par les plans de clivage est de 90°. Macles de pénétration (macle de Carlsbad [2], de Bavéno, de Manebach). Masses spathiques compactes. Dans les pegmatites [n° 3, p. 257) et d'autres roches riches en silice. Utilisé comme matière première dans les industries de la céramique et du verre. Gisement : Fichtelgebirge,/Allemagne Tauern/Autriche, Tessin/Suisse, Suède.
Adulaire [6] Variété transparente d'orthose se trouvant dans les fentes alpines.
Sanidine [1] Variété d'orthose transparente à opaque, souvent crevassée, se trouvant dans des roches volcaniques acides récentes.

Microcline [4]

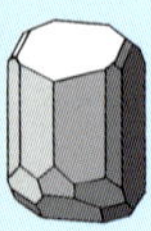

chimie : $K[AlSi_3O_8]$	couleur : blanc, jaune, rougeâtre, autres couleurs
dureté Mohs : 6	trait : blanc
densité : 2,53-2,56	éclat : vitreux, nacré
clivage : parfait	transparence : trouble à opaque
cassure : conchoïdale, irrégulière, fragile	système cristallin : triclinique

Cristaux tabulaires, macles fréquentes. Masses spathiques compactes, grossièrement cristallisées. Mode de gisement : dans les roches acides. Gisements (entre autres) : Haut-Palatinat/Allemagne, Scandinavie. Utilisé comme matière première dans l'industrie de la céramique. La variété de couleur verte, l'amazonite [3], est taillée comme pierre décorative (voir p. 170).

1 Sanidine, Vetralla/Latium/Italie centrale.
2 Macle de Carlsbad, Colorado/États-Unis.
3 Amazonite, Pikes Peak/Colorado/États-Unis.
4 Microcline, Setesdalen/Norvège.
5 Orthose, Arendal/Norvège.
6 Adulaire, Valais/Suisse.

1
2
4
3
5
6

Plagioclases [1, 3, 4]

Les plagioclases représentent une série de mélanges entre l'albite ($Na[AlSi_3O_8]$) et l'anorthite ($Ca[Al_2Si_2O_8]$), voir tableau p. 40. Certains cristaux mixtes situés entre ces deux pôles portent un nom (oligoclase, andésine, labrador et bytownite), mais depuis quelque temps, on les désigne par leur pourcentage d'albite (Ab) et d'anorthite (An), par exemple $Ab_{32}An_{68}$ = labrador.

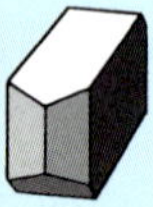

chimie : $nNa[AlSi_3O_8] + nCa[Al_2Si_2O_8]$	couleur : incolore, blanc, gris, verdâtre, bleuâtre, rougeâtre, chatoyance (labradorescence)
dureté Mohs : 6-6½	trait : blanc
densité : 2,61-2,77	éclat : vitreux, nacré
clivage : parfait	transparence : translucide à opaque
cassure : conchoïdale, irrégulière, fragile	

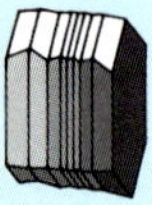

Cristaux isolés (système triclinique) rares, tabulaires, prismatiques, en général maclés en lamelles. Agrégats massifs, granuleux. Mode de gisement : principalement dans les roches magmatiques et métamorphiques. Universellement répandus. La labradorite (pierre du Labrador, labrador [3]), pierre décorative et gemme, et la variété aventurinée (pierre de soleil) sont parfois employés comme gemme [n° 10, p. 171].

Feldspathoïdes foïdes

Dans les roches moins riches en silice, les feldspaths sont remplacés par des minéraux pauvres en silice, appelés feldspathoïdes. Ce sont, entre autres, la leucite, l'analcime, la néphéline, la sodalite, la noséane, l'haüyne, la mélilite. Le quartz ne peut jamais se rencontrer en même temps que ces minéraux.

Leucite [2]

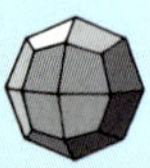

chimie : $K[AlSi_2O_6]$	couleur : blanchâtre, grise
dureté Mohs : 5½-6	trait : blanc
densité : 2,45-2,50	éclat : mat, vitreux, gras
clivage : aucun	transparence : translucide à opaque
cassure : conchoïdale, fragile	système cristallin : quatratique

Les cristaux sont habituellement des trétragonotrioctaèdres (appelés « leucitoèdres »), le plus souvent inclus dans la roche. Agrégats granuleux. Mode de gisement : dans les roches volcaniques récentes. Gisements : Kaiserstuhl/Bade/Allemagne, Vésuve et monts Albains/Italie, Arkansas/États-Unis. Utilisée localement comme engrais potassique.

Analcime [5]

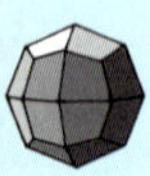

chimie : $Na[AlSi_2O_6].H_2O$	couleur : incolore, blanche, grise, jaune, rougeâtre
dureté Mohs : 5-5½	trait : blanc
densité : 2,24-2,31	éclat : vitreux
clivage : aucun	transparence : transparente à trouble
cassure : conchoïdale, irrégulière, fragile	système cristallin : cubique

Les cristaux libres forment des tétragonotrioctaèdres. Agrégats granuleux et en croûtes. Se rencontre dans les roches basaltiques et phonolithiques, dans les filons métallifères. Gisements : Val de Fassa/Dolomites, Sicile, Bohême, Irlande, lac Supérieur/États-Unis.

1 Albite, Habachtal/Tyrol.
2 Leucite, Rocca Monfina/Italie.
3 Labrador, Labrador/Canada.
4 Péricline recouvert de chlorite, Tauern/Autriche.
5 Analcime, Farmsen/Basse-Saxe.

1
2
3
4
5

Haüyne [1]

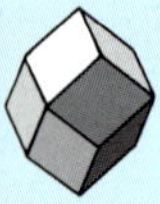

chimie : $(Na, Ca)_{8-4}[(SO4)_{2-1}(AlSiO_4)_6]$	couleur : bleue, rarement jaune ou rouge
dureté Mohs : 5½	trait : blanc
densité : 2,44-2,50	éclat : vitreux, gras, nacré
clivage : parfait	transparence : transparente à opaque
cassure : conchoïdale	système cristallin : cubique

Cristaux, agrégats et mode de gisement comme la noséane et la sodalite.

Noséane [2]

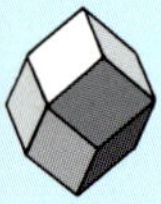

chimie : $Na_8[SO_4(AlSiO4)\ 6]$	couleur : grise, jaunâtre, verte, bleuâtre, blanche
dureté Mohs : 5 1/2	trait : blanc
densité : 2,28-2,40	éclat : vitreux, gras
clivage : parfait	transparence : transparente à opaque
cassure : conchoïdale	système cristallin : cubique

Cristaux et agrégats comme la sodalite. Dans les roches volcaniques.

Néphéline [3]

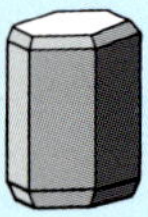

chimie : $KNa_3[AlSiO_4]_4$	couleur : gris-blanc, légèrement colorée,
dureté Mohs : 5½-6	trait : blanc
densité : 2,60-2,65	éclat : vitreux, gras
clivage : imparfait	transparence : transparente à opaque
cassure : conchoïdale, irrégulière, fragile	système cristallin : hexagonal

Cristaux columnaires courts. Agrégats compacts, de structure massive. Mode de gisement : dans les roches magmatiques. **Éléolite** Variété trouble de néphéline.

Mélilite [4]

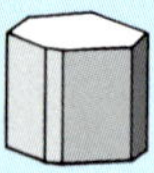

chimie : $(Ca, Na)_2(Al, Mg)[(Si, Al)_2O_7]$	couleur : jaune à brune, grise, blanche, incolore
dureté Mohs : 5-5½	trait : blanc, gris
densité : 2,95-3,05	éclat : vitreux, gras
clivage : imparfait	transparence : transparente à translucide
cassure : irrégulière, conchoïdale, fragile	système cristallin : quadratique

Cristaux columnaires courts. Agrégats granuleux. Mode de gisement : dans les roches volcaniques basiques.

Sodalite [5]

chimie : $Na_8[Cl_2(AlSiO_4)_6]$	couleur : bleue, grise, blanche, jaunâtre
dureté Mohs : 5-6	trait : blanc
densité : 2,13-2,29	éclat : vitreux, gras
clivage : parfait	transparence : transparente à opaque
cassure : irrégulière, conchoïdale	système cristallin : cubique

Rhombododécaèdres inclus dans la roche. Agrégats granuleux. Gisements en roches magmatiques. Variétés bleues utilisées sur des broches en bijouterie.

Kaliophilite [6] ($K[AlSiO_4]$)

Ressemble à la néphéline, aiguilles fines, blanches. Dans les roches volcaniques.

1 Haüyne, Niedermendig/Eifel/Allemagne.
2 Noséane, Mendig/Eifel/Allemagne.
3 Néphéline, Vésuve/Italie.
4 Mélilite, tuf de Oldoinyo Lengei/Tanzanie.
5 Sodalite, Hastings Co./Ontario/Canada.
6 Kaliophilite, Latium/Italie.

1
2
3
4
5
6

Groupe des micas

Du fait de leur excellent clivage, les micas ont un aspect scintillant micacé. La muscovite, la biotite et le phlogopite sont d'importants minéraux constitutifs des roches, surtout magmatiques et métamorphiques. La séricite, la paragonite et la margarite se rencontrent dans les roches métamorphiques (p. 92), la glauconie, uniquement dans les roches sédimentaires, la zinnwaldite et le lépidolite, dans les pegmatites.

Biotite [1]

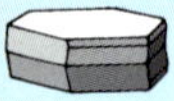

chimie : $K(Mg, Fe)_3[(OH, F)_2|AlSi_3O_{10}]$	couleur : brun foncé, vert foncé, noire
dureté Mohs : 2½-3	trait : blanc
densité : 2,70-3,30	éclat : nacré, vitreux, métallique
clivage : très parfait	transparence : translucide à opaque
cassure : en feuillets, flexible élastique	système cristallin : monoclinique

Cristaux tabulaires libres ou inclus dans la roche, à contour hexagonal. Agrégats feuilletés, écailleux, massifs à granuleux.
« **Or des chats** » Expression populaire désignant de la biotite altérée de couleur de bronze.

Muscovite [2] mica potassique, verre de Moscou

chimie : $KAl_2[(OH, F)_2|AlSi_3O_{10}]$	couleur : incolore, légèrement teintée
dureté Mohs : 2-3	trait : blanc
densité : 2,78-2,88	éclat : vitreux, nacré, métallique
clivage : très parfait	transparence : transparente à translucide
cassure : en feuillets, flexible	système cristallin : monoclinique

Cristaux tabulaires minces, à contour hexagonal, libres ou inclus dans la roche, rarement bien formés. Agrégats feuilletés, massifs. Mode de gisement : dans les roches plutoniques, les pegmatites et les roches métamorphiques ; également dans les sables, car elle est résistante aux acides et très stable à l'altération météorique. Gisements : Oural, Norvège, Canada, Caroline-du-Nord, Tanzanie, Zimbabwe, Inde. Utilisée comme isolant électrique et thermique.
« **Argent des chats** » Dénomination populaire de la muscovite lorsqu'elle possède un éclat argenté.
Fuschsite [3] (mica chromifère) Variété de muscovite chromifère de teinte verte.
Séricite [n° 2, p. 313] Variété de muscovite finement écailleuse d'éclat soyeux.

Phlogopite [4]

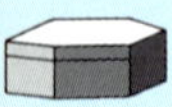

chimie : $KMg_3[(F, OH)_2|AlSi_3O_{10}]$	couleur : gris, jaune, verdâtre, brun, incolore
dureté Mohs : 2-2 1/2	trait : blanc
densité : 2,75-2,97	éclat : nacré, métallique
clivage : très parfait	transparence : transparent à translucide
cassure : en feuillets, flexible	système cristallin : monoclinique

Cristaux tabulaires. Agrégats écailleux, grossièrement feuilletés. Mode de gisement : dans les pegmatites et les roches métamorphiques. Gisements : région du lac Baïkal/Russie, Ontario/Canada, Madagascar, Colorado/États-Unis, Suède, Finlande. Utilisé comme isolant électrique.

1 Biotite, Miask/Oural.
2 Muscovite, Moss/Norvège.
3 Fuchsite, Tyrol/Autriche.
4 Phlogopite, Templeton/Ontario/Canada.

1
2
3
4

Zinnwaldite [1] mica ferrolithinifère

chimie : $KLiFe^{2+}Al[(F, OH)_2|AlSi_3O_{10}]$	couleur : grise, brune, verte, noire, rarement violette
dureté Mohs : 2-3	trait : blanc
densité : 2,90-3,20	éclat : nacré, vitreux, métallique
clivage : très parfait	transparence : opaque à translucide
cassure : en feuillets, flexible élastique	système cristallin : monoclinique

Cristaux feuilletés, libres ou agglomérés. Agrégats feuilletés, écailleux. Mode de gisement : dans les granites, les pegmatites et les greisens.

Lépidolite [2] mica lithifère

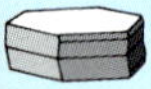

chimie : $KLi_2Al[(F,OH)_2Si_4O_{10}]$	couleur : rose, violet, blanc, gris, verdâtre
dureté Mohs : 2-3	trait : blanc
densité : 2,80-2,90	éclat : nacré, vitreux
clivage : très parfait	transparence : transparent à translucide
cassure : en feuillets, flexible élastique	système cristallin : monoclinique

Cristaux à contour hexagonal. Agrégats écailleux ou finement granuleux. Mode de gisement : dans les granites et les pegmatites granitiques. Source de lithium.

Groupe des pyroxènes

Ce sont l'augite, l'aegyrine, la bronzite, le diopside, dont le diallage et le diopside chromifère, l'enstatite, la fassaïte, l'hédenbergite, l'hypersthène, l'omphacite et le spodumène.

Augite [3,4]

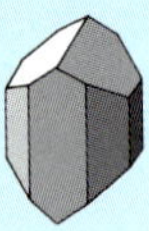

chimie : $(Ca,Mg,Fe)_2[(Si,Al)_2O_6]$	couleur : noire, verdâtre, brunâtre
dureté Mohs : 5-6	trait : blanc, gris-vert
densité : 3,2-3,6	éclat : vitreux
clivage : imparfait	transparence : opaque
cassure : conchoïdale, irrégulière, fragile	système cristallin : monoclinique

Cristaux libres ou inclus dans la roche, en prismes courts, à contour octogonal (voir p. 52). Agrégats granuleux. Se rencontre principalement dans les roches volcaniques basiques, mais également dans beaucoup d'autres roches magmatiques ainsi que dans les roches métamorphiques. Gisements : Eifel, Bohème, France.

Augite commune Augite fortement ferrifère.
Augite basaltique Augite titanifère.

Aegyrine [5] acmite

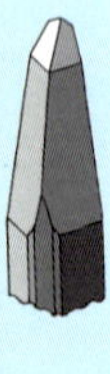

chimie : $NaFe [Si_2O_6]$	couleur : vert foncé, vert-noir, brunâtre
dureté Mohs : 6-6½	trait : jaunâtre à brunâtre, vert
densité : 3,43-3,60	éclat : vitreux, résineux
clivage : parfait	transparence : opaque
cassure : irrégulière	système cristallin : monoclinique

Cristaux inclus dans la roche, en prismes allongés. Agrégats fibreux. Mode de gisement : dans les roches magmatiques claires, également dans les roches métamorphiques. Gisements : Norvège, Kola/Russie, Roumanie.

1 Zinnwaldite, Zinnwald/Erzgebirge/Saxe.
2 Lépidolite, Minas Gerais/Brésil.
3 Augite, Lochkov/Bohême.
4 Cristaux d'augite disséminés dans du tuf volcanique, Vésuve/Italie.
5 Aegyrine, Eker/Norvège.

1
2
3
4
5

Enstatite [1]

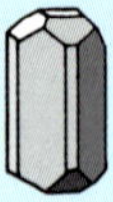

chimie : $Mg_2[SiO_6]$	couleur : grise, verte, brunâtre, incolore
dureté Mohs : 5½	trait : blanc
densité : 3,26-3,28	éclat : vitreux
clivage : imparfait	transparence : transparente à opaque
cassure : irrégulière, fragile	système cristallin : orthorhombique

Cristaux généralement petits et rares, en prismes courts, tabulaires, montrant souvent des lamelles. Agrégats compacts à granuleux, spathiques. Se rencontre principalement dans les roches magmatiques intermédiaires et basiques, également dans les roches métamorphiques. Gisements : Harz, Norvège, Caucase, Oural/Russie.

Hyperstène [2]

chimie : $(Fe,Mg)_2[Si_2O_6]$	couleur : vert noirâtre, brun-noir, rougeâtre
dureté Mohs : 5-6	trait : blanc
densité : 3,35-3,84	éclat : vitreux, métallique
clivage : imparfait	transparence : opaque
cassure : irrégulière, fragile	système cristallin : orthorhombique

Cristaux riches en faces, columnaires, tabulaires. Agrégats généralement compacts, granuleux à feuilletés. Mode de gisement : dans les roches magmatiques basiques et les gneiss. Gisements : Massif central/France, région du lac Baïkal/Russie, Labrador/Canada.

Bronzite [3]

chimie : $(Mg,Fe)_2[Si_2O_6]$	couleur : brune, verte, bronze
dureté Mohs : 5-6	trait : blanc
densité : 3,25-3,35	éclat : soyeux, métallique, vitreux
clivage : imparfait	transparence : translucide à opaque
cassure : irrégulière	système cristallin : orthorhombique

Cristaux en prismes courts, rarement bien formés. Agrégats granuleux, spathiques. Mode de gisement : dans les roches magmatiques basiques à intermédiaires et les roches métamorphiques. Gisements : Harzburg/Harz/Allemagne, Tyrol du Sud/Italie, Afrique du Sud, Oural/Russie, Groenland.

Diopside [4]

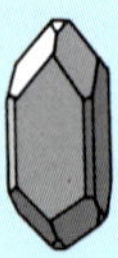

chimie : $CaMg[Si_2O_6]$	couleur : vert, gris, jaune, incolore
dureté Mohs : 5-6	trait : blanc
densité : 3,27-3,31	éclat : vitreux
clivage : imparfait	transparence : translucide
cassure : rugueuse, fragile	système cristallin : monoclinique

Cristaux libres ou inclus dans la roche, columnaires courts, tabulaires. Agrégats granuleux ou bacillaires. Mode de gisement : dans les roches magmatiques et métamorphiques. Gisements : Zillertal/Autriche, Erzgebirge/Allemagne, Vésuve/Italie, Oural/Russie).

Diallage [4] Variété d'aspect métallique rappelant du bronze, à clivage très parfait.

Violane Variété bleue provenant du Piémont, en Italie.

Diopside chromifère [n° 3, p. 91] Variété vert émeraude clair, pierre décorative.

---

1 Enstatite, Kragerö/Norvège.
2 Hypersthène, Québec/Canada.
3 Bronzite, Kraubath/Steiermark/Autriche.
4 Diallage, Bad Harzburg/Harz/Allemagne.

1

2

3

4

Groupe des amphiboles

Ce sont l'arfvedsonite et la hornblende, amphiboles apparaissant plutôt dans les roches magmatiques, ainsi que l'actinote, la trémolite, la riébecktite, la glaucophane et l'anthophyllite, minéraux se formant dans les roches métamorphiques.

Arfvedsonite [1]

chimie : $Na_3(Mg,Fe)_4(Fe,Al)[Si_4O_{11}]_2[OH,F]_2$
dureté Mohs : 5½-6
densité : 3,44-3,46
clivage : parfait
cassure : irrégulière, fragile
couleur : bleu foncé, noire
trait : gris-bleu, incolore
éclat : vitreux
transparence : translucide à opaque

Cristaux (système monoclinique) prismatiques, tabulaires, rares. Se présente en grains inclus dans la roche, en agrégats bacillaires. Mode de gisement : dans les roches magmatiques alcalines claires, rarement dans les roches métamorphiques. Gisements : Ukraine/Russie, Langesundfjord/Norvège, Groenland.

Hornblende [4,6]

chimie : $Ca_2Na(Mg, Fe^2)_4(Al, Fe^3)[(Si, Al)_4O_{11}]_2[OH]_2$
dureté Mohs : 5-6
densité : 3,02-3,27
clivage : parfait
couleur : verte à noire
trait : gris-vert, gris-brun
éclat : vitreux, parfois soyeux
transparence : translucide à opaque

Cristaux columnaires courts (système monoclinique) à contour hexagonal, libres ou inclus dans la roche. L'augite, assez proche, possède un contour octogonal (voir ci-dessous). Agrégats compacts, bacillaires, fibreux, rarement granuleux. Mode de gisement : dans les roches magmatiques intermédiaires et basiques, plus rarement dans les roches métamorphiques, en particulier les amphibolites.

Cristal de hornblende : section hexagonale, plans de clivage se coupant avec un angle de 124°

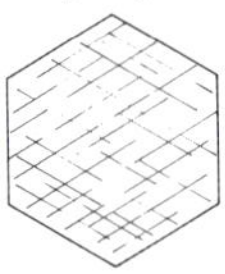

Cristal d'augite : section octogonale, plans de clivage se coupant avec un angle de 87°

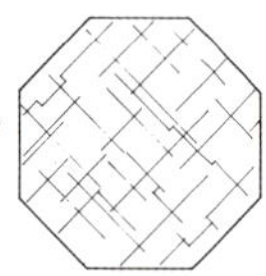

Olivine [5] péridot, chrysolite

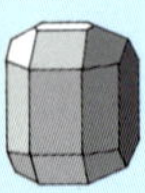

chimie : $(Mg,Fe)_2[SiO_4]$
dureté Mohs : 6½-7
densité : 3,27-4,20
clivage : imparfait
cassure : conchoïdale, fragile
couleur : verte, jaune, brune, grise, incolore
trait : blanc
éclat : vitreux, gras
transparence : transparente à translucide
système cristallin : orthorhombique

Cristal mixte composé de forstérite [2,3] et de fayalite. Cristaux prismatiques ou trapus, généralement inclus dans la roche. Agrégats granuleux. Dans les roches magmatiques basiques et les roches métamorphiques. Gisements : Eifel, Oural, Transvaal, Arizona. – Parfois utilisée comme gemme, voir p. 170.

1 Arfvedsonite dans du feldspath potassique, Groenland.
2 Forstérite, mouchetures vert-jaune, États-Unis.
3 Forstérite, Washington/États-Unis.
4 Hornblende, Schima/Bohême/Rép. tchèque.
5 Olivine, Dreiser Weiher/Eifel.
6 Hornblende, Kragerö/Norvège.

1

2

3

4

5

6

Apophyllite [1]

chimie : $KCa_4[F(Si_4O_{10})_2].8H_2O$	couleur : incolore, teintes diverses
dureté Mohs : 4½-5	trait : blanc
densité : 2,3-2,4	éclat : nacré, vitreux
clivage : très parfait	transparence : transparente à translucide
cassure : irrégulière, fragile	système cristallin : quadratique

Cristaux toujours libres, prismatiques, bipyramidaux, cubiques, tabulaires. Agrégats granuleux, feuilletés. Dans les basaltes, dans les filons métallifères. Gisements : St Andreasberg/Harz/Allemagne, Bohême, Kongsberg/Norvège, Poonah/Inde.

Datolite [2]

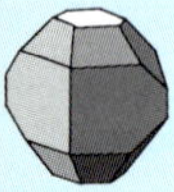

chimie : $CaB[OHSiO_4]$	couleur : incolore, blanche, jaune, verte, rouge, grise
dureté Mohs : 5-5½	trait : blanc
densité : 2,9-3,0	éclat : vitreux, gras
clivage : aucun	transparence : transparente à translucide
cassure : conchoïdale, irrégulière, fragile	système cristallin : monoclinique

Cristaux libres, en prismes courts, ou tabulaires et épais. Agrégats compacts à granuleux, massifs, fibreux. Dans les roches magmatiques basiques, les roches métamorphiques, parfois les filons métallifères. Gisements : Forêt-Noire, Harz/All., Norvège.

Apatite [3,4]

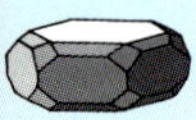

chimie : $Ca_5[Fl(PO_4)_3]$	couleur : incolore, blanche, toutes les couleurs
dureté Mohs : 5	trait : blanc
densité : 3,16-3,22	éclat : gras, vitreux
clivage : imparfait	transparence : transparente à opaque
cassure : conchoïdale, irrégulière, fragile	système cristallin : hexagonal

Cristaux riches en facettes, columnaires ou tabulaires, libres ou inclus dans la roche. Agrégats compacts à granuleux, massifs, fibreux ou rayonnants. De temps à autre, légèrement radioactif. Dans les roches magmatiques et les roches métamorphiques, origine également sédimentaire dans les phosphorites (p. 294). Gisements : Kola/Russie, Alnö/Suède, Mexique, Afrique du Sud. Rôle important pour la fabrication d'engrais phosphatés.

Staffelite, Pierre d'asperge Variété d'apatite vert jaunâtre.
Moroxite Variété d'apatite vert bleuâtre.

Fluorine [5] fluorite, spath fluor

chimie : CaF_2	couleur : rarement incolore, toutes les teintes
dureté Mohs : 4	trait : blanc
densité : 3,18	éclat : vitreux
clivage : parfait	transparence : transparente à translucide
cassure : conchoïdale, esquilleuse, fragile	système cristallin : cubique

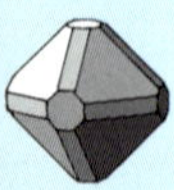

Cristaux généralement en forme de cubes, le plus souvent libres. Macles d'interpénétration fréquentes. Agrégats granuleux, spathiques, massifs. Fréquemment fluorescente. Occasionnellement faiblement radioactive. Dans les roches magmatiques, les gisements métallifères et les roches sédimentaires. Gisements : Haut-Palatinat, Harz/Allemagne, Mexique, Illinois/États-Unis. Utilisée comme fondant dans la métallurgie, et pour la fabrication de l'acide fluorhydrique.

---

1 Apophyllite, Poonah/Inde.
2 Datolite avec de petits groupes de cristaux blancs de danburite, Charcas/Mexique.
3 Apatite compacte, Kragerö/Norvège.
4 Apatite et cristal de roche/Mexique.
5 Fluorine, Pöhla/Erzgebirge/Allemagne.

1
2
3
4
5

Scapolite [1]

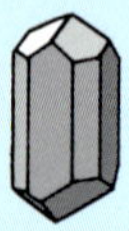

chimie : $Na_8[(Cl_2,SO_4,CO_3)/(AlSi_3O_8)_6]$ = marialite	cassure : conchoïdale, fragile
$Ca_8[(Cl_2,SO_4,CO_3)2/(AlSi_3O_8)_6]$ = méjonite	couleur : incolore, blanche, grise, verte, rouge
dureté Mohs : 5-6½	trait : blanc
densité : 2,54-2, 77	éclat : vitreux, gras
	transparence : transparente à opaque

Scapolite est un terme général pour une série de mélanges. Cristaux prismatiques (système quadratique) généralement libres, clivage parfait. Agrégats compacts à granuleux, bacillaires, massifs. Dans les roches magmatiques et les roches métamorphiques, et au voisinage de gisements de fer. Gisements : Forêt de Bavière/Allemagne, Carinthie/Autriche, Kiruna/Suède, en bordure du lac Supérieur/États-Unis.

Rutile [2,3]

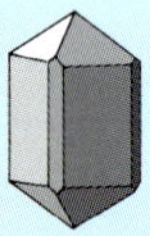

chimie : TiO_2	couleur : incolore, jaune, rouge, brun, noir
dureté Mohs : 6-6½	trait : brun jaunâtr
densité : 4,2-4,3	éclat : adamantin, métallique
cassure : conchoïdale, irrégulière, fragile	transparence : transparent à opaque
clivage : parfait	système cristallin : quadratique

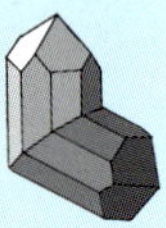

Cristaux prismatiques allongés à aciculaires, inclus dans la roche ou libres, macles simples et multiples fréquentes. Agrégats granuleux à compacts. Dans de nombreuses espèces de roches, dans les placers. Gisements : Kragerö/ Norvège, Virginie/États-Unis, Oaxaca/Mexique, Australie, Afrique du Sud. Source de titane.

Sagénite Macles de rutile groupées en réseau.
Nigrine Variété noire de rutile.

Cryolite [4]

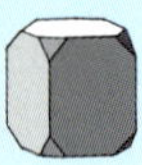

chimie : Na_3AlF_6	couleur : blanche, grise, brune, noire, rouge
dureté Mohs : 2½-3	trait : blanc
densité : 2,95	éclat : vitreux, nacré
clivage : aucun	transparence : translucide
cassure : irrégulière, fragile	système cristallin : monoclinique

Cristaux en formes de cubes, souvent maclés. Agrégats compacts, spathiques. Dans les pegmatites. Gisements : Ivigtut/Groenland occidental, Minsk/Oural/Russie, Colorado/États-Unis. Utilisée dans la fabrication d'aluminium et la production d'émail.

Withérite [5]

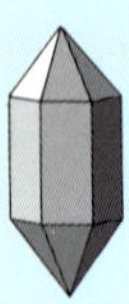

chimie : $BaCO_3$	couleur : incolore, blanche, grise, jaunâtre
dureté Mohs : 3-3½	trait : blanc
densité : 4,28	éclat : vitreux, gras, mat
clivage : imparfait	transparence : transparente à translucide
cassure : irrégulière, fragile	système cristallin : orthorhombique

Cristaux columnaires, bipyramidaux, macles de pénétration. Agrégats compacts, botryoïdaux, en croûtes, fibreux. Toxique ! Mode de gisement : dans les filons. Gisements : Harz/Allemagne, Nord de l'Angleterre, Californie/États-Unis. Utilisée dans les industries du verre et de la céramique.

---

1 Scapolite, région du lac Baïkal/Russie.
2 Rutile doré dans du cristal de roche, Brésil.
3 Cristaux de rutile libres, Namibie.
4 Cryolite (blanche) avec de la galène (gris-noir) et de la sidérite (brune), Ivigtut/Groenland.
5 Withérite, Alston Moore/Nord de l'Angleterre.

1
2
3
4
5

Groupe des zéolites

La chabasite, l'harmotome, la heulandite, la laumontite, la mésolite, la natrolite, la phillipsite, la scolécite, la stilbite et la thomsonite ont une grande importance en technique, car ils peuvent échanger leur eau cristalline contre des liquides ou des gaz.

Chabasite [1]

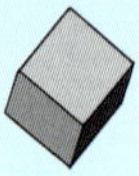

chimie : $(Ca, Na_2)[Al_2Si_4O_{12}].6H_2O$	couleur : incolore, blanche, rougeâtre, brunâtre
dureté Mohs : 4-5	trait : blanc
densité : 2,08-2,16	éclat : vitreux
clivage : imparfait	transparence : transparente à translucide
cassure : irrégulière, fragile	système cristallin : rhomboédrique

Cristaux cubiques, libres. Agrégats compacts, en croûtes. Dans les roches volcaniques et les dépôts de sources chaudes. Gisements : Hesse, Rhénanie/Allemagne, Rép. tchèque/Slovénie, Irlande, Nouvelle-Zélande, Yellowstone Park/États-Unis.

Mésolite [2]

chimie : $Na_2Ca_2[Al_2Si_3O_{10}]_3.8H_2O$	couleur : incolore, blanche
dureté Mohs : 5-5½	trait : blanc
densité : 2,2-2,4	éclat : vitreux, soyeux
clivage : parfait	transparence : transparente à translucide
cassure : conchoïdale, fragile	système cristallin : monoclinique

Cristaux prismatiques allongés, aciculaires. Agrégats fibreux, massifs, parfois terreux. Mode de gisement : dans les vacuoles (à l'origine occupée par des gaz) des roches volcaniques. Gisements : Irlande, îles Féroé, Islande.

Laumontite [3]

chimie : $Ca[AlSi_2O_6]_2.4H_2O$	couleur : incolore, blanche, jaunâtre, rougeâtre
dureté Mohs : 3-3½	trait : blanc
densité : 2,25-2,35	éclat : vitreux, nacré, mat
clivage : parfait	transparence : transparente à opaque
cassure : irrégulière, fragile	système cristallin : monoclinique

Cristaux prismatiques allongés. Agrégats finement fibreux, bacillaires, terreux. À l'air, la laumontite devient trouble, mate, et s'effrite. Dans les vacuoles et les fentes des roches magmatiques et des roches métamorphiques ; dans les filons métallifères. Gisements : Val Sarentina/ Tyrol du Sud, Harz/Allemagne, New Jersey/États-Unis.

Natrolite [4]

chimie : $Na_2[Al_2Si_3O_{10}].2H_2O$	couleur : incolore, blanc, jaunâtre, rougeâtre, brunâtre
dureté Mohs : 5-5½	trait : blanc
densité : 2,20-2,26	éclat : vitreux, soyeux, nacré
clivage : parfait	transparence : transparente à translucide
cassure : conchoïdale, fragile	système cristallin : orthorhombique

Cristaux prismatiques allongés, aciculaires. Agrégats fibroradiés, fibreux, massifs et pulvérulents. Dans les cavités des roches effusives ; dans les filons métallifères. Gisements : Hegau/Allemagne, Auvergne, Islande, New Jersey/États-Unis.

1 Chabasite, Nouvelle Écosse/Canada.
2 Mésolite et scolécite hydratée, Inde.
3 Laumontite saupoudrée de chlorite, Autriche.
4 Natrolite, Westerwald/Hesse

1
2
3
4

Harmotome [1]

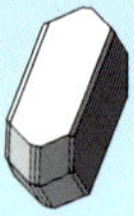

chimie : $Ba[Al_2Si_6O_{16}].6H_2O$	couleur : blanc, gris, légèrement teinté
dureté Mohs : 4½	trait : blanc
densité : 2,44-2,50	éclat : vitreux
clivage : imparfait	transparence : translucide, laiteux
cassure : irrégulière, fragile	système cristallin : monoclinique

Cristaux columnaires, avec macles de pénétration. Pas d'agrégats. Mode de gisement : dans les filons métallifères, plus rarement dans les cavités des roches volcaniques. Gisements : Idar-Oberstein/Palatinat, St. Andreasberg/Harz, Bodenmais/Forêt de Bavière/Allemagne, Kongsberg/Norvège, Strontian/Écosse, Pennsylvanie/États-Unis.

Stilbite [2] desmine

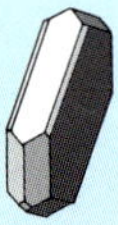

chimie : $Ca[Al_2Si_7O_{18}].7H_2O$	couleur : incolore, blanche, jaunâtre, grise, rougeâtre
dureté Mohs : 3½-4	trait : blanc
densité : 2,09-2,20	éclat : vitreux, nacré
clivage : parfait	transparence : transparente à translucide
cassure : conchoïdale, fragile	système cristallin : monoclinique

Cristaux isolés rares, columnaires ou tabulaires. Macles de pénétration groupées en faisceaux telles des gerbes. Agrégats bacillaires, rayonnants, feuilletés. Mode de gisement : dans les cavités des roches magmatiques, dans les filons métallifères et les roches métamorphiques, dans les fentes alpines. Gisements : St Andreasberg/Allemagne, Dolomites/Italie, Kongsberg/Norvège, îles Féroé, Islande, New Jersey/États-Unis.

Phillipsite [3]

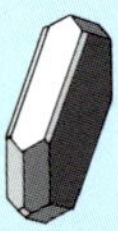

chimie : $KCa[Al_3Si_5O_{16}].6H_2O$	couleur : incolore, blanche, jaunâtre, grise, rougeâtre
dureté Mohs : 4-4½	trait : blanc
densité : 2,2	éclat : vitreux
clivage : imparfait	transparence : transparente à opaque
cassure : irrégulière, fragile	système cristallin : monoclinique

Cristaux isolés tabulaires ou columnaires, rares. Souvent, macles de pénétration de petite taille, libres. Dans les cavités des roches volcaniques, surtout des basaltes, occasionnellement dans les lacs salés. Gisements : Kaiserstuhl/Bade, Vogelsberg/Hesse/Allemagne, Vésuve/Italie, Irlande du Nord, Islande, Japon, Orégon/États-Unis.

Heulandite [4]

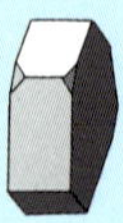

chimie : $Ca[Al_2Si_7O_{18}].6H_2O$	couleur : incolore, blanche, jaune, rouge
dureté Mohs : 3½-4	trait : blanc
densité : 2,18-2,22	éclat : vitreux, nacré
clivage : très parfait	transparence : transparente à translucide
cassure : irrégulière, fragile	système cristallin : monoclinique

Cristaux tabulaires minces ou épais, souvent libres et isolés. Agrégats laminaires, rayonnants, spathiques. Mode de gisement : dans les cavités des roches volcaniques, surtout des basaltes, aussi dans les roches métamorphiques, fentes alpines et filons métallifères. Gisements : Idar-Oberstein/Palatinat, St. Andreasberg/Harz/Allemagne, îles Féroé, Islande, Kongsberg/Norvège, Inde, Nouvelle-Écosse/Canada, Orégon/États-Unis.

1 Harmotome, Strontian/Écosse.
2 Stilbite, St. Andreasberg/Harz/Allemagne.
3 Phillipsite, Toscane/Italie.
4 Heulandite, Poonah/Inde.

1

2

3

4

Minéraux des roches sédimentaires

Certains minéraux se rencontrent uniquement, ou principalement, dans les roches sédimentaires. Ce sont les évaporites, de nombreux carbonates, quelques sulfates et quelques phosphates, ainsi que la plupart des minéraux argileux. La glace fait également partie des minéraux des roches sédimentaires, mais cela n'intéresse que le scientifique. D'autres minéraux, comme le quartz, la calcédoine, l'opale, les feldspaths et les micas, existent également dans les roches sédimentaires, mais ce sont généralement avant tout des minéraux des roches magmatiques. C'est pourquoi ils ont été traités dans le chapitre précédent.

Minéraux des argiles

Les minéraux argileux constituent les roches argileuses et prennent une part importante dans la composition des sols. Sont compris dans ce groupe la chlorite, l'illite, la kaolinite et la montmorillonite. Comme la plupart des minéraux argileux ne peuvent être déterminés qu'au microscope, voire aux rayons X, on ne peut guère les collectionner. Seule la chlorite forme de grands cristaux (p. 84).

Évaporites (sels)

Le concept de sel n'a pas le même sens en géologie qu'en chimie. En géologie, on comprend par sels le précipité de solutions produit par l'évaporation du solvant, qui est généralement de l'eau. Les minéraux de ces sels sont :
des chlorures (carnallite, halite, sylvine), des sulfates (anhydrite, gypse, kainite, kiesérite, polyhalite, picroméride, thénardite), des borates (boracite, borax, colémanite, ulexite), des nitrates (salpêtres : nitre, nitratine).

Gypse [1-4] Sélénite

chimie : $CaSO_4.2H_2O$	couleur : incolore, blanc, nombreuses teintes
dureté Mohs : 1½-2	trait : blanc
densité : 2,2-2,4	éclat : vitreux, nacré, soyeux
clivage : très parfait	transparence : transparent à opaque
cassure : conchoïdale, fibreuse, fragile	système cristallin : monoclinique

Cristaux prismatiques et tabulaires, libres ou inclus dans la roche. Macles fréquentes (macle en queue d'aronde, macle de Montmartre). Agrégats compacts à granuleux, en fibres parallèles, en rosettes, massifs. Mode de gisement : dans les gisements salifères, les gîtes métallifères, ou sous forme de concrétions dans les roches argileuses. Universellement répandu. Utilisé comme matériau de construction et comme matière première dans l'industrie de la céramique. On utilisait autrefois des lamelles de gypse pour recouvrir des images pieuses, d'où les noms de « miroir de Marie », « miroir de la Vierge », ou « miroir du pèlerin ».

Roses des sables (Roses du désert) [4] Désignation populaire des agrégats de gypse développés en rosettes, formés dans les régions désertiques du fait de l'évaporation de l'eau capillaire du sol. Lorsque de nombreux grains de sable sont inclus, il se crée des formes « grossièrement cristallines », parfois dites « cristaux de sable ».

1 Agrégat de gypse, Eisleben/Thuringe/Allemagne.
2 Cristal de gypse, Carthagène/Espagne.
3 Cristal de gypse, Valence/Espagne.
4 Rose des sables/Tunisie.

1

2

3

4

Thénardite [1]

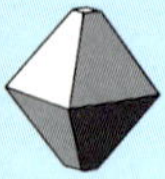

chimie : Na_2SO_4	couleur : incolore, gris-blanc
dureté Mohs : 2½-3	trait : blanc
densité : 2,66-2,67	éclat : vitreux, résineux
clivage : parfait	transparence : transparente à translucide
cassure : irrégulière, fragile	système cristallin : orthorhombique

Cristaux bipyramidaux, tabulaires. Agrégats granuleux, en croûtes, efflorescences. Goût salé. Dans les gisements salifères continentaux. Gisements : Kazakhstan/Russie, Arizona/États-Unis, Canada. Utilisée pour la production de soude.

Picromérite [2]

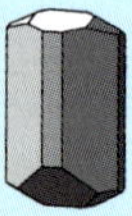

chimie : $K_2Mg[SO_4]_2.6H_2O$	couleur : incolore, blanche, légèrement teintée
dureté Mohs : 2½	trait : blanc
densité : 2,03	éclat : vitreux
clivage : très parfait	transparence : transparente à opaque
cassure : conchoïdale	système cristallin : monoclinique

Cristaux en prismes courts, rares. Agrégats compacts, en croûtes, terreux, massifs. Goût amer. À l'air, devient trouble et se transforme en langbeinite $[K_2Mg_2(SO_4)_3]$. Dans les gisements salifères marins. Gisements : Stassfurt/Allemagne, Galicie/Pologne.

Anhydrite [3]

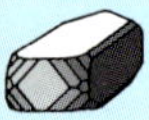

chimie : $CaSO_4$	couleur : incolore, blanche, grise, bleuâtre, violette
dureté Mohs : 3½	trait : blanc
densité : 2,9-3,0	éclat : vitreux, nacré
clivage : parfait	transparence : transparente
cassure : conchoïdale, esquilleuse, fragile	système cristallin : orthorhombique

Cristaux prismatiques, tabulaires ou d'aspect cubique, disséminés. Agrégats compacts à granuleux, spathiques, fibreux, massifs. En présence d'humidité, se transforme lentement en gypse. Dans les gîtes salifères, parfois dans des filons, des pegmatites et les fentes alpines, très rare dans les roches métamorphiques et les laves. Gisements : Basse-Saxe, Harz oriental/Allemagne, Italie, Texas/États-Unis.

Halite [4] Sel gemme

chimie : NaCl	couleur : incolore, blanche, grise, brune, rouge, noire
dureté Mohs : 2	trait : blanc
densité : 2,1-2,2	éclat : vitreux
clivage : parfait	transparence : transparente à translucide
cassure : conchoïdale, fragile	système cristallin : cubique

Cristaux cubiques, libres dans les cavités, rarement inclus dans la roche. Agrégats grossièrement ou finement granuleux, fibreux. Goût salé. Des impuretés de $CaCl_2$ et de $MgCl_2$ la rendent hygroscopique. Dans les gisements salifères. Gisements : près de Hanovre, Stassfurt/Allemagne, Salzkammergut/Autriche, Galicie/Pologne, Alsace, États du Sud/États-Unis. Sel de cuisine. Matière première importante en industrie chimique pour l'extraction et la production de la soude caustique, du chlore, du sodium, et, entre autres, de l'acide chlorhydrique.

1 Thénardite, San Luis/Californie/États-Unis.
2 Picroméride (blanche) sur de l'halite (hydratée), Hesse/Allemagne.
3 Anhydrite (bleuâtre) et halite, Mexico/Mexique.
4 Halite, Heringen/Hesse/Allemagne.

1

2

3
4

Sylvine [1]

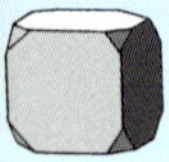

chimie : KCl	couleur : incolore, nombreuses teintes
dureté Mohs : 1½-2	trait : blanc
densité : 1,99	éclat : vitreux, gras
clivage : parfait	transparence : transparente, trouble
cassure : irrégulière, fragile	système cristallin : cubique

Cristaux cubiques. Agrégats granuleux, spathiques. Saveur salée amère. Hygroscopique lorsqu'elle contient des impuretés. Se rencontre dans les gisements de sels potassiques. Engrais potassique.

Kiesérite [2]

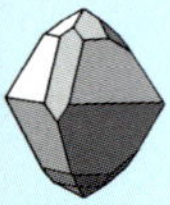

chimie : $MgSO_4.H_2O$	couleur : blanche, jaunâtre, incolore
dureté Mohs : 3½	trait : blanc
densité : 2,57	éclat : vitreux
clivage : parfait	transparence : translucide, trouble
cassure : irrégulière, fragile	système cristallin : monoclinique

Cristaux rares. Agrégats granuleux. À l'air, se transforme en épsomite. Se rencontre dans les gisements de sels potassiques. Exploitée comme sel de magnésium.

Carnallite [3]

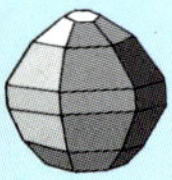

chimie : $KMgCl_3.6H_2O$	couleur : incolore, blanche, rouge, jaune, brune
dureté Mohs : 1-2	trait : blanc
densité : 1,60	éclat : vitreux, gras, reflets métalliques
clivage : aucun	transparence : transparente à translucide
cassure : conchoïdale, fragile	système cristallin : orthorhombique

Cristaux tabulaires, rares. Agrégats granuleux. Goût amer ; fortement hygroscopique. Se rencontre dans les gisements de sels potassiques. Engrais potassique.

Kainite [4]

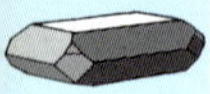

chimie : $KMg[ClSO_4].3H_2O$	couleur : incolore, blanche, grise, jaune, rouge
dureté Mohs : 2½-3	trait : blanc
densité : 2,1-2,2	éclat : vitreux
clivage : parfait	transparence : translucide
cassure : esquilleuse	système cristallin : monoclinique

Cristaux tabulaires, prismatiques, rares. Agrégats saccharoïdes. Saveur salée amère. Se trouve dans les gisements de sels potassiques. Engrais potassique.

Polyhalite [5]

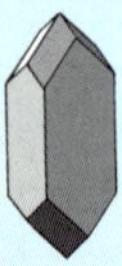

chimie : $K_2Ca_2Mg[SO_4]_4.2H_2O$	couleur : incolore, blanche, grise, rouge, jaune
dureté Mohs : 3-3½	trait : blanc
densité : 2,77-2,78	éclat : gras, vitreux, résineux
clivage : parfait	transparence : translucide
cassure : fibreuse, fragile	système cristallin : triclinique

Cristaux prismatiques, rares. Agrégats fibreux, feuilletés, granuleux.

1 Sylvine trouble teintée de blanc et halite jaunâtre, Kern County/Californie/États-Unis
2 Kiesérite, Hattorf/Hesse/Allemagne
3 Carnallite, Hattorf/Hesse/Allemagne.
4 Kainite, Hattorf/Hesse/Allemagne.
5 Polyhalite, Hallein/Autriche.

1

2

3

4

5

Boracite [1]

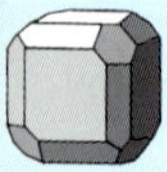

chimie : $Mg[ClB_7O_{13}]$	couleur : incolore, teintes pâles
dureté Mohs : 7-7½	trait : blanc, gris clair
densité : 2,9-3,0	éclat : vitreux, adamantin
clivage : aucun	transparence : transparente à translucide
cassure : conchoïdale, fragile	système cristallin : cubique

Cristaux cubiques, octaédriques ou de formes combinées, inclus dans la roche. Agrégats massifs, granuleux, noduleux. Dans les gisements de sels marins. Gisements : Stassfurt/Allemagne, Lüneburg/Allemagne, Hildesheim/Basse-Saxe/Allemagne, Lorraine, Yorkshire/Angleterre, Louisiane et Californie/ États-Unis, Bolivie. Utilisée pour l'extraction de l'acide borique et de borates.
Stassfurtite Variété de boracite fibreuse (dénomination locale)

Colémanite [2]

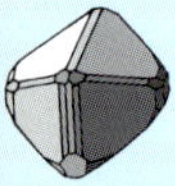

chimie : $Ca[B_3O_4(OH)_3].H_2O$	couleur : incolore, blanche, grise, jaunâtre
dureté Mohs : 4-4½	trait : blanc
densité : 2,44	éclat : vitreux, adamantin
clivage : parfait	transparence : transparente à translucide
cassure : irrégulière, conchoïdale	système cristallin : monoclinique

Cristaux en prismes courts, riches en facettes. Agrégats granuleux, massifs. Se trouve dans les lacs salés asséchés. Gisements : Death Valley/Californie/États-Unis, Panderma/Turquie, Chili. Source importante de bore.

Ulexite [3] pierre télévision

chimie : $NaCa[B_5O_6(OH)]_6.5H_2O$	couleur : incolore, blanche
dureté Mohs : 2	trait : blanc
densité : 1,96	éclat : vitreux, soyeux
clivage : parfait	transparence : transparente à translucide
cassure : fibreuse	système cristallin : triclinique

Cristaux très rares et très petits. Agrégats noduleux finement fibreux, aussi sous forme de masses terreuses. Les agrégats de fibres parallèles font office de fibres optiques : une image sur laquelle est posée l'ulexite se perçoit à travers elle (d'où l'appellation « pierre télévision »). Dans les lacs de borax du continent américain nord et sud, dans la région de la mer Caspienne. Source importante de bore.

Borax [4] Tincal

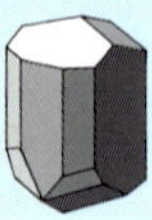

chimie : $Na_2[B_4O_5(OH)_4].8H_2$	couleur : incolore, blanc, gris, jaune
dureté Mohs : 2-2½	trait : blanc à gris
densité : 1,7-1,8	éclat : vitreux, gras, résineux
clivage : parfait	transparence : translucide, trouble
cassure : conchoïdale, fragile	système cristallin : monoclinique

Cristaux columnaires et épais. Agrégats granuleux, fibreux, terreux. Saveur douceâtre et salée. Se trouble à l'air. En bordure et dans les lacs salés continentaux, appelés lacs de borax. Gisements : Californie, Nevada/États-Unis, Kazakhstan/Russie, Tarapaca/Chili. Principal minerai de bore. Utilisé dans l'industrie chimique et celle du verre, en métallurgie, en pharmacie, et comme carburant pour fusées.

---

1 Boracite, Lüneburg/Basse-Saxe/Allemagne.
2 Colémanite, Boron/Californie/États-Unis.
3 Ulexite, Boron/Californie/États-Unis.
4 Borax, Boron/Californie/États-Unis

1

2

3

4

Groupe des carbonates

Les carbonates les plus connus, jouant un rôle plus ou moins important dans la formation des roches, sont l'ankérite, l'aragonite, la calcite, la dolomite et la strontianite. Les carbonates importants en tant que minerais sont l'azurite, la cérusite, l'hydrozincite, la magnésite, la rhodochrosite, la sidérite et la smithsonite.

Aragonite [1,2]

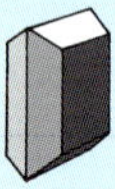

chimie : $CaCO_3$	couleur : incolore, blanche, couleurs variées
dureté Mohs : 3½-4	trait : blanc
densité : 2,95	éclat : vitreux, gras
clivage : imparfait	transparence : transparente à translucide
cassure : conchoïdale, fragile	système cristallin : orthorhombique

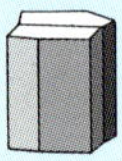

Cristaux inclus dans la roche ou libres, prismatiques, aciculaires, tabulaires. Macles fréquentes. Agrégats compacts, en croûtes, rayonnants, fibreux, stalactiformes. Critère de détermination : forte effervescence au contact d'acide chlorhydrique froid non dilué. Mode de gisement : sous forme de concrétions déposées par des sources thermales, occasionnellement dans des filons métallifères, dans les fissures et les cavités des roches volcaniques récentes, dans les argiles et le gypse (incluse dans la roche). Les coquilles de nombreux mollusques (comme les bivalves, les gastéropodes) et les perles sont en grande partie constituées d'aragonite. Gisements : Kaiserstuhl/Bade/Allemagne, Erzberg/Steiermark, Hüttenberg/Carinthie, Leogang/ Salzbourg/Autriche, Karlsbad/Rép. tchèque/Slovénie, Sicile/Italie, Aragon/Espagne.
Fleurs de fer [1] Agrégats d'aragonite ramifiés, noduleux ou stalactiformes formés par lessivage dans les gisements de fer.

Calcite [3,4]

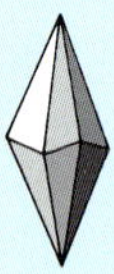

chimie : $CaCO_3$	couleur : incolore, blanche, couleurs variées
dureté Mohs : 3	trait : blanc
densité : 2,6-2,8	éclat : vitreux
clivage : très parfait	transparence : transparente à opaque
cassure : conchoïdale, fragile	système cristallin : rhomboédrique

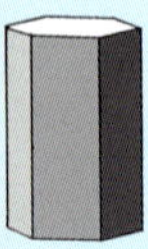

Cristaux presque toujours libres, développant plusieurs centaines de formes cristallines différentes et plus de 2000 combinaisons. La calcite est le minéral aux formes les plus nombreuses. Les formes fondamentales sont des rhomboèdres, des prismes et des scalénoèdres. Macles fréquentes. Cristaux bien formés dans les druses et autres cavités. Agrégats granuleux, bacillaires, fibreux, massifs, pulvérulents, terreux, oolithiques, stalactiformes. Se rencontre sous forme de concrétions et comme matière pétrifiante. Comme minéral constitutif des roches, la calcite est un élément essentiel dans les calcaires, les concrétions calcaires et les marbres, et accessoire dans de nombreuses roches sédimentaires (ciment), ainsi que dans des roches magmatiques et des roches métamorphiques. Critère de détermination : forte effervescence à l'acide chlorhydrique froid et dilué. Gisements : Alpes calcaires du Nord et du Sud, Jura français, suisse et d'Allemagne méridionale, Champagne, Arizona/États-Unis. Utilisée dans l'industrie du bâtiment, comme matière première dans l'industrie chimique, du verre et de la cellulose, pour le traitement des minerais de fer.

Spath d'Islande Variété rhomboédrique incolore et limpide de calcite à la biréfringence très marquée. Utilisé pour la fabrication d'instruments optiques (voir ill. p. 25).

1 Fleur de fer, Arizona/Etats-Unis
2 Macles d'aragonite, Maroc
3 Calcite, Chihuahua/Mexique
4 Calcite, Namibie

1

2

3

4

Ankérite [1] spath brun

chimie : $CaFe[CO_3]_2$	couleur : blanche, jaunâtre, grise, brune
dureté Mohs : 3½-4	trait : blanc, gris clair
densité : 2,9-3,8	éclat : vitreux, nacré, cireux
clivage : parfait	transparence : translucide à opaque
cassure : conchoïdale, fragile	système cristallin : rhomboédrique

Cristaux généralement rhomboédriques. Agrégats selliformes, compacts à granuleux, bacillaires, spathiques, massifs. Mode de gisement : dans les filons métallifères, surtout dans les gisements de sidérite. Gisements : Hüttenberg/Carinthie/Autriche, Eisenerz/Steiermark/Autriche, Freiberg/Saxe/Allemagne, Lancashire/Angleterre, Muzo/Colombie, Connecticut et Arkansas/États-Unis.
Spath brun Synonyme d'ankérite, désigne également une variété d'ankérite devenue brune du fait de l'oxydation du fer et du manganèse.

Dolomite [2] dolomie

chimie : $Ca\,Mg\,[CO_3]_2$	couleur : incolore, gris-blanc, couleurs variées
dureté Mohs : 3½-4	trait : blanc, gris clair
densité : 2,85-2,95	éclat : vitreux
clivage : parfait	transparence : transparente à translucide
cassure : conchoïdale, fragile	système cristallin : rhomboédrique

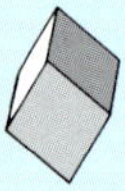

Cristaux riches en facettes, libres ou inclus dans la roche, souvent courbes, développant des formes rhomboédriques ; parfois, macle d'accolement. Agrégats granuleux, bacillaires, spathiques, poreux. Mode de gisement : dans les filons métallifères et minéraux. Minéral constitutif des dolomies, des marbres dolomitiques et, avec la calcite, des calcaires. Critère de détermination : forte effervescence à l'acide chlorhydrique chaud ; ne réagit à l'acide froid et dilué que si l'échantillon a été pulvérisé. Gisements : Pfitsch/Tyrol, Leogang/Salzbourg, Trieben/Steiermark/Autriche, Wölsendorf/Haut-Palatinat/Allemagne, Valais/Suisse, Piémont/Italie, New York/États-Unis. Utilisée dans l'industrie du bâtiment, pour la fabrication de briques réfractaires, destinées principalement au revêtement des hauts-fourneaux.
Doit son nom au minéralogiste français D. de Dolomieu qui la décrivit en 1791. La dolomite a donné à son tour son nom à une région des Alpes calcaires du Sud, les Dolomites. Contrairement à d'autres minéraux de magnésium (comme l'epsomite), la dolomite n'a pas une saveur amère.

Strontianite [3]

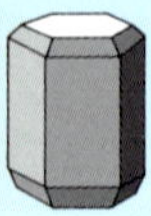

chimie : $SrCO_3$	couleur : incolore, grise, blanche, un peu colorée
dureté Mohs : 3½	trait : blanc
densité : 3,76	éclat : vitreux, gras
clivage : imparfait	transparence : transparente à opaque
cassure : conchoïdale, fragile	système cristallin : orthorhombique

Cristaux prismatiques, aciculaires, en pointes, bipyramidaux, tabulaires. Agrégats groupés en éventails, rayonnants, fibreux, compacts à granuleux, réniformes. Mode de gisement : dans les filons métallifères, dans les calcaires et les marnes, parfois sous forme de concrétions dans les calcaires. Gisements : Münsterland/Westphalie, Clausthal-Zellerfeld/Harz/Allemagne, Afrique orientale, San Bernardino/Californie/États-Unis. Matière première pour l'extraction du strontium.

1 Ankérite, Sunk/Steiermark/Autriche
2 Dolomite, Arkansas/États-Unis
3 Strontianite fasciculée et en pointes, sur de la barytine, Könitz/Thuringe/Allemagne

1
2
3

Célestine [1]

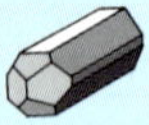

chimie : $SrSO_4$	couleur : incolore, blanche, bleuâtre, teintes claires
dureté Mohs : 3-3½	trait : blanc
densité : 3,9-4,0	éclat : vitreux, nacré, gras
clivage : parfait	transparence : transparente à translucide
cassure : conchoïdale, irrégulière, fragile	système cristallin : orthorhombique

Cristaux tabulaires, libres. Agrégats granuleux, fibreux, massifs, noduleux. En strates, sous forme de remplissages de fentes et de concrétions dans les calcaires et le gypse. Parfois dans les cavités des roches volcaniques. Gisements : Giershagen/Westphalie/Allemagne, Bristol/Angleterre, Agrigente/Sicile, Ohio/États-Unis. Minerai de strontium.

Vivianite [2]

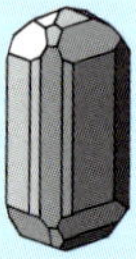

chimie : $Fe_3[PO_4] \cdot 8\ H_2O$	couleur : à l'état frais : incolore à blanche, bleuit à l'air
dureté Mohs : 1½-2	trait : blanc ou bleu, brun également
densité : 2,6-2,7	éclat : vitreux, nacré, métallique
clivage : très parfait	transparence : translucide
cassure : fibreuse, fragile, flexible, fines lames	système cristallin : monoclinique

Cristaux aciculaires, columnaires, tabulaires, libres. Agrégats en rosettes, boules, rognons. Appelés « terre bleue » ou « terre de fer bleue » lorsqu'ils sont terreux. Dans certaines argiles, dans les tourbières, les gîtes de limonite et de lignite. Parfois dans les os et les dents fossiles (bleue : odontolite ou fausse turquoise). Gisements : Haut-Palatinat et Thuringe/Allemagne, Cornouailles/Angleterre, Colorado/États-Unis.

Wavellite [3] fischérite

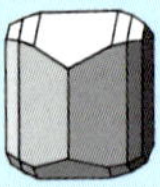

chimie : $Al_3\ [(OH_3)\vert(PO_4)_2] \cdot 5\ H_2O$	couleur : incolore, verdâtre, jaunâtre
dureté Mohs : 3½-4	trait : blanc
densité : 2,3-2,4	éclat : vitreux
clivage : imparfait	transparence : translucide
cassure : conchoïdale, irrégulière, fragile	système cristallin : orthorhombique

Cristaux prismatiques, en fines aiguilles, rares. Agrégats fibroradiés, globuleux, également réniformes, en croûtes. Dans les lydiennes, les grès, les gisements de phosphorite. Gisements : Amberg/Haut-Palatinat, Lahn-Dill/Hesse, Langenstriegis/Saxe/Allemagne, Arkansas/États-Unis. Exploitée pour l'extraction du phosphore.

Barytine [4]

chimie : $BaSO_4$	couleur : incolore, blanche, souvent colorée
dureté Mohs : 3-3½	trait : blanc
densité : 4,48	éclat : vitreux, nacré
clivage : parfait	transparence : transparente à translucide
cassure : conchoïdale, irrégulière, fragile	système cristallin : orthorhombique

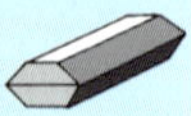

Cristaux tabulaires, libres. Agrégats feuilletés, granuleux, spathiques, réniformes souvent. Un peu radioactive. En roches calcaires et argiles, en concrétions dans les grès, en remplissages de fissures. Gisements : Westphalie, Haut-Palatinat et Harz/Allemagne, Alston Moor/Angleterre, Ardèche. Utilisée pour fabriquer la couleur blanche, alourdir les boues de forages, en pyrotechnique et en protection contre les radiations.

1 Célestine, Madagascar
2 Vivianite, Bolivie
3 Wavellite, Arkansas/États-Unis
4 Barytine et chalcopyrite, Alston Moor/Angleterre

1

2

3

4

Minéraux de métamorphisme

De nombreux minéraux se rencontrent uniquement, ou principalement, dans les roches métamorphiques : actinote, andalousite, axinite, chlorite, cordiérite, épidote, fassaïte, grenats, graphite, hédenbergite, kernite, disthène, margarite, omphacite, préhnite, pyrophyllite, riébeckite, sépiolite, serpentine, sillimanite, staurotide, talc, trémolite, vésuvianite, wollastonite, zoïsite. D'autres minéraux – quartz, feldspaths, micas, hornblende, augite, olivine, calcite et dolomite – existent aussi dans les roches métamorphiques, mais se rencontrent surtout dans les roches magmatiques et/ou sédimentaires (ils sont par conséquent traités dans les chapitres correspondants).

Andalousite [2]

chimie : $Al_2 [O \vert SiO_4]$	couleur : incolore, couleurs variées
dureté Mohs : 7½	trait : blanc
densité : 3,11-3,22	éclat : vitreux, mat
clivage : imparfait	transparence : transparente à opaque
cassure : irrégulière, esquilleuse, fragile	système cristallin : orthorhombique

Cristaux inclus dans la roche, en prismes épais. Agrégats rayonnants-bacillaires, granuleux. Mode de gisement : dans les gneiss et les schistes. Gisements : Lisenzalpe/Carinthie/Autriche, Mursinsk/Oural, White Mountain/Californie/États-Unis. Utilisée pour la fabrication de céramiques hautement réfractaires.
Chiastolite [1] Cristaux d'andalousite avec des inclusions argileuses et charbonneuses en forme de croix. Dans les schistes argileux, incluse dans la roche.

Sillimanite [3]

chimie : $Al_2 [O \vert SiO_4]$	couleur : grise, brunâtre, verdâtre
dureté Mohs : 6-7	trait : blanc
densité : 3,22-3,25	éclat : vitreux, gras, soyeux
clivage : parfait	transparence : transparente à translucide
cassure : irrégulière	système cristallin : orthorhombique

Cristaux isolés très rares, aciculaires, aux extrémités non délimitées. En agrégats fibreux à rayonnants, enchevêtrés. Mode de gisement : dans les gneiss, les micaschistes, les granulites, les éclogites. Gisements : Haut-Palatinat et Saxe/Allemagne, Sellrain/Tyrol/Autriche, Assam/Inde, Zimbabwe, Delaware/États-Unis. Utilisée pour la fabrication de céramiques résistant à des températures extrêmement élevées.

Axinite [4]

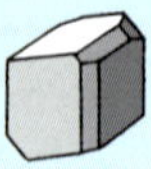

chimie : $Ca_2 (Fe, Mg, Mn) Al_2B$	cassure : conchoïdale, fragile
$[OH \vert O \vert (Si_2O_7)_2]$	couleur : brune, grise, violette, verte
dureté Mohs : 6½-7	trait : blanc
densité : 3,26-3,36	éclat : vitreux
clivage : parfait	transparence : transparente à translucide

Cristaux (système triclinique) riches en facettes, en forme de coins à tabulaires, libres ou inclus dans la roche. Agrégats bacillaires, spathiques, massifs. Dans les fentes alpines, les calcaires métamorphiques, les druses des roches granitiques. Gisements : Harz, Fichtelgebirge, Erzgebirge/Allemagne, Cornouailles/Angleterre, Dauphiné.

---

1 Chiastolite, Chili
2 Andalousite dans du quartz, Rép. tchèque/Slovénie
3 Sillimanite, Benson Mines/ New York/États-Unis
4 Axinite avec de la chlorite, Dauphiné

1
2
3
4

Vésuvianite [1] idocrase

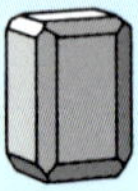

chimie : $Ca_{10}(Mg, Fe)_2Al_4$ $[(OH)_4 \| (SiO_4)_5 \| (Si_2O_7)_2]$	cassure : irrégulière, esquilleuse, fragile
	couleur : brunâtre, grise, autres teintes
dureté Mohs : 6½	trait : blanc
densité : 3,27-3,45	éclat : vitreux, gras
clivage : imparfait	transparence : transparente à translucide

Cristaux (système quadratique) inclus dans la roche ou libres, souvent bien formés, habituellement en prismes courts et épais, mais également en baguettes allongées ou aciculaires. Agrégats massifs, compacts à granuleux, rayonnants. Mode de gisement : dans les roches métamorphiques telles que les marbres, les roches calcsilicatées, les serpentinites ; très rarement dans les roches magmatiques. Gisements : Pfitschtal/Tyrol/Autriche, Zermatt/Valais/Suisse, Vésuve, Monzoni/Dolomites/Italie, New Jersey/États-Unis.

Egérane Nom local d'un agrégat de vésuvianite à structure rayonnante provenant de Eger (Rép. tchèque/Slovénie) et de Göpfersgrün (Fichtelgebirge/Allemagne).

Wiluite Variété de vésuvianite présentant une striation caractéristique sur ses faces, provenant des bords de la rivière Wilui/Sibérie orientale/Russie.

Staurolite [2,3,4] staurotide

chimie : $Fe[OH]_2.2Al_2SiO_5$	couleur : brun rougeâtre, noir brunâtre
dureté Mohs : 7-7½	trait : blanc
densité : 3,65-3,77	éclat : vitreux, gras, mat
clivage : imparfait	transparence : translucide à opaque
cassure : conchoïdale, irrégulière	système cristallin : monoclinique

Cristaux inclus dans la roche, en prismes courts ou allongés. Macles de pénétration caractéristiques en forme de croix aux bras se croisant à angle droit (à 90°) ou en biais (à 60°). Se rencontre souvent en groupements réguliers avec le disthène. Mode de gisement : dans les roches argileuses métamorphiques, les gneiss et les micaschistes, occasionnellement dans des sables en tant qu'élément résiduel provenant de la désagrégation des roches. Gisements : Steiermark/Autriche, Sterzing/ Tyrol du Sud/Italie, Fannin County/Géorgie, Ducktown/Tennessee/États-Unis, Namibie.

Disthène [4,5] cyanite, kyanite

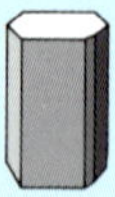

chimie : $Al_2 [O \| SiO_4]$	couleur : bleu, autres couleurs possibles
dureté Mohs : 4-4½ et 6-7	trait : blanc
densité : 3,53-3,65	éclat : vitreux, nacré
clivage : parfait	transparence : transparent à translucide
cassure : fibreuse, fragile	système cristallin : triclinique

Cristaux columnaires linéaires, inclus dans la roche, souvent striés transversalement. Macles d'accolement. Différence de dureté importante entre le sens de la longueur (4 à 4½) et celui de la largeur (6 à 7). Agrégats fibroradiés, en groupements réguliers avec la staurotide. Mode de gisement : dans les roches métamorphiques comme les gneiss, les micaschistes, les éclogites, parfois dans les sables également, en tant qu'élément résiduel provenant de la désagrégation des roches. Gisements : Tessin/Suisse, Serbie/ Yougoslavie, Machakos/Kenya, Calcutta/Inde, Virginie/États-Unis. Utilisé pour la fabrication de matériaux de construction hautement réfractaires.

1 Vésuvianite, Californie/États-Unis
2 Macle de staurotide, Minas Gerais/Brésil
3 Macle de staurotide, Géorgie/États-Unis
4 Disthène et staurotide dans un schiste à paragonite, Monte Campione/Tessin/Suisse
5 Disthène, Monte Campione/Tessin/Suisse

1

2

3

4

5

Groupe des grenats

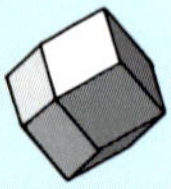

Minéraux silicatés constituant deux séries isomorphes (structure cristallochimique similaire) : les pyralspites (*py*rope, *al*mandin, *spe*ssartine), les ugrandites : *u*varovite, *gro*ssulaire, *an*dradite.

chimie : silicates	couleur : incolore, toutes les teintes sauf le bleu
dureté Mohs : 6½-7½	trait : blanc
densité : 3,4-4,6	éclat : vitreux, gras, résineux
clivage : imparfait	transparence : transparents à opaques
cassure : conchoïdale, esquilleuse, fragile	système cristallin : cubique

Cristaux inclus dans la roche ou libres, en forme de rhombododécaèdres (dits « grenatoèdres »), ou de tétragonotrioctaèdres. Il existe d'énormes cristaux de plusieurs centaines de kilos. Agrégats compacts à granuleux à massifs. Dans les gneiss, les micaschistes, les éclogites, les roches métamorphiques calcaires et dolomitiques, souvent dans les sables. Rares dans les roches magmatiques. Universellement répandus. Utilisés comme abrasif, pour polir et comme gemmes (voir p. 166).

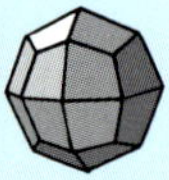

Pyrope grenat de Bohême, $Mg_3Al_2[SiO_4]_3$
Couleur : rouge, brun-rouge, rouge rose. Appelé escarboucle en langage populaire. Parfois fallacieusement dénommé rubis du Cap (appellation ancienne, aujourd'hui interdite). Rhodolite : variété rouge rose. Gisements : Zöblitz/Saxe/Allemagne, Bohême/Rép. tchèque/Slovénie, Transvaal, Caroline-du-Nord/États-Unis, Australie.

Almandin [5] almandine $Fe_3Al_2[SiO_4]_3$
Couleur : brun, rouge à violet, presque noir. Appelé escarboucle dans le langage populaire. Gisements : Ötztal et Zillertal/Tyrol/Autriche, Falun/Suède, Swerdlowsk/Oural/Russie, Sri Lanka, Inde.

Spessartine/spessartite $Mn_3Al_2[SiO_4]_3$
Couleur : jaune, orange, brun-rouge. Gisements : Spessart/Basse-Franconie/Allemagne, Suède, Madagascar, Sri Lanka, Minas Gerais/Brésil.

Uvarovite/ouvarovite $Ca_3Cr_2[SiO_4]_3$
Couleur : vert émeraude. Gisements : Outukumpu/Finlande, Oural/Russie, Transvaal/Afrique du Sud, Inde

Grossulaire [1] $Ca_3Al_2[SiO_4]_3$
Couleur : incolore, vert, jaunâtre, brun, rouge. Hessonite [1] : variété brun orangé. Hydrogrossulaire : variété opaque, verdâtre. Leucogrenat : variété incolore. Tsavorite : variété verte. Gisements : Auerbach/Bergstrasse/Hesse, Piémont/Italie, Sri Lanka, Canada, Concepcion del Oro/Mexique, Afrique du Sud.

Andradite [2] [3] [4] $Ca_3Fe_2[SiO_4]_3$
Couleur : brune, noire, incolore, verte, jaune. Démantoïde [3] : variété verte. Mélanite : variété gris-noir. Topazolite [4] : variété jaune verdâtre.
Gisements : Wurlitz/Fichtelgebirge, Kaiserstuhl/Bade/Allemagne, Zermatt/Suisse, Pinzgau/Autriche.

1 Hessonite, Italie
2 Andradite, Stanley Butte/Arizona/États-Unis
3 Démantoïde, Val Malenco/Bernina/Italie
4 Topazolite, Californie/Etats-Unis
5 Almandin dans du micaschiste, Zillertal/Tyrol/Autriche

1
2
3
4
5

Préhnite [1]

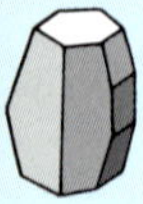
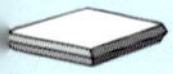

chimie : $Ca_2Al_2\ [(OH)_2 \mid Si_3O_{10}]$	couleur : incolore, blanche, grise, verdâtre, jaunâtre
dureté Mohs : 6-6½	trait : blanc
densité : 2,8-3,0	éclat : vitreux, nacré
clivage : imparfait	transparence : transparente à translucide
cassure : irrégulière	système cristallin : orthorhombique

Cristaux isolés rares, tabulaires, à courbure caractéristique. Agrégats réniformes, globulaires, fibroradiés. Mode de gisement : dans les cavités des schistes et des roches calcsilicatées, ainsi que dans celles des roches magmatiques basiques ; rarement dans le granite, également. Gisements : Haut-Palatinat, Harz/Allemagne, Val de Fassa/ Tyrol du Sud/Italie, Dauphiné, Bergen Hill/New Jersey/États-Unis.

Zoïsite [2]

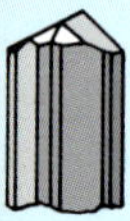

chimie : $Ca_2Al_3(O \mid OH \mid SiO_4 \mid Si_2O_7]$	couleur : grise, verte, jaunâtre, rose, bleue
dureté Mohs : 6-6½	trait : blanc
densité : 3,15-3,36	éclat : vitreux, nacré
clivage : parfait	transparence : opaque, trouble
cassure : irrégulière	système cristallin : orthorhombique

Cristaux inclus dans la roche, prismatiques, striés verticalement, aux faces terminales rarement bien formées. Agrégats compacts, spathiques, en larges baguettes grossièrement striées. Mode de gisement : dans les roches métamorphiques. Gisements : Saualpe/Carinthie, Rauris/Salzbourg/Autriche, Zermatt/Valais/Suisse, Ducktown/Tennessee/États-Unis, Tanzanie. Les variétés ayant de belles couleurs sont utilisées comme gemmes.

Thulite Variété rose-rouge de zoïsite (voir ill. p. 171).

Tanzanite Variété bleue de zoïsite (voir ill. p. 171).

Anyolite Variété de zoïsite verte ou d'amphibolite à zoïsite de Tanzanie, une roche verte à inclusions d'hornblende noire et de gros rubis pierreux ; pierre ornementale, aussi utilisée en bijou.

Épidote [3]

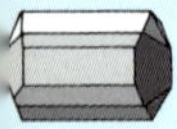

chimie : $Ca_2(Fe, Al)\ Al_2\ [O \mid OH \mid SiO_4 \mid Si_2O_7]$	couleur : verte, jaune, noire, grise
dureté Mohs : 6-7	trait : gris
densité : 3,35-3,38	éclat : vitreux
clivage : parfait	transparence : transparente à opaque
cassure : conchoïdale, irrégulière, esquilleuse	système cristallin : monocliniqu

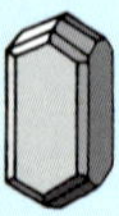

Cristaux prismatiques, riches en facettes, striés ; macles. Agrégats compacts, rayonnants, spathiques, massifs. Mode de gisement : dans les roches métamorphiques et les roches magmatiques, cristaux bien formés dans les druses. Gisements : Knappenwand/Untersulzbachtal/Salzbourg/Autriche, Dauphiné. Utilisée parfois comme gemme.

Piémontite [4] Rouge à noire. Dureté Mohs 6. Densité 3,45-3,52. Trait rouge. Agrégats rayonnants. Récemment admis comme minéral à part entière dans le groupe des épidotes.

Pistachite Variété d'épidote vert pistache, riche en fer. Terme également utilisé parfois comme synonyme d'épidote.

Clinozoïsite Variété d'épidote peu ou non ferrifère.

Tawmawite Variété d'épidote chromifère. Tawmaw/Birmanie, Finlande.

1 Préhnite, Harz/Allemagne
2 Zoïsite, Jaurez/Baja California/Mexique
3 Epidote, Baja California/Mexique
4 Piémontite, Val d'Aoste/Italie

1

2

3

4

Pyrophyllite [1]

chimie : $Al_2 [(OH)_2|Si_4O_{10}]$	couleur : blanche, grise, jaunâtre, verdâtre
dureté Mohs : 1-1½	trait : blanc
densité : 2,66-2,90	éclat : vitreux, nacré
clivage : parfait	transparence : translucide à opaque
cassure : irrégulière, flexible	système cristallin : monoclinique

Cristaux tabulaires groupés. Agrégats finement écailleux ou rayonnants, formes massives. Onctueuse au toucher. Mode de gisement : dans les couches ou les fissures des schistes, et dans les filons métallifères. Gisements : Eifel/Allemagne, Belgique, Luxembourg, Hirvivaara/Finlande. Utilisée en électrocéramique et comme charge dans l'industrie du papier et du caoutchouc. Voir ci-dessous agalmatolite.

Chlorite [2,3]

Nom collectif pour une série de cristaux mixtes de composition similaire, dont les plus importants sont la chamosite [n° 5, p. 107], la daphnite, la delessite, le clinochlore, la pennine, la ripidolite (clinochlore ferrifère), la thuringite.

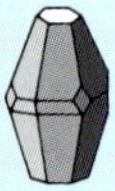

chimie : $(Fe,Mg,Al)_6[(OH)_2|(Si,Al)_4O_{10}]$	couleur : verte, noire, brune, rouge, blanche, incolore
dureté Mohs : 2-3	trait : gris-vert, brun
densité : 2,6-3,4	éclat : vitreux, nacré, mat
clivage : parfait	transparence : transparente à opaque
cassure : en feuillets, flexible non élastique	système cristallin : monoclinique

Cristaux isolés tabulaires, en forme de tonnelets, disséminés dans la roche ou libres. Agrégats écailleux, en plaquettes, finement granuleux, massifs. Dans des roches métamorphiques (chloritoschistes) et dans les fentes alpines, tapissant d'autres minéraux.
Kammerérite [3] Variété chromifère de clinochlore à cristaux de couleur rouge fleur de pêcher ou d'un soupçon rouge rosé.

Talc [4]

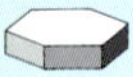

chimie : $Mg_3[(OH)_2|Si_4O_{10}]$	couleur : incolore, blanc, verdâtre, jaunâtre, rougeâtre
dureté Mohs : 1	trait : blanc
densité : 2,7-2,8	éclat : nacré, gras
clivage : très parfait	transparence : transparent à opaque
cassure : irrégulière, esquilleuse, flexible	système cristallin : monoclinique

On ne connaît pas de grands cristaux isolés bien formés. Agrégats écailleux, feuilletés, massifs, testacés, réniformes. Onctueux au toucher. Dans les couches et les remplissages de fissures des schistes cristallins et dans les roches calcaires ou dolomitiques. Gisements : Fichtelgebirge/Allemagne, Carinthie, Tyrol/Autriche, Barberton/ Transvaal/Afrique du Sud. Utilisé pour la fabrication de couleurs résistantes à la lumière ; finement pulvérisé, comme base pour des crèmes et des poudres ; dans la fabrication d'isolateurs pour courants à haute tension et de matériaux de construction réfractaires.
Pierre de lard Terme désignant des agrégats massifs de talc.
Stéatite Variété massive de talc. En technique, ce terme désigne du talc chauffé, lequel devient ainsi plus dur (dureté portée à 1½-2) et plus tenace.
Pierre ollaire Stéatite contenant de la chlorite.
Agalmatolite (pierre à figures, pagodite) Variété massive de talc. Ce terme désigne également une variété massive de pyrophyllite ou un mélange de talc et de pyrophyllite.

1 Pyrophyllite, Indian Gulch/Californie/Etats-Unis
2 Clinochlore, Forêt de Bavière/Allemagne
3 Kammerérite, Guleman/Turquie
4 Talc, Col de la Futa, Prov. de Florence/Italie

1
3
2
4

Actinote [1] actinolite – Minéral du groupe des amphiboles (p. 48)

chimie : $Ca_2(Mg, Fe)_5 [(OH, F)\|Si_4O_{11}]_2$	couleur : verte, blanche, grise, incolore
dureté Mohs : 5½-6	trait : blanc
densité : 2,9-3,3	éclat : vitreux, soyeux
clivage : parfait	transparence : transparente à opaque
cassure : esquilleuse, irrégulière, fragile, flexible	système cristallin : monoclinique

Cristaux prismatiques, columnaires. Agrégats en baguettes allongées, enchevêtrés, mais aussi compacts à grossièrement cristallins. Mode de gisement : dans les roches métamorphiques. Utilisée comme asbeste.
Amiante [4] (byssolite, asbeste d'actinote) Actinote fibreuse. Asbeste.
Cuir ou chanvre de montagne Actinote ou chrysotile (p. 88) feutrées.
Néphrite (« pierre de hache ») Agrégat microcristallin et feutré d'actinote. Très tenace. Sous forme de blocs roulés et dans les schistes à actinote. Gisements : Silésie/Pologne, région du lac Baïkal/Russie, Chine, Nouvelle-Zélande. Utilisée durant la préhistoire pour la fabrication d'armes et d'ustensiles (d'où la désignation « pierre de hache » au XIXe siècle). Taillée comme le jade (voir p. 168).

Trémolite [2] grammatite – Minéral du groupe des amphiboles (p. 48)

chimie : $Ca_2Mg_5[(OH\|Si_4O_{11}]_2$	couleur : blanche, grise, verdâtre
dureté Mohs : 5½-6	trait : blanc
densité : 2,9-3,1	éclat : vitreux, soyeux
clivage : parfait	transparence : translucide
cassure : fibreuse, fragile	système cristallin : monoclinique

Cristaux prismatiques allongés, aciculaires, columnaires, généralement inclus dans la roche. Agrégats rayonnants, fibreux, feutrés. Mode de gisement : dans les roches métamorphiques. Gisements : Tessin/Suisse, Paakila/Finlande, près de Turin/Italie, Namibie. Utilisée comme asbeste.

Riébeckite – Minéral du groupe des amphiboles (p. 48)

chimie : $Na_2Fe_4 [OH\|Si_4O_{11}]_2$	couleur : bleue, bleu-noir
dureté Mohs : 5-6	trait : gris-bleu
densité : 3,0-3,4	éclat : vitreux, soyeux
clivage : parfait	transparence : translucide à opaque
cassure : irrégulière, fragile	système cristallin : monoclinique

Cristaux en prismes allongés, très rares. Sous forme d'agrégats granuleux ou fibreux. Dans les quartzites ou d'autres roches métamorphiques, fréquemment dans les roches magmatiques acides. Gisements : Schirmeck/Vosges, Langesund/Norvège, Krivoy Rog/Russie, Transvaal/Afrique du Sud, Rhode Island/États-Unis.
Crocidolite [3] (amiante bleu, amiante du Cap) Variété finement fibreuse de riébeckite. Flexible élastique, se laisse bien filer. La crocidolite silicifiée (œil-de-faucon, œil-de-tigre) est utilisé comme gemme (p. 176).

Asbeste Terme désignant l'ensemble des minéraux finement fibreux du groupe des amphiboles (amiante, anthophyllite, crocidolite, trémolite) et de la serpentine. Le chrysotile, du groupe de la serpentine, est économiquement très important. Les asbestes sont incombustibles et résistantes aux acides. On a découvert récemment que la poussière d'asbeste est cancérigène.

---

1 Actinote dans un talcschiste, Stubachtal/Tyrol
2 Trémolite, Campolungo/Tessin/Suisse
3 Crocidolite, Transvaal/Afrique du Sud
4 Amiante, Piémont/Italie

1

2

3

4

Serpentine [1,2]

chimie : $Mg_6[(OH)_8|Si_4O_{10}]$	couleur : verte, grise, blanche, jaune
dureté Mohs : 2½-4	trait : blanc
densité : 2,0-2,6	éclat : résineux, gras, soyeux, mat
clivage : parfait, divisible en fibres	transparence : translucide à opaque
cassure : conchoïdale, esquilleuse	système cristallin : monoclinique

Pas de cristaux connus. Agrégats finement granuleux à massifs. Gisements : dans les couches, les filons et les fissures des serpentinites et des marbres. On distingue deux variétés de structure : l'antigorite et le chrysotile.

Antigorite [1] (serpentine micacée) Variété massive, finement écailleuse de serpentine.

Chrysotile [2] (serpentine fibreuse) Variété finement à grossièrement fibreuse. Les agrégats enchevêtrés et feutrés sont appelés (comme l'actinote feutrée, p. 86) cuir ou chanvre de montagne, les agrégats à fibres parallèles, asbeste de chrysotile. On distingue plusieurs variétés en fonction de leur utilisation économique :

Serpentine commune [1] Massive, trouble, tachetée. Sans valeur économique.

Serpentine noble (ill. p. 323) Massive, verte à jaunâtre. Utilisée comme pierre décorative.

Chrysotile-asbeste [2] (asbeste de serpentine, asbeste) Chrysotile à éclat soyeux, à fibres parallèles. Utilisée pour la fabrication d'appareils, matériaux et habits résistants au feu, comme garniture de freins, de ciment d'amiante. Gisements : Oural/Russie, Arizona/États-Unis, Canada, Afrique du Sud, Zimbabwe.

Sépiolite [3] écume de mer

chimie : $Mg_4[(OH)_2|Si_6O_{15}].2H_2O+4H_2O$	couleur : blanche, grise, jaune
dureté Mohs : 2-2½	trait : blanc
densité : 2,0	éclat : mat
clivage : indéterminable	transparence : opaque
cassure : conchoïdale	système cristallin : orthorhombique

Pas de cristaux. Agrégats terreux, noduleux, poreux. Savonneuse et tendre à l'état frais, elle durcit en séchant. Happe à la langue. Mode de gisement : en concrétions dans les serpentinites. Seul gisement économiquement important : Eskishehir, en Turquie. Utilisée comme isolant thermique et acoustique.

Graphite [4]

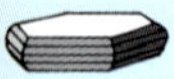

chimie : C	couleur : gris sombre à gris clair, noir
dureté Mohs : 1	trait : gris à noir
densité : 2,1-2,3	éclat : métallique, mat
clivage : très parfait	transparence : opaque
cassure : irrégulière, flexible	système cristallin : hexagonal

Cristaux rarement bien formés, tablettes hexagonales. Agrégats granuleux, écailleux, également bacillaires, terreux à massifs. Le graphite est gras au toucher et tachant. Résiste à la chaleur à l'abri de l'air. Dans les gneiss, les schistes, les marbres. Gisements : Kropfmühl et Pfaffenreuth/Bavière/Allemagne, Bohême/Rép. tchèque/Slovénie, Pargas/Finlande, New Jersey/États-Unis, Québec/Canada, Sonora/Mexique, Madagascar. Utilisé pour la fabrication d'électrodes, de creusets, de crayons, de lubrifiants et comme matériau de ralentissement dans les réacteurs atomiques..

1 Antigorite, Snarum/Norvège
2 Chrysotile, Québec/Canada
3 Sépiolite, Eskishehir/Turquie
4 Graphite, Trieben/Steiermark/Autriche

1

2

3

4

Hédenbergite [1] – Minéral du groupe des pyroxènes (p. 48)

chimie : $CaFe[Si_2O_6]$	couleur : noire, vert noirâtre, brun-noir
dureté Mohs : 5½-6	trait : gris-vert
densité : 3,5-3,6	éclat : vitreux
clivage : imparfait	transparence : translucide à opaque
cassure : irrégulière, conchoïdale, fragile	système cristallin : monoclinique

Cristaux bien formés rares, prismatiques, aciculaires. Agrégats compacts à granuleux, bacillaires, fibroradiés. Mode de gisement : dans les roches calcsilicatées, surtout dans les skarns et dans les gîtes de magnétite. Gisements : Nordmarken/Suède, île d'Elbe et Toscane/Italie, Kazakhstan/Russie, Franklin/New Jersey/États-Unis.

Diopside chromifère [3]

Variété vert émeraude clair de diopside (p. 50). Dans les roches métamorphiques fortement calciques. Gisements : Outukumpu/Finlande, Myanmar, Madagascar, Namibie. Les cristaux transparents sont utilisés comme gemmes.

Fassaïte [4]

Minéral du groupe des pyroxènes (p. 48). Est également considérée en milieu scientifique comme une variété d'augite riche en aluminium ou pauvre en fer.

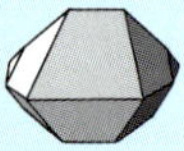

chimie : $Ca(Mg,Fe,Al)[(Si,Al)_2O_6]$	couleur : verte
dureté Mohs : 6	trait : blanc
densité : 2,96-3,34	éclat : vitreux
clivage : imparfait	transparence : translucide à opaque
cassure : irrégulière, conchoïdale, fragile	système cristallin : monoclinique

Cristaux riches en facettes, en prismes courts, libres ou inclus dans la roche. Agrégats granuleux et massifs. Dans les marbres calcitiques et dolomitiques. Gisements : Val de Fassa/Tyrol/Italie, Vésuve et Adamello/Italie, Helena/Montana/États-Unis.

Omphacite $Ca(Mg, Fe, Al) [(Si, Al)_2O_6]$

Minéral du groupe des pyroxènes. Cristal mixte composé de diopside, de jadéite, d'hédenbergite et d'aegyrine. Est semblable à la fassaïte par son chimisme et sa couleur verte, et proche du diopside par ses caractéristiques optiques. Cristaux très rares. En grains disséminés dans les éclogites. Gisements : Saualpe/Carinthie/Autriche, Val d'Aoste/Italie, Californie/États-Unis.

Cordiérite [2] dichroïte, iolite

chimie : $Mg_2Al_3[AlSi_5O_{18}]$	couleur : bleue, violette, grise, brunâtre, incolore
dureté Mohs : 7-7½	trait : blanc
densité : 2,50-2,75	éclat : vitreux, gras
clivage : imparfait	transparence : transparente à translucide
cassure : conchoïdale, irrégulière, fragile	système cristallin : orthorhombique

Cristaux rares, inclus dans la roche ou libres, prismatiques. Agrégats compacts, disséminés, massifs. Fort dichroïsme. Dans les roches métamorphiques, parfois dans les roches magmatiques, exceptionnellement dans les roches sédimentaires. Gisements : Bodenmais/Bavière/Allemagne, Kragerö/Norvège, Falun/Suède, Orijärvi/Finlande, New Hampshire/États-Unis. Matière première pour la céramique.

1 Hédenbergite, Nouvelle-Galles-du-Sud/Australie
2 Cordiérite, Kisko/Finlande
3 Diopside chromifère, Outukumpu/Finlande
4 Fassaïte, dégagée de sa gangue de calcite par attaque à l'acide, Val de Fassa/Tyrol du Sud/Italie

1
2
3
4

Margarite [1] mica calcique, mica perlé – Minéral du groupe des micas (micas durs)

chimie : $CaAl_2[(OH)_2|Al_2Si_2O_{10}]$	couleur : blanche, grise, rose, jaunâtre
dureté Mohs : 4-4½	trait : blanc
densité : 2,99-3,08	éclat : nacré
clivage : très parfait	transparence : translucide
cassure : en feuillets, fragile	système cristallin : monoclinique

Cristaux rarement bien formés. Agrégats granuleux, feuilletés, écailleux. Mode de gisement : dans les chloritoschistes et les micaschistes. Parfois utilisé comme charge d'enduit des billes de verre imitant les perles d'où sa dénomination familière « mica perlé ». Gisements : Tyrol/Autriche, Pfitschtal/ Tyrol du Sud/Italie, St Gothard/Suisse, Naxos/Grèce, Izmir/Turquie, Virginie/États-Unis.

Paragonite (mica sodique)

Minéral du groupe des micas. Semblable à la margarite. Agrégats blancs à verdâtres, se rencontre dans les schistes.

Kernite [2]

chimie : $Na_2[B_4O_6(OH)_2].3H_2O$	couleur : incolore, blanche
dureté Mohs : 2½	trait : blanc
densité : 1,91	éclat : vitreux
clivage : parfait	transparence : transparente à opaque
cassure : fibreuse, esquilleuse, fragile	système cristallin : monoclinique

Cristaux pyramidaux en forme de coins. Agrégats compacts, spathiques, fibreux. Dans des filons, produite par le métamorphisme de contact. Gisements : Kern County/ Californie/États-Unis, Tincalayu/Argentine, Turquie. Important minerai de bore.

Wollastonite [3]

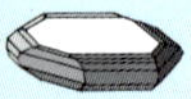

chimie : $Ca_3[Si_3O_9]$	couleur : incolore, blanche, grise, un peu colorée
dureté Mohs : 4½-5	trait : blanc
densité : 2,78-2,91	éclat : vitreux, nacré, soyeux
clivage : parfait	transparence : transparente à translucide
cassure : esquilleuse	système cristallin : triclinique et monoclinique

Beaux cristaux rares, tabulaires et épais, inclus dans la roche. Agrégats fibroradiés, feuilletés, tabulaires. Mode de gisement : dans les calcaires et les roches calcsilicatées. Gisements : Auerbach/Hesse/Allemagne, Pargas/Finlande, Santa Fe/Mexique, Californie/États-Unis. Utilisée pour la fabrication de fers à souder, de céramiques réfractaires, de fibres minérales (amiante).

Okénite [4]

chimie : $CaH_2[Si_2O_6].H_2O$	couleur : blanche, jaunâtre, bleuâtre
dureté Mohs : 5	trait : blanc
densité : 2,28 à 2,33	éclat : nacré
clivage : parfait	transparence : transparente à translucide
cassure : irrégulière	système cristallin : triclinique

Cristaux rares, en feuillets, minces. Agrégats compacts, très finement fibreux. Mode de gisement : dans les basaltes (minéral de métamorphisme de contact). Gisements : Antrim/Irlande, îles Féroé, île Disko/Groenland, Poonah/Inde, Montana/États-Unis.

1 Margarite, Massachusetts/États-Unis
2 Kernite, Californie/États-Unis
3 Wollastonite, Hesse/Allemagne
4 Okénite aciculaire sur de la gyrolite, Poonah/Inde

1

2

3

4

Minéraux constitutifs des minerais

Les minéraux constituant les minerais sont des minéraux dont on peut extraire des métaux par traitement métallurgique. Ils n'ont de valeur économique que s'ils sont concentrés en gisements.

Minerai En gîtologie, on entend par minerai un mélange d'espèces minérales recelant une teneur utile en métal. Au point de vue de la structure, un minerai a le caractère d'une roche. Il arrive que d'autres matières premières utilisées en technique soient également appelées minerais, même lorsqu'elles sont dépourvues du caractère métallique.
En pétrologie, en revanche, on appelle minerai tous les composants métalliques d'une roche.
La science des minerais distingue nettement les minerais monominéraux des minerais proprement dits, toujours constitués de plusieurs espèces minérales juxtaposées.
De nombreux anciens noms allemands de minéraux exploités par les mineurs sont terminés par le suffixe « *erz* » (« minerai »), par exemple Brauneisenerz (« minerai de fer brun » = limonite), Chromeisenerz (« minerai de fer chromé » = chromite), Federerz (« minerai en forme de plumes » = mélange de minéraux antimonieux), Rotbleierz (« minerai de plomb rouge » = crocoïte), Zinnerz (« minerai d'étain » = stannite, cassitérite). En aucun cas décisives, ces dénominations conduisent souvent à des présentations erronées, car aucun de ces minéraux n'est le véritable élément actuel du minerai indiqué, ce qui leur ôte toute utilité économique. Remarquons que, sous l'influence des mineurs saxons, actifs au Moyen Âge dans la plupart des pays européens, ces anciens termes ont souvent été transposés en français (fer chromaté, plomb rouge, etc.).
Gisement, ou gîte Concentration naturelle de minéraux ou d'agrégats de minéraux utiles et exploitables.
Noms des minéraux de minerai Les noms des minéraux de minerai se réfèrent, entre autres, au métal contenu, à la couleur ou à des propriétés marquantes. De nombreuses dénominations ont été créées il y a des siècles par les mineurs. Les appellations allemandes de Blende (« aveuglant », « trompeur »), Fahle (« pâle », « livide »), Glanze (« éclat ») et Kiese (« gravier », « caillou ») rapportées aux minéraux sulfurés remontent également à l'exploitation minière d'autrefois.
Orthographe allemande du suffixe « *erz* » (« minerai ») L'orthographe allemande des minerais, de leurs minéraux et autres minéraux métallifères est souvent trompeuse ; pour éviter les confusions, un tiret est placé devant « *erz* » lorsqu'il s'agit de minerai (Zinn-Erz = « minerai d'étain ») et aucun tiret n'est introduit s'il s'agit d'un minéral (Zinnerz = « stannite » ou « cassitérite »).
Classification des minéraux métallifères La classification des minéraux métallifères se base habituellement sur leur contenu métallique. Lorsque la composition chimique d'un minéral comporte plusieurs métaux, celui-ci peut être classé dans différents groupes de métaux. Les classifications des métaux et des composés métalliques sont utilisées de façons très différentes en technique, en industrie et en économie.
Dans cet ouvrage, les minerais sont classés selon les groupes de métaux suivants : métaux précieux, métaux ferreux (comprenant le fer et les métaux utilisés pour l'amélioration des aciers), et les métaux non ferreux (métaux lourds divers et métaux légers). Les minéraux sulfurés viennent ensuite.

Exploitation minière en gradins dans l'Erzberg, à Eisenerz/Steiermark/Autriche).

Gîtes métallifères

De nombreux éléments, comme les métaux, ne seraient pas utilisables s'ils étaient répartis de façon régulière dans la croûte terrestre. Ils ne deviennent exploitables que lorsqu'ils sont concentrés dans des zones ou des complexes géologiques déterminés. Ces concentrations de minéraux ou d'agrégats métalliques sont appelées minerais, et leur emplacement dans la croûte terrestre, gîtes ou gisements. Suivant leur genèse, on distingue des gîtes d'origine magmatique, sédimentaire et métamorphique.

Gîtes d'origine magmatique

Les gîtes d'origine magmatique sont issus de bains silicatés fondus, appelés magmas, se trouvant dans la profondeur de la croûte terrestre. Lors du refroidissement d'un magma, des phénomènes de démixtion et de cristallisation du matériel magmatique initialement homogène se produisent en étroite relation avec la température. Nous distinguons des gîtes orthomagmatiques, pegmatitiques, pneumatolytiques et hydrothermaux.

Gîtes orthomagmatiques Les gîtes orthomagmatiques se forment lors de la phase du début du refroidissement, à des températures de 1 200 à 600 °C, principalement à partir de bains silicatés fondus de composition basique. Les premiers cristaux formés et des liquides de démixtion tombent vers le fond de la chambre magmatique, du fait d'une différenciation par gravité. Les minerais ainsi formés sont des métaux natifs (platine), des sulfures (pyrrhotine, chalcopyrite, pentlandite) et des oxydes (magnétite, chromite, ilménite).

D'importants gîtes de ce type se rencontrent à Kiruna (Suède), près de Niznij Tagil (Oural, Russie), à Sudbury (Ontario, Canada), dans le Bushveld (Transvaal, Afrique du Sud).

Gîtes pegmatitiques Vers 600 à 500 °C, des magmas résiduels riches en silice réagissant avec des composants volatiles concentrés donnent naissance à des roches à cristaux, les pegmatites. On les trouve en bordure ou dans les cavités du pluton (masse intrusive non filonienne), ainsi que sous forme de remplissages de fissures dans des filons.

Les minéraux typiques de tels gisements sont le béryl, la lépidolite et la zinnwaldite, le zircon et le sphène, la cassitérite, la wolframite et la molybdénite. Le corps pegmatitique de Hagendorf (Haut-Palatinat/Allemagne) compte parmi les plus importantes formations de ce type en Europe.

Gîtes pneumatolytiques Vers 500 à 400 °C, des mélanges gazeux issus de corps magmatiques (principalement des plutons granitiques) en fin de phase de consolidation pénètrent dans les fissures de la roche encaissante ou du pluton déjà fortement refroidi, cristallisent et donnent naissance à des filons, ou, si la roche encaissante est poreuse, à des imprégnations.

Les représentants caractéristiques de ces formations sont la cassitérite, la zinnwaldite et la wolframite, ainsi que la molybdénite et la pyrite.

À ce type de gisement appartiennent les gîtes stannifères de l'Erzgebirge (en Saxe et en Bohême), de la Malaisie et de la Bolivie, les gîtes de tungstène de la Corée, du Myanmar et de l'Indonésie, et, enfin, les gîtes de molybdène de Climax (Colorado, États-Unis).

Les gisements pyrométasométiques, qui sont une variante des gîtes pneumatolytiques, sont produits par des réactions entre la roche encaissante et des gaz très chauds, au cours desquelles des minéraux préexistants sont remplacés par de nouveaux minéraux (par exemple la wolframite et la scheelite).

Gîtes hydrothermaux Entre 400 et 0 °C, par suite de l'abaissement de la température et de la pression, des substances contenues en solutions dans les eaux chaudes

précipitent en donnant naissance à des concentrations métallifères, appelées gisements hydrothermaux.
Suivant leur mode de formation, on distingue les filons hydrothermaux, les gîtes métasomatiques hydrothermaux (provenant de substitutions de minéraux, phénomène appelé métasomatose) et les imprégnations hydrothermales.
Le nombre de paragenèses, de minerais et de gisements hydrothermaux est très important. Les concentrations métallifères à antimoine, plomb, or, cobalt, cuivre, mercure, argent et zinc, sont caractéristiques de ce type de formations. Gisements hydrothermaux : gîtes de sidérite du Siegerland (Rhénanie-du-Nord-Westphalie/Allemagne), de l'Erzberg (Steiermark/Autriche), gisements de Bingham (Utah, États-Unis), de Tsumeb (Namibie) et de Trepča (Yougoslavie).
Gîtes d'origine volcanique Les gisements magmatiques cités jusqu'ici sont avant tout plutoniques, c'est-à-dire liés à des corps magmatiques se trouvant à grande profondeur. À l'autre extrême, il existe des formations liées au volcanisme. Il arrive cependant que ces dernières présentent des caractères de transition aussi bien vers les gisements plutoniques que vers les gisements sédimentaires.
Parmi les gisements volcaniques, on distingue les gîtes subvolcaniques, c'est-à-dire formés à profondeur moyenne à faible sous les volcans, les exhalaisons (ou émanations) sous-marines et subaériennes, et les thermes postvolcaniques, les sources d'eaux chaudes.
Les minerais caractéristiques sont les minerais de l'or et de l'argent, l'hématite, la pyrite et le soufre. Le gisement de Comstock-Lode, au Nevada (États-Unis), un des gîtes métallifères les plus importants du monde, est d'origine subvolcanique, et le gisement de fer du district Lahn-Dill, en Hesse/Allemagne, est un gîte exhalatif sous-marin.

Gîtes d'origine sédimentaire

Les gîtes d'origine sédimentaire prennent naissance lors de l'altération des roches, sous l'action des eaux ou suivant des processus chimiques sous des conditions climatiques données. L'éventail des températures de formation des minerais d'origine sédimentaire s'étend de quelques degrés en dessous de 0 à environ 70 °C.
Placers et gisements détritiques Du fait de leur résistance à l'altération et de leur densité élevée, les minéraux métalliques s'accumulent dans les sables et les graviers sous l'action conjuguée de l'eau et du vent, donnant ainsi naissance à des concentrations métallifères, les gîtes alluvionnaires, ou placers. Selon la nature du minéral dominant, on distingue des placers à chromite, or, ilménite, cassitérite, magnétite, monazite et platine.
Il existe des placers aurifères importants dans la Haute Lena (Russie). Les gisements aurifères du Witwatersrand près de Johannesburg (Afrique du Sud) sont des gîtes alluvionnaires consolidés. En Inde, au Brésil et en Caroline (États-Unis), on trouve des placers marins formés sous l'action des courants et du ressac. Le gisement détritique de Peine-Ilsede (Basse-Saxe/Allemagne) s'est également constitué en milieu littoral (il y a 100 millions d'années). Il y a un siècle, des placers aurifères étaient encore exploités dans des fleuves européens.
Gîtes des zones d'oxydation et de cémentation Les concentrations métallifères affleurantes sont soumises à l'altération dans leurs zones superficielles. Il se forme, dans ces régions, une zone d'oxydation avec fort enrichissement en fer et appauvrissement en métaux précieux, appelée « chapeau de fer » par les mineurs. Les chapeaux de fer sont poreux, corrodés en surface et de couleur brune à noire. La présence de malachite verte et d'azurite bleu foncé est parfois indicatrice de la proximité d'une zone d'oxydation. Du fait de leur facilité d'accès, on exploitait de préférence ce type de gisement autrefois, et c'est pour cela qu'ils ont disparu presque sans laisser de traces.

Les composés dissous dans la zone d'oxydation sont entraînés par les eaux d'infiltration jusque dans les nappes souterraines où ils précipitent. Cet enrichissement en minéraux, appelé zone de cémentation, contient surtout des minerais sulfurés cuivreux (chalcosine, covelline, chalcopyrite, bornite) et argentifères (acanthite), mais également du cuivre, de l'argent et de l'or natifs.
Gîtes de concentration résiduelle Cette appellation s'applique à des concentrations minérales dépendant étroitement de conditions climatiques données. Les régions à climat aride permettent la précipitation de sels de métaux lourds comme le cuivre, le cobalt, le plomb, le vanadium et l'uranium. La bauxite et la limonite se constituent dans les régions à climat humide, cette dernière pouvant parfois se présenter sous forme de fer pisolithique ou de fer limoneux.
Gîtes marins Cette expression ne désigne pas les gîtes existant actuellement dans les océans, mais les concentrations métallifères formées en mer.
Les minerais de fer oolithiques se forment en mer peu profonde du fait de l'apport de solutions ferrugineuses en provenance du continent. Les composés de fer précipitent par électrolyse dans l'eau de mer et se déposent en couches concentriques autour d'un noyau quelconque, formant ainsi de petites boules de la taille d'un demi-millimètre à celle d'un pois, qui finissent par s'accumuler sur le fond. Les minettes de Lorraine et du Luxembourg sont des formations oolithiques de ce type [n° 4, p. 295]. Il existe d'autres gisements importants à Terre-Neuve (Canada), en Alabama (Etats-Unis) et sur la presqu'île de Kertch (Russie). On trouve des minerais de manganèse oolithiques en Ukraine et dans le Caucase (Russie).
Les schistes cuivreux richement minéralisés de Mansfeld (avant-pays du Harz/Allemagne) se sont également formés en milieu marin par précipitation de composés de métaux lourds.

Gîtes métamorphiques

Le métamorphisme lui-même (p. 304) ne produit pas de gisements, mais il peut agir sur des concentrations minérales magmatiques ou sédimentaires préexistantes en les transformant par néoformation, dissolution ou recristallisation de leurs constituants. Il peut également modifier la structure du minerai lui-même. Les gisements cuprifères d'Outukumpu (Finlande), les skarns minéralisés de la Suède moyenne, les gîtes métallifères de Krivoj-Rog (Ukraine), les itabirites du Brésil et les taconites du lac Supérieur (États-Unis) sont issus de transformations de ce genre.

Formes des corps minéralisés

Les corps minéralisés prennent des formes très variées suivant leur mode de formation, l'architecture des couches et la structure des roches (voir ill. p. 190).
Veines Concentrations de minerai planes et de faible épaisseur, s'étendant dans le sens de la longueur et de la largeur. Sont toujours d'origine sédimentaire et généralement parallèles (concordantes) aux strates géologiques. La stratification horizontale originelle peut être modifiée (c'est-à-dire perturbée) par des processus orogénétiques.
Gîte stratiforme Corps minéralisé ayant une épaisseur (puisance) relativement grande par rapport à son extension.
Poche *(nest,* « nid »*)* Corps minéralisé de petite taille, de forme irrégulière, enclavé dans une roche de nature différente.
Filon Fissure d'origine tectonique remplie de minerai. Le contenu du filon est toujours plus jeune que la roche encaissante. Dans le langage courant, le mot veine est synonyme de filon, mais dans celui des mineurs, ce terme ne désigne que de très petits filons. Lorsque les filons sont concentrés en grand nombre, on parle de système filonien.
Lentille Corps minéralisé en forme de lentille, s'aplanissant vers l'extérieur.

Trainées Corps minéralisé allongé, de dimensions peu importantes, à structures fluidales.
Amas (*Stock*) Filon minéralisé court, épais, aux limites irrégulières.
Stockwerk (pluriel de *Stock*, c'est-à-dire « multitude d'amas ») Corps minéralisé volumineux constitué d'un réseau de filonnets anastomosés dépourvus de limites franches.
Imprégnation Minerai réparti de façon diffuse dans les pores d'une roche.
Placer Accumulation de minéraux de densité élevée et résistants à l'altération dans des sables et des graviers. Suivant le lieu du dépôt ou le mode de formation, on distingue des placers fluviatiles, marins et littoraux.

Rentabilité des gisements

La rentabilité d'un gîte dépend de nombreux facteurs, comme la composition du minerai, les réserves totales, les possibilités d'exploitation, le rendement de la concentration du minerai, la situation commerciale, les frais d'investissement et la situation du marché. Elle peut varier au cours du temps. Ainsi, d'anciennes haldes peuvent être à nouveau partiellement traitées de nos jours grâce à de nouvelles méthodes de concentration et du fait de l'augmentation du prix des matières premières.
Le but d'une exploitation moderne est d'extraire si possible les divers minéraux utiles contenus dans le minerai. Le minerai brut abattu est en général « lavé » pour obtenir un concentré d'où les éléments métalliques sont ensuite chimiquement séparés (par hauts fourneaux notamment).
L'évolution du prix d'une matière première sur les marchés mondiaux permet de comprendre combien la rentabilité d'un gisement dépend de la grande versatilité de ces prix (voir le graphique ci-dessous).

Évolution du prix du cuivre en dollars par tonne.
(London Metal Exchange – Bourse des métaux de Londres.)

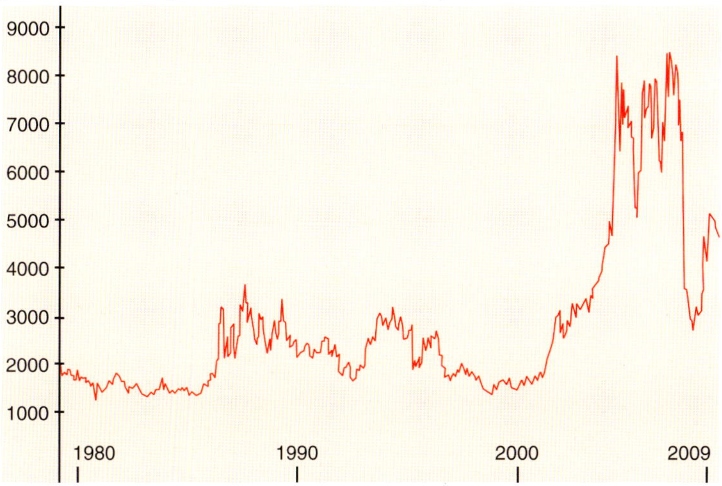

Minéraux porteurs de métaux précieux

L'argent, l'or et le platine font partie des métaux précieux. Les minéraux autrefois appelés « argent rouge » sont la myargyrite, la proustite, la pyrargyrite, la pyrostilpnite et la xanthoconite ; ceux dits « argent noir » sont l'andorite, la polybasite, la matildite et la stéphanite.

Argent natif [2]

chimie : Ag	couleur : blanc, gris, brunâtre, patine noire
dureté Mohs : 2½-3	trait : blanc
densité : 9,6-12,0	éclat : métallique
clivage : aucun	transparence : translucide à opaque
cassure : râpeuse, ductile	système cristallin : cubique

Cristaux cubiques, rares. En masses compactes, irrégulières, dendritiques ou filamenteuses. Mode de gisement : dans des fissures et des druses, parfois des placers. Gisements : Konsberg/Norvège, Joachimsthal/Rép. tchèque/Slovaquie, Colorado/États-Unis, Cobalt/Canada, Huanchaca/Bolivie, Broken Hill/ Australie. Utilisé en métallurgie, électrotechnique, industrie photographique, orfèvrerie, pour les pièces de monnaie.

Proustite [2] argent rouge (clair)

chimie : Ag_3AsS_3	couleur : rouge cinabre
dureté Mohs : 2½	trait : rouge cinabre
densité : 5,57	éclat : adamantin
clivage : parfait	transparence : translucide à opaque
cassure : conchoïdale, fragile	système cristallin : rhomboédrique

Cristaux prismatiques, pyramidaux. Agrégats dendritiques, compacts, sous forme de mouchetures. Noircit vite à la lumière. Mode de gisement : dans les gîtes métallifères. Gisements : Forêt-Noire/Allemagne, Sainte-Marie-aux Mines/Alsace, Cobalt/Canada, Chanarcillo/Chili, Colorado et Arizona/États-Unis. Important minerai d'argent.

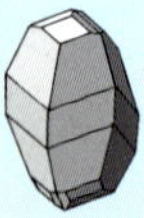

Pyrargirite [3,5] argent rouge (foncé) Ag_3SbS_3

Semblable à la proustite, mais la pyrargirite a une dureté (2½-3) et une densité (5,85) plus élevées, un clivage imparfait, une couleur rouge foncé, un trait rouge cerise.

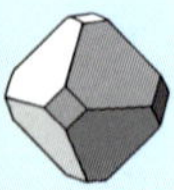

Acanthite-Argentite [4,6] argyrose, argyrite

chimie : AgS	couleur : gris de plomb à noir
dureté Mohs : 2-2½	trait : gris
densité : 7,2-7,4	éclat : métallique, ternissant avec l'altération
clivage : imparfait	transparence : opaque
cassure : conchoïdale, irrégulière	système cristallin : cubique et monoclinique

L'argentite cubique n'existe qu'au-dessus de 177 °C ; elle se transforme en acanthite monoclinique à basse température. Les cristaux cubiques d'argentite sont en réalité des pseudomorphoses d'acanthite. Celle-ci, prismatique, tabulaire forme des agrégats compacts, filamenteux ou en plaques. Gîtes filoniens. Gisements : Norvège, Mexique, Utah/États-Unis. Important minerai d'argent.

Argyrose Terme collectif pour l'argentite et l'acanthite, ou synonyme d'argentite.

Argent noir Mouchetures noir de suie sur l'argentite.

1 Proustite, Erzgebirge/Saxe/Allemagne
2 Argent natif, Batopilas/Mexique
3 Pyrargirite, Harz/Basse Saxe/Allemagne
4 Argentite, Erzgebirge, Saxe/Allemagne
5 Argent rouge (Pyrargirite), Sonora/Mexique
6 Argentite et calcite, Bohême/Rép. tchèque, Slovaquie

1

2

3

4

5

6

Sperrylite [1]

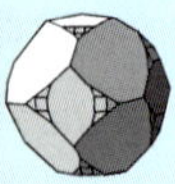

chimie : $PtAs_2$	couleur : blanc d'étain
dureté Mohs : 6-7	trait : gris-noir
densité : 10,58	éclat : métallique
clivage : imparfait	transparence : opaque
cassure : conchoïdale, fragile	système cristallin : cubique

N'existe que sous forme de petits cristaux inclus dans la roche. Très important minerai de platine.

Platine natif [2] Pt
Cristaux très rares, le plus souvent en grains irréguliers. Couleur et trait gris acier à blanc d'argent. Densité 14-19, dureté 4-4½, éclat métallique.

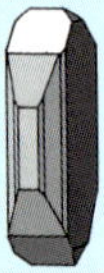

Sylvanite [3] Or graphique, tellure graphique $AuAgTe_4$
Cristaux petits, disséminés, agrégats minces et réticulés. Couleur et trait gris tirant sur le jaune. Densité 8,0-8,3, dureté 1½-2, éclat métallique. Important tellurure d'or et d'argent.

Or natif [4,5] Au
Cristaux isolés rares, généralement en masses compactes, en grains, en pépites, en plaques. Couleur et trait jaune d'or à laiton. Densité 15,5-19,3, dureté 2½-3. Important minerai d'or. Pays producteurs importants : Afrique du Sud, Russie, Canada.

Pépites [4,2] Masses d'or ou de platine se trouvant dans des placers.
Or filonien En gisement primaire, contenant généralement de l'argent.
Or alluvionnaire Se trouvant dans les placers, en gisement secondaire.
Électrum Or ayant une teneur de 15 à 50 % d'argent.

Petzite [6] $Ag_3Au\ Te_2$
Pas de cristaux isolés, toujours compacte. Couleur gris acier à noir de fer, trait noir. Densité 8,7-9,2, dureté 2½-3. Minerai rare d'argent et d'or.

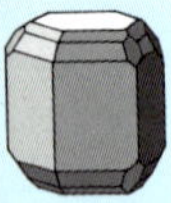

Stéphanite [7] $5\ Ag_2S \cdot Sb_2S_3$ argent noir
Cristaux en prismes courts ou tabulaires et épais ; rarement compacte. Couleur gris de plomb à noire, trait noir. Densité 6,2-6,4, dureté 2-2½. Éclat métallique, terni avec l'altération. Minerai d'argent localement important.

Chlorargyrite [8] cérargyrite, argent muriaté, argent corné AgCl
Cristaux petits, rares. Généralement en masses cornées ; incolore, devient rapidement brunâtre à noire à la lumière. Trait blanc. Éclat adamantin à l'état frais, devenant cireux et mat par la suite. Minerai d'argent localement important.

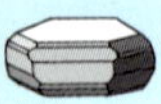

Polybasite [9] $(Ag, Cu)_{16} \cdot Sb_2S_{11}$ argent noir
Cristaux prismatiques courts, tabulaires ; également en masses compactes. Couleur gris-noir, rouge foncé en fines esquilles, trait noir à rouge foncé. Densité 6,0-6,2, dureté 1½-2. Éclat métallique. Minerai d'argent localement important.

1 Sperrylite, cristaux blanc d'étain disséminés dans la roche, Sudbury/Ontario/Canada
2 Pépite de platine, Oural/Russie
3 Sylvanite avec des couleurs d'altération grises et jaunes, États-Unis
4 Pépite d'or, Tipuani/Bolivie
5 Or sur du quartz, Zimbabwe
6 Petzite (grise) et or, Colorado/États-Unis
7 Stéphanite et argent natif, Saxe/Allemagne
8 Chlorargyrite (brune) et malachite, États-Unis
9 Polyblasite, Elsa/Yukon/Canada
(Agrandissement des ill. : environ 50 %.)

1
2
3
4
5
6
7
8
9

Minéraux des minerais de fer

Ce groupe comprend les minéraux-minerais de fer, ainsi que tous les minéraux des métaux dont les alliages améliorent la qualité du fer, de même que celle des aciers. Les principaux minéraux des minerais de fer sont la chamosite, l'hématite, la lépidocrocite, la magnétite, la sidérite, la thuringite. Pour les aciers spéciaux, on utilise les métaux des minéraux des minerais de manganèse, molybdène, nickel, tungstène, chrome, cobalt, vanadium, titane et tantale.

Magnétite [1]

chimie : Fe_3O_4	couleur : noir de fer
dureté Mohs : 5½	trait : noir
densité : 5,2	éclat : métallique, mat
clivage : imparfait	transparence : opaque
cassure : conchoïdale, fragile	système cristallin : cubique

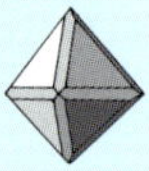

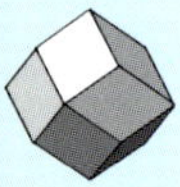

Cristaux libres ou inclus dans la roche. Octaèdres, rhombododécaèdres. Disséminée dans la roche sous forme compacte, agrégats granuleux à massifs. Fortement magnétique. Minéral accessoire dans de nombreuses roches. Forme des gisements indépendants intramagmatiques et sédimentaires. Gisements : région de Lahn-Dill/Hesse/Allemagne, Lorraine, Kirunavaare, Gellivaara, Grängesberg, Taberg/Suède, Otanmäki/Finlande, Transvaal/Afrique du Sud, Minnesota, Wyoming/États-Unis, Oural/Russie. Important minerai de fer, le plus répandu.

Hématite [2-4] oligiste

chimie : Fe_2O_2	couleur : gris-noir, brun-rouge, irisations multicolores
dureté Mohs : 6-6½	trait : rouge à brun-rouge
densité : 5,2-5,3	éclat : métallique, mat
clivage : aucun	transparence : opaque
cassure : conchoïdale, fragile	système cristallin : rhomboédrique

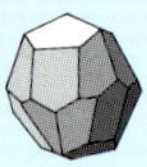

Cristaux inclus dans la roche ou libres, bipyramidaux, cubiques, rhomboédriques, tabulaires. Agrégats granuleux, écailleux à massifs, fibroradiés, terreux. Mode de gisement : minéral accessoire dans de nombreuses roches. Forme des gisements indépendants intramagmatiques, sédimentaires et métamorphiques. Les minettes [n° 4, p. 295], les itabirites et les micaschistes ferrifères sont fortement ferrifères. Gisements : Lahn-Dill/Allemagne, Kirunavaara et Grängesberg/Suède, île d'Elbe/Italie, Krivoj-Rog, Oural/Russie, Minas Gerais/Brésil, Minnesota/États-Unis. Minerai de fer très important.

Oligiste spéculaire [2] (« fer spéculaire ») Hématite grossièrement cristallisée, gris-noir, éclat métallique.
Rose de fer [3] Variété d'oligiste à cristaux tabulaires disposés en rosettes.
Oligiste micacée Variété d'oligiste spéculaire en forme d'agrégats foliacés.
Hématite rouge Hématite massive, rouge à brun-rouge, dépourvue d'éclat.
Concrétions lisses d'hématite rouge (Roter Glaskopf, « crane chauve rouge »**)** [4] Hématite à surface lisse, mamelonnée, de texture fibroradiée. *Blutstein* (« pierre de sang ») est une variété particulièrement massive, utilisée en bijouterie (perles pour collier, sceaux, camées). Provenances : Cumberland/Angleterre, Minas Gerais/Brésil.
Sanguine, hématite rouge terreuse, ocre rouge Variété d'hématite rouge poudreuse à terreuse. Matière première de pigments.

1 Magnétite dans un chloritoschiste, Autriche
2 Hématite, Rio Marina/île d'Elbe/Italie
3 Rose de fer, Fibbia/Tessin/Suisse.
4 Hématite rouge concrétionnée, Angleterre

1

2

3

4

Limonite [1,2] hématite brune

Mélange de plusieurs minéraux, formé principalement de goethite. Dans presque tous les sols, dans la zone d'oxydation des gîtes métallifères. Gisements : Salzgitter/ Basse-Saxe/Allemagne, Lorraine, Luxembourg. Important minerai de fer.
Hématite brune Synonyme de limonite ou limonite en masses pulvérulentes.
Limonite brune réniforme [1] Concrétions arrondies à surface lisse et noire.
Minerai de fer oolithique Petites sphères de limonite ressemblant à des grains de blé.
Minerai pisolithique Concrétions limonitiques de la taille d'un pois, formées dans les crevasses des roches calcaires.
Fer limoneux Masses limonitiques informes, enveloppées d'incrustations végétales.
Fer des lacs Dépôts de limonite formés en eau peu profonde. Semblable au fer limoneux.
Ocre jaune terreuse Masse de limonite brun-jaune avec des impuretés diverses.

Goethite [4] fer oxydé hydraté

chimie : $FeHO_2$	couleur : noire, brune, jaunâtre
dureté Mohs : 5-5½	trait : brun
densité : 3,8-4,3	éclat : adamantin, soyeux, mat
clivage : parfait	transparence : translucide à opaque
cassure : irrégulière, fragile	système cristallin : orthorhombique

Cristaux petits, prismatiques, aciculaires. Agrégats rayonnants, compacts, massifs, pulvérulents. Dans la limonite. Gisements et utilisation, voir limonite.
Fer oxydé hydraté Synonyme de goethite, ou goethite en cristaux libres.
Samtblende [4] (« velours trompeur ») Agrégats globuleux, bruns de courtes aiguilles de goethite.

Lépidocrocite mica de fer

Propriétés : comme la goethite. Associée à cette dernière dans la limonite.

Sidérite [3] sidérose

chimie : $FeCO_3$	couleur : jaunâtre, brune, noire, irisations
dureté Mohs : 4-4½	trait : blanc, brun, noir
densité : 3,7-3,9	éclat : vitreux, nacré
clivage : parfait	transparence : translucide à opaque
cassure : conchoïdale, fragile	système cristallin : rhomboédrique

Cristaux rhomboédriques. Agrégats spathiques à compacts, finement granuleux, oolithiques. Dans les filons et en strates dans les sédiments. Gisements : Siegerland/ Allemagne, Carinthie/Autriche, Lorraine, Bilbao/Espagne. Important minerai de fer.

Chamosite [5]

chimie : $(Fe,Mg,Al)_6[(OH)_2\vert(Si,Al)_4O_{10}]$	couleur : gris-vert à noire
dureté Mohs : 2-3	trait : gris-vert
densité : 3,0-3,4	éclat : vitreux, mat
clivage : très parfait	transparence : opaque
cassure : irrégulière	système cristallin : monoclinique

Masses granuleuses, massives, oolithiques. Associée aux minerais de fer. Gisements : Uri, Rép. tchèque/Slovaquie, Lorraine, Bretagne. Important minerai de fer.

1 Limonite botryoïde, Haut-Palatinat/Allemagne
2 Limonite, Haut-Palatinat/Allemagne
3 Sidérite, Steiermark/Autriche
4 Goethite « velours », Chihuahua/Mexique
5 Chamosite, Nucic/Bohême

1
2
3
5
4

Minéraux manganésifères

Ce sont la coronadite, l'hausmannite, la hollandite, le cryptomélane, la manganite, le psilomélane, la pyrolusite, la rhodochrosite, la rhodonite. – Le manganèse est utilisé pour la production de ferromanganèse et l'étamage des glaces.

Pyrolusite [1] manganèse oxydé

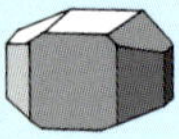

chimie : MnO_2	couleur : gris acier à gris foncé
dureté Mohs : 6½, forme compacte : 2-6	trait : noir
densité : 4,5-5,0	éclat : métallique, mat
clivage : parfait	transparence : opaque
cassure : irrégulière, fragile	système cristallin : quadratique

Cristaux prismatiques, rares et petits. Agrégats botryoïdes, fibroradiés, à surface lisse et mamelonnée, aussi sous forme de masses terreuses et oolithiques. Légèrement tachante. En gisements sédimentaires indépendants ou comme minerai accessoire dans d'autres gisements manganésiens. Gisements : Siegerland, Hunsrück/Allemagne, Ukraine/Russie, Minas Gerais/Brésil, Arkansas/États-Unis. Importante minerai de manganèse.
Weichmanganerz (« manganèse mou ») Synonyme de pyrolusite, ou de Wad, ou désignation de minéraux de minerai de manganèse similaires à la pyrolusite.
Polianite Désignation vieillie pour des formes bien cristallisées de pyrolusite.
Wad [2] Variété de pyrolusite terreuse à pulvérulente.

Nodules manganésifères [3]

Nodules de 2 à 5 cm de diamètre développés concentriquement autour d'un noyau, se trouvant sur les fonds marins à 4 000-6 000 m et contenant jusqu'à 40 % de manganèse. Ils comportent aussi cuivre, nickel, cobalt et zinc à des teneurs de l'ordre de 0,2 à 1 %.

Psilomélane [4]

chimie : $(Ba, H_2O)_2Mn_5O_{10}$	couleur : noir, brun-noir
dureté Mohs : 4-6	trait : noir, brun
densité : 4,7	éclat : métallique, mat
clivage : aucun	transparence : opaque
cassure : irrégulière, fragile	système cristallin : monoclinique

Cristaux inconnus. Masses finement granuleuses à massives, rayonnantes, terreuses. Mode de gisement : dans la zone d'oxydation des gîtes métallifères manganésiens. Gisements : Forêt-Noire, Saxe/Allemagne, Caucase, Ukraine/Russie. Important minerai de manganèse. Les dendrites [n° 3, p. 281] sont du psilomélane finement cristallisé. Des minerais de manganèse, comme la coronadite, la hollandite et le cryptomélane sont devenus récemment plus importants que le psilomélane.
Psilomélane concrétionné [4] Agrégat mamelonné, botryoïdal, réniforme et fibroradié de psilomélane. Surface lisse et brillante, comme polie.
Hartmanganerz (« minerai dur de manganèse ») synonyme de psilomélane, ou désignation générale des minéraux de manganèse massifs similaires au psilomélane.
Manganomélane Terme général désignant les minerais microcristallins compacts de manganèse. Utilisé parfois comme synonyme de psilomélane.
Romanéchite Récemment considérée comme un minéral manganésifère à part entière. Comprend psilomélane et cryptomélane.

1 Pyrolusite, Californie/Etats-Unis
2 Wad, Hesse/Allemagne
3 Nodules de manganèse, Pacifique, 4 000 m
4 Psilomélane, Westerwald/Allemagne

1
3
2
4

Rhodochrosite [1,2] dialogite

chimie : $MnCO_3$	couleur : rouge-rose, brune, noire
dureté Mohs : 3½-4	trait : blanc
densité : 3,3-3,6	éclat : vitreux
clivage : parfait	transparence : translucide
cassure : irrégulière, fragile	système cristallin : rhomboédrique

Cristaux rhomboédriques, rares et généralement petits, souvent selliformes, libres dans des druses. Agrégats granuleux à compacts, spathiques, massifs, fibroradiés à surface lisse et mamelonnée, également en incrustations ou en encroûtements. Mode de gisement : dans les gisements filoniens, en amas et en strates dans les roches sédimentaires. Gisements : Elbingerode/Harz/Allemagne, Siebenbürgen/ Roumanie, Las Cabesses/Pyrénées/France, Huelva/Espagne, Cripple Creeck/Colorado/États-Unis. Minerai de manganèse localement important. Les variétés ayant une belle couleur rouge-rose [1] avec des couches alternativement claires et foncées et un dessin en zigzag sont utilisées comme gemmes et comme pierres décoratives. Le gisement le plus important se trouve en Argentine près de San Luis, à l'est de Mendoza. Ce sont d'anciennes mines d'argent abandonnées par les Incas, où de la rhodochrosite se dépose depuis le XIIIe siècle sous forme de stalagmites.

Manganite [3]

chimie : MnOOH	couleur : brun-noir, grise
dureté Mohs : 4	trait : brun foncé, noir
densité : 4,3-4,4	éclat : métallique
clivage : parfait	transparence : translucide à opaque
cassure : irrégulière, fragile	système cristallin : monoclinique

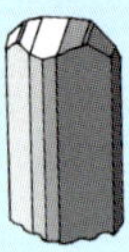

Cristaux prismatiques allongés, à striation parallèle suivant l'allongement, macles de pénétration fréquentes. Agrégats fibroradiés et enchevêtrés, pouvant être également oolithiques, rarement granuleux. À l'état frais, les cristaux et les agrégats sont brun-noir et montrent un trait brun foncé. Lorsqu'ils sont altérés (c'est-à-dire transformés en pyrolusite), leur couleur est gris acier et leur trait, noir. Mode de gisement : dans les gîtes filoniens manganésiens des roches magmatiques ainsi que dans d'autres types de gîtes. Gisements : Harz/Allemagne, Cornouailles/Angleterre, Ukraine/Russie. En raison de sa forte teneur en manganèse, plus de 60 %, la manganite est un important minerai de manganèse. Comme ses gisements sont cependant limités quantitativement, la manganite n'a plus aujourd'hui qu'une importance secondaire.

Hausmannite [4]

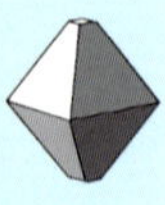

chimie : Mn_3O_4	couleur : noir de fer, tirant sur le brun
dureté Mohs : 5½	trait : brun rougeâtre
densité : 4,7-4,8	éclat : métallique
clivage : parfait	transparence : opaque
cassure : irrégulière, fragile	système cristallin : quadratique

Cristaux bipyramidaux, striés horizontalement, souvent maclés, généralement libres. Agrégats compacts à granuleux à finement granuleux massifs. Mode de gisement : comme minerai accessoire dans les gîtes manganésiens, pas de gisements indépendants. Gisements : Ilfeld/Harz/Allemagne, Langban/Suède, Oural/Russie. Sans importance économique, car peu répandue.

---

1 Rhodochrosite, San Luis/Argentine
2 Rhodochrosite et cristal de roche, Saxe/All.
3 Manganite, Ilfeld, Harz.
4 Hausmannite et andradite, Afrique du Sud.

1

2

3

4

Minéraux molybdènifères

La molybdénite, la molybdite, la ferrimolybdite, la powellite et la wulfénite sont les principaux minerais de molybdène. Le molybdène est utilisé dans la fabrication d'aciers spéciaux pour en améliorer les propriétés (résistance à la corrosion et à l'échauffement, ténacité), dans l'industrie chimique, en électrotechnique et comme lubrifiant à haute température.

Molybdénite [1,3]

chimie : MoS_2	couleur : gris-bleu tirant sur le violet
dureté Mohs : 1-1½	trait : gris foncé, vert quand l'échantillon est pulvérisé
densité : 4,7-4,8	éclat : métallique
clivage : très parfait	transparence : opaque
cassure : flexible non élastique	système cristallin : hexagonal

Cristaux hexagonaux, aplatis, rares et habituellement mal formés. Agrégats en feuillets recourbés à écailleux, parfois massifs. Onctueuse au toucher, tachante. Disséminée dans la roche, dans les filons, souvent dans les roches granitiques. Minerai accessoire dans de nombreux gisements. Ne se rencontre guère en grande quantité. Gisements : Moss/Norvège, Cournouailles/Angleterre, Colombie-Britannique/Canada, Climax/Colorado/États-Unis, Queensland/Australie. Important minerai de molybdène.

Ocre de molybdène [2]

Expression synonyme partiellement de molybdite, partiellement aussi d'une série de produits d'altération des minéraux de molybdène, en particulier de la molybdite etde la ferrimolybdite.

Molybdite

chimie : MoO_3	couleur : vert-jaune, orange, brune
dureté Mohs : 2	trait : jaunâtre, brunâtre
densité : 4,0-4,5	éclat : soyeux, mat
clivage : imparfait	transparence : opaque
cassure : irrégulière	système cristallin : orthorhombique

Agrégats microcristallins, disséminés, fibreux, sous forme d'enduits. Dans du quartz associée avec la molybdénite. Gisements : Buena Vista, Climax/Colorado/États-Unis.

Wulfénite [4] plomb jaune

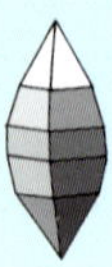

chimie : $PbMoO_4$	couleur : jaune orangé, grise, incolore
dureté Mohs : 3	trait : blanc
densité : 6,7-6,9	éclat : résineux, adamantin
clivage : imparfait	transparence : transparente à translucide
cassure : irrégulière, conchoïdale, fragile	système cristallin : quadratique

Cristaux tabulaires, pouvant être pyramidaux et en courtes baguettes, le plus souvent en cristaux libres sur du minerai de plomb. Agrégats compacts, massifs, rares, formant des croûtes cristallines, des masses de structure alvéolaire à caverneuse. Dans la zone d'oxydation des gîtes plombifères. Gisements : Carinthie/Autriche, Mezica/Yougoslavie, Přibram/Rép. tchèque/Slovaquie, Tsumeb/Namibie, Utah, Arizona/États-Unis.

1 Molybdénite dans quartz, Nevada/Etats-Unis
2 Ocre de molybdène sur du quartz, Norvège
3 Molybdénite sur du quartz, Australie
4 Wulfénite, Mezica/Yougoslavie

1
2
3
4

Minéraux nickelifères

Les principaux minerais de nickel sont la chloanthite, la népouite, la nickéline et la pentlandite. – Le nickel est utilisé pour la fabrication d'aciers inoxydables, d'alliages avec le fer et les métaux lourds non ferreux, le nickelage et comme catalyseur.

Chloanthite [1]

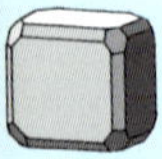

chimie : $(Ni,Co)As_3$	couleur : blanc d'étain, gris acier, gris foncé
dureté Mohs : 5½	trait : gris-noir
densité : 6,4-6,6	éclat : métallique
clivage : aucun	transparence : opaque
cassure : irrégulière, fragile	système cristallin : cubique

Cristaux cubiques. Agrégats compacts, massifs, disséminés, réniformes, sous forme de mouchetures vertes. Dans les gisements de cuivre et de nickel. Gisements : Erzgebirge, Forêt-Noire/Allemagne, Dauphiné, Maroc, Canada. Important minerai de nickel.

Pentlandite [2] nicopyrite

chimie : $(Ni,Fe)_9S_8$	couleur : jaune bronze, brun tabac
dureté Mohs : 3½-4	trait : noir
densité : 4,6-5,0	éclat : métallique
clivage : parfait	transparence : opaque
cassure : conchoïdale, fragile	système cristallin : cubique

Cristaux inconnus. Sous forme de petits corps minéralisés associés aux gisements de pyrrhotine, ou comme minéral accessoire dans les roches plutoniques basiques. Gisements : Ontario/Canada, Sibérie/Russie, Afrique du Sud. Important minerai de nickel.

Nickéline [3] niccolite, arséniure rouge de nickel

chimie : NiAs	couleur : rouge cuivré
dureté Mohs : 5-5½	trait : brun-noir
densité : 7½-7,8	éclat : métallique, ternissant avec l'altération
clivage : imparfait	transparence : opaque
cassure : conchoïdale, fragile	système cristallin : hexagonal

Cristaux tabulaires, pyramidaux. Masses compactes, réniformes-botryoïdes. Souvent incrustée par de l'annabergite verdâtre (fleurs de nickel). Dans les gîtes filoniens. Gisements : Forêt-Noire, Erzgebirge/Allemagne, Canada. Important minerai de nickel.

Népouite [4] Garniérite, nouméite

chimie : $(Ni,Mg)_6[(OH)_8|Si_4O_{10}]$	couleur : vert jaunâtre, bleu-vert
dureté Mohs : 2-4	trait : vert clair
densité : 2,2-2,7	éclat : gras
clivage : aucun	transparence : opaque
cassure : conchoïdale, à arêtes vives	système cristallin : monoclinique

Cristaux inconnus. Agrégats massifs, amorphes. Produit d'altération des roches magmatiques ultrabasiques et des serpentinites en milieu tropical. Gisements : Cuba, Brésil, Asie du Sud. Important minerai de nickel.

1 Chloanthite, Schneeberg/Saxe/Allemagne
2 Pentlandite, Sudbury/Ontario/Canada
3 Nickéline, Erzgebirge/Rép. tchèque/Slovaquie
4 Népouite, Riddle/Oregon/États-Unis

1
2
3
4

Minéraux tungstifères

La wolframite et la scheelite sont les principaux minerais de tungstène. Allié à l'acier, le tungstène le durcit : cet acier spécial est dit « acier à coupe rapide » car il conserve sa dureté au rouge, ce qui permet des vitesses de rotation de la scie élevées.

Wolfram [1] Wolframite

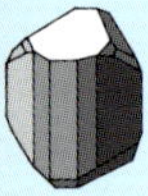

chimie : $(Fe,Mn)WO_4$	couleur : brun foncé à noir
dureté Mohs : 5-5½	trait : brun foncé, noir
densité : 7,12-7,60	éclat : métallique, gras
clivage : parfait	transparence : opaque
cassure : irrégulière, fragile	système cristallin : monoclinique

Cristaux tabulaires, prismatiques, aciculaires, striés verticalement. Agrégats compacts, feuilletés, rayonnants. Dans des filons. Gisements : Coruna/Espagne, Panasqueira/Portugal, Colorado/États-Unis, Canada. Important minerai de tungstène.

Scheelite [2]

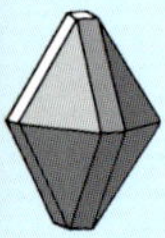

chimie : $CaWO_4$	couleur : jaune, grise, brunâtre
dureté Mohs : 4½-5	trait : blanc
densité : 5,9-6,1	éclat : gras, adamantin
clivage : imparfait	transparence : translucide
cassure : conchoïdale, fragile	système cristallin : quadratique

Cristaux bipyramidaux, parfois tabulaires, libres. Rarement en masses compactes. Dans des filons, surtout dans les pegmatites et les skarns, aussi dans des placers. Gisements : Erzgebirge/Saxe/Allemagne, Cornouailles/Angleterre, Namibie, Nevada/États-Unis. Important minerai de tungstène.

Stolzite [3] $PbWO_4$

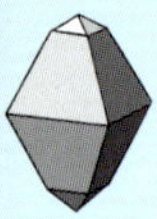

Cristaux bipyramidaux, également tabulaires et épais, rarement bien formés. Agrégats généralement globulaires. Dureté 2½-3, Densité 7,9-8,2 ; couleur rougeâtre, jaune, verte ; trait blanc. Éclat résineux et gras. Dans la zone d'oxydation des gîtes de tungstène. Peu important comme minerai de tungstène.

Minéraux chromifères

La chromite est le seul minerai important de chrome. Allié à l'acier, le chrome le durcit et le rend inoxydable (application pour outils, roulements à billes).

Chromite [4,5]

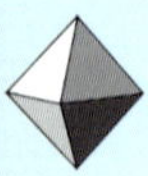

chimie : $(Fe,Mg)Cr_2O_4$	couleur : noire
dureté Mohs : 5½	trait : brun
densité : 4,5-4,8	éclat : métallique, gras
clivage : aucun	transparence : opaque
cassure : irrégulière, conchoïdale	système cristallin : cubique

Cristaux octaédriques, rares. Le plus souvent sous forme de masses compactes ou en grains disséminés. Mode de gisement : dans les péridotites et dans les serpentinites, également dans des placers. Gisements : Guleman/Turquie, Oural/Russie, Zimbabwe, Transvaal/Afrique du Sud.

1 Wolfram sur zinnwaldite, Erzgebirge/Saxe/All.
2 Scheelite sur quartz, Erzgebirge/Saxe/All.
3 Stolzite, Nouvelle-Galles-du-Sud/Australie
4 Chromite, Guleman/Turquie
5 Chromite dans serpentinite, Callenberg/Saxe/Allemagne

1

2

3

4

5

Minéraux cobaltifères

L'asbolane, l'hétérogénite, la cobaltine, la linnéite, la skuttérudite sont les principaux minerais de cobalt. Le cobalt est utilisé dans la préparation d'alliages pour aciers durs et tenaces et la fabrication d'aimants. Il est également employé dans la production de céramique et de verre.

Erythrite [1] érythrine, fleur de cobalt $Co_3[AsO_4]_2 \cdot 8H_2O$

Agrégats rayonnants à feuilletés, globulaires, réniformes, terreux et sous forme de mouchetures. Dureté 2, densité 3,07, couleur rose fleur de pêcher, gris verdâtre quand elle est mélangée à de l'annabergite. Trait rouge pâle. Éclat nacré, vitreux. Importante non comme minerai, mais en tant qu'indicatrice de gisements riches en cobalt.

Cobaltite [2] cobaltine

chimie : CoAsS	couleur : blanc argenté vers le rougeâtre
dureté Mohs : 5½	trait : gris-noir
densité : 6,0-6,4	éclat : métallique
clivage : imparfait	transparence : opaque
cassure : conchoïdale à irrégulière, fragile	système cristallin : cubique

Cristaux cubiques toujours inclus dans la roche, faces striées. Également en agrégats granuleux. Dans différentes sortes de gîtes filoniens, dans les roches métamorphiques. Gisements : Siegerland/Rhénanie/Allemagne, Boliden/Suède, Cobalt/Ontario/Canada. Minerai de cobalt important, mais rarement en grande quantité.

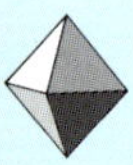

Skuttérudite [3] smaltine

chimie : $(Co,Ni)As_3$	couleur : blanc d'étain, gris acier
dureté Mohs : 6	trait : noir
densité : 6,8	éclat : métallique
clivage : aucun	transparence : opaque
cassure : conchoïdale, fragile	système cristallin : cubique

Cristaux octaédriques, petits ; agrégats compacts fréquents. Dans des filons de gîtes de cobalt et de nickel. Gisements : St. Andreasberg/Harz, Erzgebirge/Saxe/Allemagne, Konsgberg/Norvège, Ontario/Canada. Important minerai de cobalt.

Linnéite [4]

chimie : Co_3S_4	couleur : blanc, gris, vers le rougeâtre
dureté Mohs : 4½-5½	trait : noir
densité : 4,8-5,8	éclat : métallique
clivage : imparfait	transparence : opaque
cassure : irrégulière, fragile	système cristallin : cubique

Cristaux octaédriques, souvent bien formés. Le plus souvent disséminés, rarement en agrégats compacts et granuleux. Mode de gisement : dans les gîtes sulfurifères. Provenances : Rép. tchèque, Zambie, Rép. démocratique du Congo, Maryland/États-Unis. Important minerai de cobalt.

Asbolane Wad (voir p. 108) cobaltifère. Agrégat terreux, pulvérulent. Provenances : Oural/Russie, Ousbékistan, Nouvelle-Calédonie.

Hétérogénite CoOOH Masse cobaltifère noduleuse, noire, terreuse.

1 Erythrine, Bou Azzer/Maroc
2 Cobaltine, Hakansboda/Suède
3 Skuttérudite, Schneeberg/Saxe/Allemagne
4 Linnéite, Littfeld/Siegerland/Allemagne.

1

2

3

4

Minéraux vanadifères

Les minerais de vanadium les plus importants sont la carnotite, la descloïzite, la patronite et la vanadinite. – Principalement utilisé dans la préparation d'alliages pour aciers spéciaux. Employé aussi pour la fabrication d'aimants permanents.

Carnotite [1]

chimie : $K_2[(UO_2)_2|V_2O_8].3H_2O$	couleur : jaune, vert-jaune
dureté Mohs : 4	trait : jaune à vert
densité : 4,5-4,6	éclat : nacré, soyeux, mat
clivage : parfait	transparence : translucide à opaque
cassure : fragile	système cristallin : monoclinique

Cristaux tabulaires très petits. Agrégats granuleux à massifs, et en masses terreuses et pulvérulentes. Très radioactive. Dans les roches sédimentaires. Gisements : Colorado/États-Unis, Turkistan, Australie, Maroc. Important minerai de vanadium et d'uranium.

Descloïzite [2]

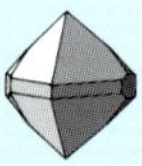

chimie : $Pb(Zn, Cu)(OH|VO_4)$	couleur : brune, brun-rouge, noire
dureté Mohs : 3½	trait : brun clair, vert clair
densité : 5,5-6,2	éclat : résineux, adamantin
clivage : aucun	transparence : transparence à opaque
cassure : conchoïdale, fragile	système cristallin : orthorhombique

Cristaux prismatiques, pyramidaux. Masses en croûtes, botryoïdes, stalactiformes, terreuses. Dans la zone d'oxydation des gîtes de métaux lourds non ferreux, dans les grès et les crevasses karstiques. Gisements : Rhénanie-Palatinat/Allemagne, Carinthie/Autriche, Tsumeb/Namibie, Broken Hill/Zambie. Important minerai de vanadium.

Patronite [3]

chimie : VS_4	couleur : gris-bleu
dureté Mohs : 1-2	trait : vert-noir
densité : 2,81	éclat : mat
clivage : aucun	transparence : opaque
cassure : conchoïdale	système cristallin : monoclinique

Cristaux inconnus. Masses finement granuleuses, à l'aspect de coke, terreuses. Mode de gisement : dans les schistes bitumineux et les matériaux asphaltiques. Gisements : Minas Ragra/Pérou.

Vanadinite [4]

chimie : $Pb_5[Cl(VO_4)_3]$	couleur : jaune, brune, rouge orangé
dureté Mohs : 3	trait : jaune pâle
densité : 6,5-6,1	éclat : adamantin, gras
clivage : aucun	transparence : opaque
cassure : conchoïdale, fragile	système cristallin : hexagonal

Cristaux en courtes baguettes ou pyramidaux. Rarement compacte, réniforme, fibreuse. Dans la zone d'altération des gîtes plombifères. Gisements : Tsumeb/Namibie, Broken Hill/Zambie, Arizona/États-Unis. Minerai de vanadium localement important.

1 Carnotite, Yavapai Co./Arizona/Etats-Unis
2 Descloïzite, Ankas/Namibie
3 Patronite, Minas Ragra/Pérou
4 Vanadinite, Mibladen/Maroc

1
2
3
4

Minéraux titanifères, tantalifères et niobifères

L'ilménite, le rutile et le sphène sont des minerais de titane, la columbite et le pyrochlore, des minerais de niobium et tantalium. – Le titane, le tantalium et le niobium sont utilisés pour améliorer les aciers, en électronique et dans l'industrie de l'armement.

Titanite [1] sphène

chimie : $CaTi[OlSiO_4]$	couleur : jaune, brun, vert, noir
dureté Mohs : 5-5½	trait : blanc
densité : 3,4-3,6	éclat : adamantin, gras
clivage : imparfait	transparence : transparent à opaque
cassure : conchoïdale, fragile	système cristallin : monoclinique

Cristaux prismatiques, tabulaires. Macles fréquentes. Parfois agrégats granuleux. Minéral accessoire dans de nombreuses espèces de roches. Très ponctuellement exploitable comme minerai de titane : Kola/Russie, Minas Gerais/Brésil.

Ilménite [2] fer titané

chimie : $FeTiO_3$	couleur : noire tirant vers le violet
dureté Mohs : 5-6	trait : brun-noir
densité : 4,5-5,0	éclat : métallique, mat
clivage : aucun	transparence : opaque
cassure : conchoïdale, irrégulière, fragile	système cristallin : rhomboédrique

Cristaux tabulaires ou rhomboédriques. Agrégats compacts, granuleux, fréquemment sous forme disséminée. Dans les roches magmatiques et dans les sables. Gisements : Norvège, Suède, Québec, Wyoming. Source importante de titane.

Columbite [3]

Terme général pour une série continue niobite-tantalite.

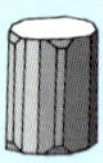

chimie : niobite : $(Fe,Mn)(Nb,Ta)_2O_2$	cassure : conchoïdale, fragile
tantalite : $(Fe,Mn)(Ta,Nb)_2O_6$	couleur : brune, noire
dureté Mohs : 6-6½	trait : brun-noir
densité : 5,2-8,1	éclat : métallique
clivage : imparfait	transparence : opaque

Cristaux (orthorhombiques) tabulaires, prismatiques. Masses compactes, grains disséminés. Dans les pegmatites granitiques et les placers. Accidentellement radioactive. Gisements : Haut-Palatinat/Allemagne, Moss/Norvège, Varuträsk/Suède, Nigeria, Brésil.

Pyrochlore [4]

chimie : $(Na,Ca)_2(Nb,Ti,Ta)_2O_6(OH,F,O)$	couleur : brun, noir
dureté Mohs : 5-5½	trait : brun-jaune
densité : 3,5-4,6	éclat : adamantin, gras
clivage : aucun	transparence : translucide à opaque
cassure : conchoïdale, irrégulière, fragile	système cristallin : cubique

Cristaux cubiques, octaédriques, inclus dans la roche. Masses compactes, disséminées. Souvent radioactive. Dans les pegmatites et les carbonatites. Suède, Kola/Russie.

1 Sphène, Minas Gerais/Brésil
2 Ilménite, Norvège
3 Columbite (noire), Hagendorf/Haut-Palatinat/All.
4 Pyrochlore (brun), Brevik/Norvège

1

2

3

4

Minéraux porteurs de métaux non ferreux

Groupe de minéraux dont on extrait des métaux lourds non ferreux, des métaux légers, des métaux radioactifs, du bismuth, de l'arsenic, de l'antimoine et du mercure.

Minéraux cuprifères

Ce sont la bornite, la chalcanthite (vitriol cuprifère), le chrysocolle (p. 182), la covelline, la cuprite, l'énargite, le cuivre natif, la chalcosine, la chalcopyrite et la malachite (p. 172). – Le cuivre est principalement employé dans l'industrie électrique.

Cuivre natif [1]

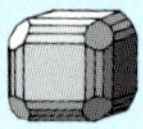

Cristaux cubiques déformés. En masses compactes, en grains, en plaques, en filaments. Dureté 2½-3, densité 8,3-8,7. Dans les roches magmatiques basiques et dans la zone d'oxydation des gîtes cuprifères. Gisements : Siegerland/Allemagne, lac Supérieur/États-Unis, Oural/Russie. Peu important comme minerai de cuivre.

Chalcopyrite [2] (pyrite de cuivre)

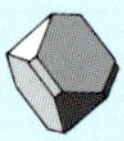

chimie : $CuFeS_2$	couleur : jaune laiton tirant sur le vert
dureté Mohs : 3½-4	trait : vert-noir
densité : 4,1-4,3	éclat : métallique
clivage : imparfait	transparence : opaque
cassure : conchoïdale, irrégulière, fragile	système cristallin : quadratique

Cristaux petits. Le plus souvent en masses compactes. Mode de gisement : dans les roches magmatiques, les schistes cuivreux. Gisements : Siegerland/Allemagne, Espagne, États-Unis, Afrique du Sud. Important minerai de cuivre.

Covellite [3] covelline

chimie : CuS	couleur : bleu-noir
dureté Mohs : 1½-2	trait : bleu-noir
densité : 4,68	éclat : métallique, gras, mat
clivage : très parfait	transparence : opaque
cassure : conchoïdale	système cristallin : hexagonal

Cristaux tabulaires, petits. Le plus souvent en masses compactes, terreuses, également sous forme de mouchetures. Mode de gisement : dans la zone d'altération des gîtes cuprifères. Gisements : Sangerhausen/Harz/Allemagne, Bor/Yougoslavie, Butte/Montana/États-Unis. Important minerai de cuivre.

Chalcocite [4] chalcosine

chimie : Cu_2S	couleur : gris de plomb
dureté Mohs : 2½-3	trait : gris sombre
densité : 5,5-5,8	éclat : métallique, ternissant avec l'altération
clivage : imparfait	transparence : opaque
cassure : conchoïdale	système cristallin : orthorhombique

Cristaux tabulaires et épais, en courtes baguettes, rares. Le plus souvent en masses compactes, également sous forme disséminée. Mode de gisement : dans les gîtes filoniens et en imprégnations. Gisements : Butte/Montana/États-Unis, Tsumeb/Namibie, Transvaal/Afrique du Sud. Important minerai de cuivre.

---

1 Cuivre natif, Ray Mine/Arizona/Etats-Unis
2 Chalcopyrite, Siegen/Westphalie/Allemagne
3 Covellite, Bor/Yougoslavie
4 Chalcosite, Bristol/Connecticut/États-Unis

1
2
3
4

Énargite [1]

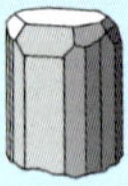

chimie : Cu_3AsS_4	couleur : gris-noir tirant sur le violet
dureté Mohs : 3½	trait : noir
densité : 4,4	éclat : métallique
clivage : parfait	transparence : opaque
cassure : irrégulière, fragile	système cristallin : orthorhombique

Cristaux columnaires, tabulaires, rares. En général en masses compactes, peut être radiaire et disséminée. Dans les gîtes cuprifères pauvres en fer. Gisements : Bor/Yougoslavie, Butte/Montana/États-Unis, Tsumeb/Namibie. Important minerai de cuivre.

Bornite [2] érubescite, cuivre panaché

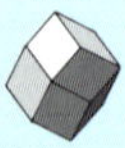

chimie : Cu_2FeS_4	couleur : rougeâtre, irisations colorées
dureté Mohs : 3	trait : gris-noir
densité : 4,9-5,3	éclat : métallique
clivage : imparfait	transparence : opaque
cassure : conchoïdale	système cristallin : cubique

Cristaux rarement bien développés, cubes déformés. En masses compactes ou sous forme disséminée. Dans les gîtes cuprifères pauvres en fer, dans des filons et en imprégnations. Gisements : Rhénanie, Mansfeld/Allemagne, Montana/États-Unis, Tsumeb/Namibie, Transvaal/Afrique du Sud. Important minerai de cuivre.

Cuprite [3] cuivre rouge

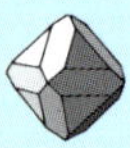

chimie : Cu_2O	couleur : brun-rouge, grise
dureté Mohs : 3½-4	trait : brun-rouge
densité : 5,8-6,2	éclat : métallique, mat
clivage : parfait	transparence : translucide à opaque
cassure : conchoïdale, irrégulière, fragile	système cristallin : cubique

Cristaux libres, octaèdres. Agrégats compacts, granuleux, massifs. Dans la zone d'oxydation des minerais cuprifères sulfurés. Gisements : Lyon, Arizona/États-Unis, Tsumeb/Namibie. Minerai de cuivre localement important.

Chalcotrichite, Kupferblüte (« sang cuivrique ») Variété de cuprite formée de très fines aiguilles chevelues.
Ziegelerz (« minerai de tuiles ») Mélange de cuprite et de limonite pulvérulente.
Kupferpecherz (« poix de cuivre ») Mélange massif de cuprite, de limonite et de silice.

Aurichalcite [4]

chimie : $(Zn, Cu)_5[(OH)_3|CO_3]_2$	couleur : verte, bleue
dureté Mohs : 2	trait : bleu-vert
densité : 3,6-4,2	éclat : nacré, soyeux
clivage : parfait	transparence : translucide
cassure : en feuillets	système cristallin : orthorhombique

Cristaux aciculaires, tabulaires, petits. Agrégats en éventails, en rosettes, en croûtes, aussi terreux. Dans la zone d'oxydation des métaux lourds non ferreux. Gisements : Laurion/Grèce, Monteponi/Italie, Tsumeb/Namibie, Bisbee/Arizona/États-Unis. N'est pas un minerai de cuivre, mais un indicateur de minerais de cuivre.

1 Énargite, Pasto Bueno/Pérou
2 Bornite, Neue Hardt/Siegerland/Allemagne
3 Cuprite sur de la cérusite, Tsumeb/Namibie
4 Aurichalcite, Mapimi/Durango/Mexique

1
2
3
4

Minéraux plombifères

Anglésite, galène, cérusite et pyromorphite sont les principaux minerais de plomb. Le plomb est utile dans la fabrication de câbles, tuyaux, accumulateurs et dans la protection contre les radiations.

Crocoïse [1] crocoïte, plomb rouge

chimie : $PbCrO_4$	couleur : rouge jaunâtre
dureté Mohs : 2½-3	trait : orange
densité : 5,9-6,1	éclat : gras, adamantin
clivage : parfait	transparence : translucide
cassure : conchoïdale, irrégulière	système cristallin : monoclinique

Cristaux aciculaires. Rarement en masses compactes. Dans les gîtes plombifères. Gisements : Tasmanie, Brésil, Russie. Aucune importance économique.

Anglésite [2]

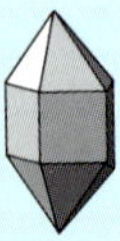

chimie : $PbSO_4$	couleur : incolore, blanche, grise, noire
dureté Mohs : 3-3½	trait : blanc
densité : 6,3-6,4	éclat : adamantin, gras
clivage : imparfait	transparence : transparente à translucide
cassure : conchoïdale, fragile	système cristallin : orthorhombique

Cristaux petits, pyramidaux, prismatiques, tabulaires. Agrégats granuleux, terreux, en croûtes. Dans la zone d'oxydation des gîtes plombifères. Gisements : Bleiberg/Carinthie/Autriche, Espagne, Écosse, Missouri/ États-Unis. Minerai de plomb localement.

Cérussite [3] plomb blanc

chimie : $PbCO_3$	couleur : incolore, grise, brunâtre
dureté Mohs : 3-3½	trait : blanc
densité : 6,4-6,6	éclat : adamantin, gras, vitreux
clivage : imparfait	transparence : transparente à opaque
cassure : conchoïdale, fragile	système cristallin : orthorhombique

Cristaux tabulaires, prismatiques. Agrégats massifs, finement granuleux, fasciculés. Dans la zone d'altération des gîtes plombifères carbonatés. Gisements : Colorado/ États-Unis, Zambie, Namibie. Minerai de fer localement important.

Plomb noir Cérusite cristalline fine à teinte foncée du fait de la présence de galène.
Terre de plomb Variété terreuse de cérusite, contenant beaucoup d'impuretés.

Galène [4] galénite

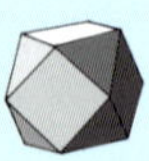

chimie : PbS	couleur : gris de plomb tirant vers le rouge
dureté Mohs : 2½-3	trait : gris-noir
densité : 7,2-7,6	éclat : métallique, mat
clivage : très parfait	transparence : opaque
cassure : conchoïdale, fragile	système cristallin : cubique

Cristaux cubiques, libres. Agrégats compacts, granuleux. Associée à la blende. Dans des filons, des amas, des veines. Gisements : Harz/Allemagne, Carinthie/Autriche, Příbram/Rép. tchèque/Slovaquie, Zambie, États-Unis. Important minerai de plomb.

1 Crocoïse, Tasmanie/Australie
2 Anglésite, Tsumeb/Namibie
3 Cérusite, Tsumeb/Namibie
4 Galène et calcite, Siegen/Westphalie/All.

1
2
3
4

Mimétite [1]

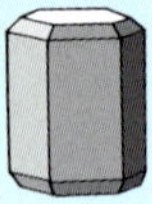

chimie : $Pb_5[Cl|(AsO_4)_3]$	couleur : jaune, verte, brune, incolore
dureté Mohs : 3½-4	trait : blanc
densité : 7,1	éclat : adamantin, gras
clivage : aucun	transparence : transparente à translucide
cassure : conchoïdale, irrégulière, fragile	système cristallin : hexagonal

Cristaux prismatiques, en tonnelets, pyramidaux, libres. Agrégats en boules, réniformes, en croûtes, et sous forme de masses terreuses. Dans la zone d'oxydation des gîtes de plomb. Gisements : Erzgebirge/Allemagne, Cornouailles/Angleterre, Langban/Suède, Tsumeb/Namibie. Rare, aucune importance économique.

Pyromorphite [2,5]

chimie : $Pb[Cl|(PO_4)_3]$	couleur : verte, brune, orange, blanche, incolore
dureté Mohs : 3½-4	trait : blanc
densité : 6,7-7,1	éclat : adamantin, gras
clivage : aucun	transparence : transparente à translucide
cassure : conchoïdale, irrégulière, fragile	système cristallin : hexagonal

Cristaux libres, prismatiques, en tonnelets, aciculaires, tabulaires. Agrégats botryoïdes, disséminés, sous forme de mouchetures, rarement compacts. Dans la zone d'oxydation des gîtes plombifères. Gisements : Saxe et Harz/Allemagne, Přibram/Rép. tchèque/Slovaquie, Cornouailles/Angleterre. Minerai de plomb localement important.

Plomb brun [5] Variété brune de pyromorphite.

Plomb arsénio-phosphaté Variété multicolore de pyromorphite.

Plomb vert Variété verte de pyromorphite [2] ou de mimétite.

Linarite [3]

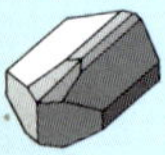

chimie : $PbCu[(OH)_2|SO_4]$	couleur : bleu azur
dureté Mohs : 2½	trait : bleu clair
densité : 5,3-5,5	éclat : vitreux, adamantin
clivage : parfait	transparence : translucide
cassure : conchoïdale	système cristallin : monoclinique

Cristaux petits, riches en facettes, prismatiques, rarement tabulaires. Croûtes cristallines, agrégats feutrés. Dans la zone d'oxydation des gîtes de cuivre et plomb. Gisements : Espagne, Carinthie/Autriche, Namibie, États-Unis. Jamais en grosse quantité.

Phosgénite [4] plomb chloro-carbonaté, kérasine

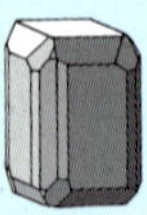

chimie : $Pb[Cl_2|CO_3]$	couleur : jaunâtre, blanche, grise, incolore, verte
dureté Mohs : 2-3	trait : blanc
densité : 6,0-6,3	éclat : adamantin, gras
clivage : parfait	transparence : transparente à translucide
cassure : conchoïdale	système cristallin : quadratique

Cristaux en courtes baguettes, souvent riches en facettes, également tabulaires. Agrégats compacts, granuleux. Dans la zone d'oxydation des gîtes de plomb. Gisements : Sardaigne, Laurion/Grèce, Tsumeb/Namibie. Jamais en grande quantité.

---

1 Mimétite, Mexique
2 Pyromorphite, Freihung/Haut-Palatinat/All.
3 Linarite, Nouveau-Mexique/Etats-Unis
4 Phosgénite, Monte Poni/Sardaigne.
5 Pyromorphite (« plomb brun »), mine de Friedrichssege, Bad Ems/Rhénanie/All.

1
2
3
4
5

Minéraux zincifères

Franklinite, hémimorphite, smithsonite, willemite, blende et zincite appartiennent à ce groupe. – Le zinc est employé pour le zingage et la fabrication d'alliages.

Hémimorphite [1] calamine (*sensu stricto*)

chimie : $Zn_4[(OH)_2|Si_2O_7].H_2O$	couleur : incolore, blanche, verte, brune
dureté Mohs : 5	trait : blanc
densité : 3,3-3,5	éclat : vitreux
clivage : parfait	transparence : transparente à translucide
cassure : conchoïdale, fragile	système cristallin : orthorhombique

Cristaux petits, le plus souvent tabulaires, libres. Croûtes cristallines, aussi en masses globulaires et stalactiformes. Dans la zone d'oxydation des gîtes plombo-zincifères. Gisements : Bleiberg/Carinthie/Autriche, Chihuahua/ Mexique, Transbaïkalie/Russie, Arizona, Virginie/États-Unis. Important minerai de zinc.
Calamime s.l. Terme général pour des minerais de zinc carbonatés et silicatés : hémimorphite, hydrozincite, smithsonite, willemite.

Zincite [2]

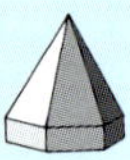

chimie : ZnO	couleur : rouge
dureté Mohs : 4½-5	trait : jaune orange
densité : 5,4-5,7	éclat : gras, adamantin
clivage : parfait	transparence : translucide
cassure : conchoïdale, fragile	système cristallin : hexagonal

Cristaux tabulaires, très rares. En agrégats granuleux et spathiques, ou sous forme disséminée. Dans les marbres. Gisements : New Jersey/États-Unis, Olkusz/Pologne, Toscane/Italie, Australie. Minerai de zinc important uniquement dans le New Jersey.

Sphalérite [4] Blende

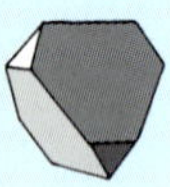

chimie : ZnS	couleur : noire, brun-jaune, rouge, blanchâtre
dureté Mohs : 3½-4	trait : brun, blanc jaunâtre
densité : 3,9-4,2	éclat : adamantin, gras
clivage : parfait	transparence : transparente à opaque
cassure : irrégulière, fragile	système cristallin : cubique

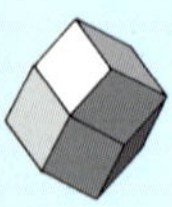

Cristaux tétraédriques, dodécaédriques. Agrégats granuleux, spathiques, en croûtes, disséminés. Dans des filons, des schistes cuivreux. Gisements : Westphalie/Allemagne, Bleiberg/Carinthie/Autriche, Trepča/ Yougoslavie. Important minerai de zinc.

Variétés de couleur
Blende mielleuse : brun-jaune [4], parfois taillée à facettes pour collections
Marmatite : noire
Cléiophane : blanchâtre
Christophite : noire, riche en fer
« Rubinblende » rouge

Schalenblende [3] (« blende en écailles »)

Agrégat finement granuleux à fibreux. Formée de couches alternées de blende, de wurtzite et de galène, ainsi que d'un mélange de blende et de wurzite.

1 Hémimorphite, Chihuahua/Mexique
2 Zincite (rouge) avec de la franklinite (noire), Franklin/New Jersey/Etats-Unis
3 Schalenblende, Wiesloch/Bade/Allemagne
4 Blende (blende miel), Casapalca/Pérou

1
2
3
4

Smithsonite [1,2]

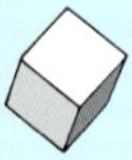

chimie : $ZnCO_3$	couleur : incolore, blanchâtre, couleurs variées
dureté Mohs : 5	trait : blanc
densité : 4,3-4,5	éclat : vitreux, nacré
clivage : parfait	transparence : tranlucide à opaque
cassure : irrégulière, conchoïdale, fragile	système cristallin : rhomboédrique

Cristaux rares et petits. Agrégats réniformes, stalactiformes, en croûtes. Dans la zone d'oxydation des gîtes de plomb et zinc sulfurés. Gisements : Bleiberg/Carinthie/Autriche, Grèce, Autralie, Namibie. Important minerai de zinc.

Hydrozincite [3] fleur de zinc

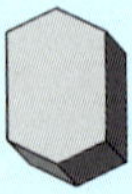

chimie : $Zn_5[(OH)_3|CO_3]_2$	couleur : blanche, jaunâtre, rose, incolore
dureté Mohs : 2-2½	trait : blanc
densité : 3,5-3,8	éclat : soyeux, mat
clivage : parfait	transparence : translucide à opaque
cassure : fragile	système cristallin : monoclinique

Cristaux petits, tabulaires. Masses compactes, massives, rubanées, en croûtes, stalactiformes. Dans la zone d'oxydation des gîtes de zinc. Gisements : Carinthie/Autriche, Espagne, Nevada/États-Unis, Australie. Exploitée parfois comme minerai de zinc.

Minéraux stannifères

Seule la cassitérite est un minerai d'étain important. – L'étain est utilisé en alliages notamment pour faire du bronze.

Stannine [4] stannite

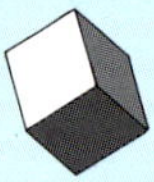

chimie : Cu_2FeSnS_4	couleur : grise tirant sur le vert olive
dureté Mohs : 4	trait : noir
densité : 4,3-4,5	éclat : métallique
clivage : imparfait	transparence : opaque
cassure : irrégulière, fragile	système cristallin : quadratique

Cristaux tétraédriques et tabulaires, rares et petits. Agrégats granuleux à massifs, en grains disséminés. Dans les gîtes d'étain. Gisements : Saxe/Allemagne, Angleterre, Bolivie, Sibérie orientale/Russie. Minerai d'étain et de cuivre localement.

Cassitérite [5]

chimie : SnO_2	couleur : brune, noire, jaune, rougeâtre
dureté Mohs : 7	trait : blanc, brunâtre
densité : 6,8-7,1	éclat : adamantin, gras
clivage : imparfait	transparence : translucide à opaque
cassure : conchoïdale, fragile	système cristallin : quadratique

Cristaux libres ou inclus dans la roche, comprimés, aciculaires. Masses compactes, finement fibreuses, à surface mamelonnée (étain de bois). Dans les pegmatites, les filons, en imprégnations (étain de montagne), en grains roulés (étain alluvionnaire). Gisements : Allemagne, Angleterre, France, Malaisie, Bolivie. Important minerai d'étain.

---

1 Smithsonite, Nouveau-Mexique/États-Unis
2 Smithsonite, Tsumeb/Namibie
3 Hydrozincite (blanche), Yazd/Iran
4 Stannine, St. Agnes/Cornouailles/Angleterre
5 Cassitérite (cristaux noirs), Erzgebirge/All.

1
2
3
4
5

Minéraux bismuthifères

Le bismuth natif, la bismuthine et l'ocre de bismuth sont les principaux minerais de bismuth, métal utilisé en alliages destinés à augmenter la fusibilité d'autres métaux, ainsi qu'en pharmacie et en médecine.

Bismuthinite [1,3] bismuthine

chimie : Bi_2S_3	couleur : blanche, grise, irisations jaunâtres
dureté Mohs : 2	trait : gris
densité : 6, 8-7,2	éclat : métallique
clivage : très parfait	transparence : opaque

cassure : conchoïdale, fragile système cristallin : orthorhombique
Cristaux aciculaires, columnaires. Agrégats rayonnants, feuilletés, granuleux, rarement en masses compactes. Gisements : dans les gîtes d'étain, d'argent, de cobalt, de tunsgtène. Gisements : Erzgebirge/Allemagne, Angleterre, Bolivie, Australie. Important minerai de bismuth.

Bismuth natif [4]

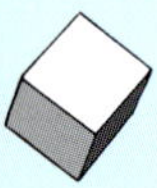

chimie : Bi	blanc argenté à reflets rougeâtres, irisations
dureté Mohs : 2-2½	trait : gris
densité : 9,7-9,8	éclat : métallique
clivage : parfait	transparence : opaque
cassure : fragile	système cristallin : rhomboédrique

Cristaux très rares, d'aspect cubique. Agrégats réticulés, dendritiques, également sous forme de grains disséminés, rarement en masses importantes. Mode de gisement : dans les gîtes à Co-Ni-Ag, parfois dans des placers. Gisements : Erzgebirge/Allemagne, Angleterre, Canada, Bolivie. Localement, important minerai de bismuth.

Ocre de bismuth [2] Bi_2O_3

L'ocre de bismuth est un mélange de différents minéraux rares de bismuth (comme la bismite, la bismutite). Jaune canari à jaune citron ou vert, trait gris. Dureté 2,5-3,5, densité 6,7-7,4, éclat vitreux. Formes terreuses, en croûtes, sphériques. Minéral d'altération des gîtes à cobalt-nickel-argent. Gisements : Erzgebirge, Angleterre, Californie/États-Unis, Bolivie. Important comme indicateur de la présence de bismuth.

Matildite [5] schapbachite, argent noir

chimie : $AgBiS_2$	couleur : grise à noire
dureté Mohs : 2½	trait : gris clair
densité : 6, 9-7,2	éclat : métallique
clivage : aucun	transparence : opaque
cassure : irrégulière, fragile	système cristallin : orthorhombique

Cristaux rares, prismatiques, habituellement en agrégats compacts ou granuleux, groupés avec de la galène. Dans les gîtes de galène. Gisements : Schapbachtal/Forêt-Noire, Zinnwald/Erzgebirge/Allemagne, Pérou, Tasmanie, Japon. Malgré une teneur en bismuth de plus de 50 %, la matildite n'a aucune importance économique en tant que minerai de bismuth. Importance locale en tant que minerai d'argent.

1 Bismuthine avec pyrite, Vogtland/Allemagne
2 Ocre de bismuth, Arizona/Etats-Unis
3 Bismuthine, Colorado/Etats-Unis
4 Bismuth natif, Schneeberg/Saxe/Allemagne
5 Matildite, Forêt-Noire/Allemagne

1

2

3

4

5

Minéraux mercurifères

Le principal minerai de mercure est le cinabre. Le mercure natif, le calomel et la schwazite ont moins d'importance. On appelle amalgames les cristaux mixtes naturels d'or et de mercure, ou d'argent et de mercure. – Le mercure est utilisé en industrie électrique, pour la fabrication d'instruments de mesure, en médecine et dans l'industrie d'armement.

Cinabre [3,5] cinnabarite

chimie : HgS	couleur : rouge, rarement bleuâtre
dureté Mohs : 2-2½	trait : rouge
densité : 8,0-8,2	éclat : adamatin, métallique
clivage : parfait	transparence : translucide
cassure : esquilleuse, fragile	système cristallin : rhomboédrique

Cristaux rares et petits, tabulaires et épais, rhomboédriques, prismatiques, macles de pénétration fréquentes. En masses granuleuses ou compactes, également sous forme disséminée ou en enduits pulvérulents. En filons dans les roches sédimentaires, dans les tufs volcaniques, parfois aussi dans les placers. Gisements : Almadén/Espagne, Yougoslavie, Toscane/Italie, États-Unis, Russie, Mexique, Pérou.

Mercure natif [5] Hg

Petites gouttelettes blanc d'étain, souvent recouvertes d'une pellicule grise, n'adhérant que faiblement à la roche-mère, notamment le cinabre. Se solidifie à –38,9 °C sous forme de cristaux (système rhomboédrique). Densité 13,55, éclat métallique. Très toxique. Dans la zone d'altération des gîtes de mercure. Gisements : comme le cinabre. Exploité comme minerai avec le cinabre.

Calomel [1] mercure corné, mercure chloruré ou muriaté

chimie : Hg_2Cl_2	couleur : jaunâtre, gris, brun, incolore
dureté Mohs : 1-2	trait : blanc
densité : 6,4-6,5	éclat : adamantin
clivage : imparfait	transparence : translucide à opaque
cassure : conchoïdale	système cristallin : quadratique

Cristaux petits, prismatiques, tabulaires, pyramidaux. Agrégats compacts d'aspect corné, en croûtes, également terreux. Dans la zone d'altération des gîtes de mercure. Gisements : comme le cinabre. Rarement en grande quantité.

Schwazite [2,4] hermésite

chimie : $(Cu,Hg)_3SbS_4$	couleur : grise à noire
dureté Mohs : 3-4	trait : gris-noir
densité : 5,1	éclat : métallique, mat
clivage : aucun	transparence : opaque
cassure : conchoïdale, fragile	système cristallin : cubique

La schwazite fait partie du groupe des cuivres gris (p. 142). Cristaux tétraédriques, dodécaédriques, cubiques. Agrégats compacts, granuleux, massifs, aussi disséminés. Dans les filons minéralisés mercurifères. Gisements : comme le cinabre.

1 Calomel avec cinabre, Nevada/États-Unis
2 Schwazite, Schwaz/Tyrol/Autriche
3 Cinabre avec du mercure, Espagne
4 Schwatzite, Rudňany/Rép. tchèque/Slovaquie
5 Cinabre avec mercure natif, Castille/Espagne

1

2

3

4

5

Minéraux arsenifères

L'arsenic natif, le mispickel (arsénopyrite), l'orpiment, la löllingite, le réalgar et la tennantite sont les principaux minerais d'arsenic, utilisé dans la lutte antiparasitaire, en tannerie, en pharmacie et dans l'industrie cosmétique. Certains composés arsénicaux sont des poisons très violents.

Arsenic natif [5]

chimie : As	couleur : blanc d'étain, irisations noirâtres
dureté Mohs : 3-4	trait : noir
densité : 5,4-5,9	éclat : métallique
clivage : parfait	transparence : opaque
cassure : irrégulière, fragile	système cristallin : rhomboédrique

Cristaux rhomboédriques, d'aspect cubique, aciculaires, rares. En masses compactes, finement granuleuses, en agrégats globulaires et testacés, aussi stalactiformes. Composant accessoire dans les filons de minerais arsénifères. Gisements : Erzgebirge, Forêt-Noire/Allemagne, Vosges/France, Přibram/Rép. tchèque/Slovaquie, Kongsberg/Norvège, New Jersey/États-Unis. Peu d'importance économique.
Scherbenkobalt [5] Arsenic natif sous l'aspect de belles masses réniformes.

Arsénopyrite [2] mispickel

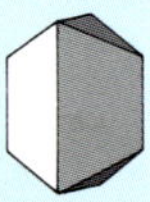

chimie : FeAsS	couleur : blanc d'étain, gris, irisations jaunâtres
dureté Mohs : 5½-6	trait : gris-noir
densité : 5,9-6,2	éclat : métallique
clivage : imparfait	transparence : opaque
cassure : irrégulière, fragile	système cristallin : orthorhombique

Cristaux en baguettes courtes ou allongées, octaédriques, libres ou inclus dans la roche, macles de pénétration. Agrégats compacts à granuleux, rayonnants, disséminés. Dans les filons métallifères. Gisements : Fichtelgebirge, Erzgebirge,/Allemagne, Mitterberg/Autriche, Cornouailles/Angleterre, Boliden/Suède. Important minerai d'arsenic.

Löllingite [1,4] fer arsenical

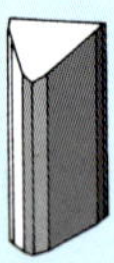

chimie : $FeAs_2$	couleur : blanc argenté, irisations grises
dureté Mohs : 5-5½	trait : gris-noir
densité : 7,1-7,5	éclat : métallique
clivage : parfait	transparence : opaque
cassure : irrégulière, fragile	système cristallin : orthorhombique

Cristaux prismatiques. Agrégats compacts, disséminés. Composant accessoire dans les filons métallifères. Gisements : Carinthie/Autriche, Harz/Allemagne, Falun/Suède, Ontario/Canada. Exploitée avec d'autres minéraux arsénifères comme minerai d'arsenic.

Gersdorffite [3] NiAsS

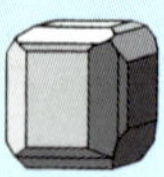

Couleur blanc argenté à gris acier, irisations gris sombre. Éclat métallique à mat. Trait gris-noir. Dureté 5, densité 5,6-6,2. Cristaux cubiques, octaédriques, agrégats granuleux, rarement compacts. Pellicule d'altération verte fréquente (annabergite). Aucune importance économique.

1 Löllingite dans de la rhodonite, Australie
2 Mispickel, Hartmannsdorf/Allemagne
3 Gersdorffite, Vogtland/Saxe/Allemagne
4 Löllingite, Reichenstein/Silésie/Pologne
5 Arsenic natif réniforme, caractéristique de St. Andreasberg/Harz/Allemagne

1
2
3
4
5

Orpiment [1,4]

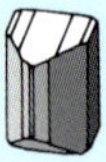

chimie : As_2S_3	couleur : jaune citron à jaune orangé
dureté Mohs : 1½-2	trait : jaune clair à jaune orangé
densité : 3,48	éclat : nacré, gras
clivage : très parfait	transparence : transparent à translucide
cassure : conchoïdale, flexible	système cristallin : monoclinique

Cristaux rarement bien formés, le plus souvent petits, en prismes courts. Habituellement en masses compactes informes ou en rognons, lamelleuses à bacillaires, grossièrement spathiques, également sous forme de mouchetures terreuses. Mode de gisement : dans les gîtes filoniens de minerais arsénifères et dans les argiles. Gisements : Macédoine, Kurdistan/Turquie, Roumanie, Hongrie, Utah/États-Unis. Source d'arsenic localement. Utilisé autrefois comme pigment jaune en peinture.

Réalgar [2]

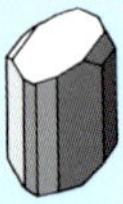

chimie : As_4S_4	couleur : rouge, rouge orangé
dureté Mohs : 1½-2	trait : jaune orangé
densité : 3,5-3,6	éclat : adamantin, gras
clivage : imparfait	transparence : translucide
cassure : conchoïdale	système cristallin : monoclinique

Cristaux riches en facettes, prismatiques, petits, libres. Agrégats compacts, finement granuleux, aussi sous forme de mouchetures. Au jour, le réalgar se transforme en orpiment terreux. Dans les gîtes filoniens de minerais arsénifères, dans les argiles et les calcaires. Gisements : Valais/Suisse, Macédoine, Turquie, Siebenbürgen/Roumanie, Utah, Wyoming/États-Unis, Mexique. Source d'arsenic localement. Parfois utilisé pour la peinture rouge (toxique !). Occasionellement sculpté en Chine.

Tennantite [3]

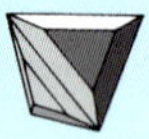

chimie : $Cu_{12}A_4S_{13}$	couleur : grise, tirant sur le vert olive
dureté Mohs : 3-4½	trait : noir à brun, allant jusqu'au rouge foncé
densité : 4,6-4,8	éclat : métallique, mat
clivage : aucun	transparence : translucide à opaque
cassure : conchoïdale, irrégulière, fragile	système cristallin : cubique

La tennantite appartient au groupe des cuivres gris. Cristaux libres, tétraédriques, riches en facettes, macles d'interpénétration fréquentes. Agrégats compacts, granuleux à massifs, aussi sous forme disséminée. Rarement en gisements autonomes. Dans les gîtes cuprifères et plombifères. Gisements : Clausthal/Harz, Freiberg/Saxe/ Allemagne, Přibram/Rép. tchèque/Slovaquie, Sainte-Marie-aux-Mines/Alsace, Butte/Montana/États-Unis, Boliden/Suède. Parfois, source d'arsenic.

Groupe des « cuivres gris »

Minéraux sulfurés de tons « livides », gris olive à jaunâtres. La série isomorphique arsenico-antimonieuse tennantite $[(Cu,Fe)_{12}As_4S_{13}]$ – tétraédrite $[(Cu,Fe)_{12}Sb_4S_{13}]$ en est la base, mais diverses substitutions apportant argent, mercure et zinc conduisent à la freibergite $[(Ag,Cu,Fe)_{12}(Sb,As)_4S_{13}]$ et à la schwazite mercurifère (p. 138). La formule globale de ces minéraux pourrait s'écrire $(Cu,Ag)_{10}(Cu,Zn,Hg,Fe)_2(As,Sb)_4S_{13}$. Voir p. 143, la tennantite [3], p. 147, la tétraédrite [1], p. 139, la schwazite [2, 4].

---

1 Orpiment, Khorassan/Iran
2 Réalgar, King Co./Washington/États-Unis
3 Tennantite, Mandeln/Hesse/Allemagne
4 Orpiment, Goyaz/Brésil

1
2
3
4

Minéraux antimonifères

Antimoine natif, stibine, berthiérite, boulangérite, bournonite, jamesonite, sénarmontite, tétraédrite, valentinite sont les principaux minerais d'antimoine. Seule la stibine est économiquement importante. L'antimoine est utilisé en alliages antifriction, pour caractère d'imprimerie, et en tant que matière première de pigments.

Stibnite [1] stibine, antimonite

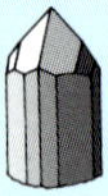

chimie : Sb_2S_3	couleur : gris de plomb
dureté Mohs : 2	trait : gris de plomb
densité : 4,6-4,7	éclat : métallique, mat
clivage : excellent	transparence : opaque
cassure : conchoïdale, flexible	système cristallin : orthorhombique

Cristaux aciculaires. Agrégats de cristaux, et en masses granuleuses ou massives. Dans les filons de stibine et de quartz, les gîtes de plomb ou d'argent. Gisements : France, Japon, Afrique du Sud, Bolivie, Nevada/États-Unis. Important minerai d'antimoine.

Sénarmontite [2]

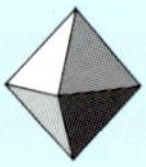

chimie : Sb_2O_3	couleur : incolore, blanche, grise
dureté Mohs : 2	trait : blanc
densité : 5,50	éclat : adamantin, gras
clivage : imparfait	transparence : transparente à translucide
cassure : conchoïdale, fragile	système cristallin : cubique

Cristaux octaédriques. Agrégats compacts à granuleux, massifs, en croûtes. Dans la zone d'oxydation des gîtes antimoniés. Rare. Gisements : Algérie, Zimbabwe.

Boulangérite [3]

chimie : $Pb_5Sb_4S_{11}$	couleur : gris-noir
dureté Mohs : 2½-3	trait : noir
densité : 5,8-6,2	éclat : métallique
clivage : parfait	transparence : opaque
cassure : irrégulière, flexible	système cristallin : orthorhombique

Cristaux très rares, prismatiques. Agrégats finement fibreux ou granuleux, et en masses compactes. Dans les gîtes plombozincifères. Gisements : Harz/Allemagne, Příbram/Rép. tchèque/Slovaquie, Serbie, Suède. Minerai de plomb parfois.
Plumosite Boulangérite feutrée. Considérée jadis comme une espèce minérale en soi.

Bournonite [4]

chimie : $PbCuSbS_3$	couleur : grise à noire
dureté Mohs : 2½-3	trait : gris
densité : 5,7-5,9	éclat : métallique, mat
clivage : imparfait	transparence : opaque
cassure : conchoïdale	système cristallin : orthorhombique

Cristaux tabulaires épais. Agrégats compacts, granuleux, massifs, aussi disséminés. Composant accessoire dans les gîtes à Pb-Zn-Cu. Gisements : Harz/Allemagne, Carinthie/Autriche, Angleterre, Bolivie. Localement, minerai de plomb et de cuivre.

1 Stibine et quartz, Wolfsberg/Harz/All.
2 Sénarmontite, Djebel Hammate/Algérie
3 Boulangérite sur quartzite, Rhénanie/Alemagne
4 Bournonite et sidérite, Siergerland/Allemagne

1
2
3
4

Tétraédrite [1] « cuivre gris »

chimie : $Cu_{12}Sb_4S_{13}$	couleur : grise, tirant sur le vert olive
dureté Mohs : 3-4	trait : noir à brun
densité : 4,6-5,2	éclat : métallique, mat
clivage : aucun	transparence : opaque
cassure : conchoïdale, fragile	système cristallin : cubique

Cristaux tétraédriques, riches en facettes, libres. Agrégats compacts, granuleux, massifs, disséminés aussi. Dans les gîtes cuprifères ou plombifères. Gisements : Harz/Allemagne, Angleterre, Idaho/États-Unis. Exploitée parfois comme minerai de cuivre.

Valentinite [2] fleur d'antimoine

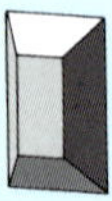

chimie : Sb_2O_3	couleur : incolore, blanche, grise, jaunâtre
dureté Mohs : 2½-3	trait : blanc
densité : 5,6-5,8	éclat : adamantin, nacré
clivage : parfait	transparence : translucide
cassure : fragile	système cristallin : orthorhombique

Cristaux prismatiques, tabulaires, riches en facettes. En faisceaux bacillaires-fibreux, également sous forme d'agrégats compacts. Mode de gisement : dans la zone d'oxydation des gîtes antimoniés. Gisements : Harz, Saxe/Allemagne, Dauphiné/France, Algérie, Bolivie. Utilisée avec de la stibine en tant que minerai d'antimoine.

Berthiérite [3]

chimie : $FeSb_2S_4$	couleur : gris acier, irisations colorées
dureté Mohs : 2-3	trait : gris-brun
densité : 4,6	éclat : métallique
clivage : imparfait	transparence : opaque
cassure : irrégulière, fragile	système cristallin : orthorhombique

Cristaux prismatiques, aciculaires. Agrégats rayonnants fibreux, aussi en masses granuleuses à massives. Dans les gîtes d'antimoine. Gisements : Auvergne, Cornouailles/Angleterre, Californie/États-Unis. Économiquement peu importante.

Jamesonite [4,5]

chimie : $Pb_4FeSb_6S_{14}$	couleur : gris acier, irisations colorées
dureté Mohs : 2½	trait : gris-noir
densité : 5,63	éclat : métallique, soyeux
clivage : parfait	transparence : opaque
cassure : fragile	système cristallin : monoclinique

Cristaux aciculaires. Agrégats rayonnants, feutrés. Dans les gîtes plombo-zincifères. Gisements : Harz, Saxe/Allemagne, Angleterre. Rarement en quantités exploitables.

Federerz (« Minerais plumeux ») Expression employée diversement. Désigne généralement un agrégat de fines fibres, à l'aspect de feutre, de jamesonite, boulangérite et stibnite, entre autres.

Antimoine natif Blanc d'étain, dureté 3-3½, densité 6,7.

Ocre d'antimoine Produit d'altération jaunâtre de la stibine.

1 Tétraédrite, Pasto Buno/Pérou
2 Valentinite, Pezinok/Slovaquie
3 Berthiérite, Herja/Roumanie
4 Jamesonite dans du quartz, Thuringe/Allemagne
5 Jamesonite et pyrite, Zacatecas/Mexique

1

2

3

4

5

Matières premières des métaux légers

Telles sont la bauxite pour l'aluminium et la magnésite pour le magnésium. L'aluminium est utilisé dans la construction automobile et en électrotechnique, le magnésium, dans la construction aéronautique, pour la fabrication d'alliages et en pyrotechnique.

Bauxite [3]

La bauxite est un mélange de divers minéraux, principalement la gibbsite, le diaspore, la boehmite et l'alumogel. Blanche à brun-rouge foncé, massive, terreuse, réniforme. Formée par décalcification à partir de roches calcaires (bauxites calcaires) ou par l'altération de roches silicatées sous climat tropical (bauxites silicatées). Gisements : Vogelsberg/Hesse/Allemagne, Les Baux-de-Provence, Gant/Hongrie, Guyane.

Gibbsite [1] hydrargillite

chimie : $Al(OH)_3$	couleur : incolore, blanche, teintes variées
dureté Mohs : 2½-3½	trait : blanc
densité : 2,3-2,4	éclat : vitreux, nacré
clivage : très parfait	transparence : transparente à translucide
cassure : flexible, tenace	système cristallin : monoclinique

Cristaux petits, tabulaires. Agrégats généralement écailleux, fibroradiés, botryoïdes, en croûtes verruqueuses. Mode de gisement : comme composant de la bauxite et des sols tropicaux (latérites, terra rossa). Gisements : voir ci-dessus à bauxite.

Diaspore [2]

chimie : AlOOH	couleur : incolore, blanc, légèrement teinté
dureté Mohs : 6½-7	trait : blanc
densité : 3,3-3,5	éclat : vitreux, nacré
clivage : très parfait	transparence : transparent à translucide
cassure : conchoïdale, fragile	système cristallin : orthorhombique

Cristaux petits, tabulaires, rares. Agrégats feuilletés, rayonnants, également en masses compactes. Composant des bauxites calcaires, des roches métamorphiques et des sols tropicaux latéritiques. Gisements : Tessin/Suisse, Greiner/Tyrol/Autriche, Grèce.
Böhmite (AlOOH) Semblable au diaspore en bien des points.
Alumogel Kliachite (AlOOH + eau) Masse amorphe, blanche ou colorée.

Magnésite [4] giobergite

chimie : $MgCO_3$	couleur : incolore, blanche, grise, brunâtre
dureté Mohs : 4-4½	trait : blanc
densité : 2,9-3,1	éclat : vitreux
clivage : très parfait	transparence : transparente à translucide
cassure : conchoïdale, fragile	système cristallin : rhomboédrique

Cristaux rares. Agrégats granuleux spathiques, ou finement granuleux à massifs. Dans les roches métamorphiques et les dolomies. Gisements : Carinthie, Tyrol/Autriche, Rép. tchèque/Slovaquie, Istrie/Croatie, Grèce, Corée, Chine. Utilisée comme matière première pour des matériaux de construction hautement réfractaires, comme isolant et comme source de magnésium.

---

1 Gibbsite, Minas Gerais/Brésil
2 Diaspore, Nevada/États-Unis
3 Bauxite, Istrie/Croatie
4 Magnésite, Toscane/Italie

1
2
3
4

Minéraux radioactifs

Les plus connus sont l'autunite, la brannérite, la carnotite (p. 120), la monazite (p. 152), la torbernite, la thorite, l'uranocircite, l'uranophane et la pechblende. L'uranium et le thorium sont utilisés pour la production d'énergie nucléaire.

Torbernite [1] chalcolite

chimie : $Cu[UO_2|PO_4]_2.8\text{-}12H_2O$	couleur : vert gazon
dureté Mohs : 2-2½	trait : vert pâle
densité : 3,3-3,7	éclat : vitreux, nacré
clivage : parfait	transparence : translucide
cassure : irrégulière	système cristallin : quadratique

Cristaux tabulaires et minces. Agrégats écailleux, et en croûtes. Très radioactive. Dans la zone d'oxydation des gîtes d'uranium. Gisements : Erzgebirge/Allemagne, Massif central, Rép. démocratique du Congo, Utah/États-Unis. Indicatrice d'uranium.

Uranophane [2] uranotile

chimie : $CaH_2[UO_2|SiO_4].5H_2O$	couleur : jaune
dureté Mohs : 2½	trait : jaune clair
densité : 3,8-3,9	éclat : vitreux, nacré
clivage : parfait	transparence : translucide
cassure : fragile	système cristallin : monoclinique

Cristaux aciculaires. Agrégats fibroradiés, parfois aussi feutrés. Très radioactif. Dans les gîtes d'uranium et les druses granitiques. Gisements : Haut-Palatinat, Erzgebirge/ Bohême/Rép. tchèque, Rép. démocratique du Congo, Nouveau Mexique/ États-Unis.

Autunite [3] mica calcique d'uranium

chimie : $Ca[UO_2|PO_4]_2.8\text{-}12H_2O$	couleur : jaune tirant sur le verdâtre
dureté Mohs : 2-2½	trait : jaunâtre
densité : 3,2	éclat : vitreux, nacré
clivage : parfait	transparence : translucide
cassure : irrégulière, fragile	système cristallin : quadratique

Cristaux tabulaires. Agrégats fasciculés. Très radioactive. Dans les gîtes d'uranium. Gisements : Erzgebirge/Allemagne, Autun/Saône, Rép. démocratique du Congo.

Uraninite [4] pechblende

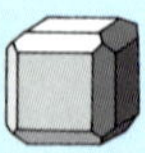

chimie : UO_2	couleur : noire
dureté Mohs : 4-6	trait : noir, brunâtre, verdâtre
densité : 9,1-10,6	éclat : gras, mat
clivage : aucun	transparence : opaque
cassure : conchoïdale, fragile	système cristallin : cubique

Les cristaux et les agrégats cristallins (uraninite) présentent des cubes et des octaèdres, les formes compactes (pechblende s. s.) sont réniformes, pulvérulentes (néopechblende, noir d'urane). Fortement radioactive. Mode de gisement : dans les roches acides, les pegmatites, les grès. Gisements : Haut-Palatinat, Erzgebirge/ Allemagne, Ontario/Canada, Colorado/États-Unis. Important minerai d'uranium.

---

1 Torbenite, Poppenreuth//Allemagne
2 Uranophane, Nouveau-Mexique/États-Unis
3 Autunite sur quartz, Erzgebirge/Allemagne
4 Pechblende, Wölsendorf/Allemagne

1
2
3
4

Monazite [3]

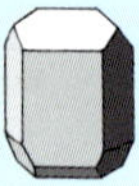

chimie : $Ce[PO_4]$	couleur : jaune à brun sombre
dureté Mohs : 5-5½	trait : blanc
densité : 4,6-5,7	éclat : résineux
clivage : parfait	transparence : translucide à opaque
cassure : conchoïdale, fragile	système cristallin : monoclinique

Cristaux tabulaires et épais, inclus dans la roche ou libres, souvent maclés, contenant presque toujours du thorium, et par là souvent radioactifs. En grains disséminés dans les roches magmatiques acides et les pegmatites associées, dans les gneiss, et surtout dans les placers fluviatiles et littoraux. Gisements : Travancore/Inde du Sud, Sri Lanka, Esperito Santo/Brésil, Province du Cap/Afrique du Sud. Source importante de thorium et de cérium.

Minéraux sulfurés

La pyrrhotine, la marcassite, la pyrite et le soufre natif sont des minéraux sulfurés. Le soufre est utilisé pour la fabrication de l'acide sulfurique. Les industries chimiques, pharmaceutiques, du caoutchouc et du papier consomment de grandes quantités d'acide sulfurique.

Pyrrhotite [1,2] pyrrhotine, pyrite magnétique

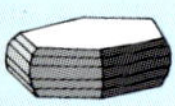

chimie : FeS	couleur : brun-jaune
dureté Mohs : 4	trait : gris-noir
densité : 4,6	éclat : métallique
clivage : imparfait	transparence : opaque
cassure : irrégulière, fragile	système cristallin : hexagonal

Cristaux petits, tabulaires, rares. Agrégats grossièrement feuilletés, en rosettes, le plus souvent en masses grossièrement granuleuses à massives ; souvent sous forme disséminée. Magnétique. Dans les roches plutoniques basiques, les skarns, dans des filons et des amas, rarement dans les roches métamorphiques. Gisements : Bodenmais/Forêt de Bavière, Freiberg/ Saxe/Allemagne, Trepča/Kosovo, Suède moyenne, Minas Gerais/Brésil. Utilisée parfois comme matière première pour la fabrication d'acide sulfurique. Associée à la pentlandite (p. 114), important minerai de nickel.

Soufre natif [4]

chimie : S	couleur : jaune, brunâtre, tirant sur le verdâtre
dureté Mohs : 2	trait : blanc
densité : 2,0-2,1	éclat : adamantin, résineux, gras
clivage : aucun	transparence : translucide
cassure : conchoïdale, irrégulière	système cristallin : orthorhombique

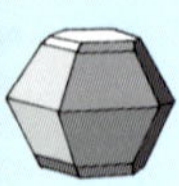

Cristaux pyramidaux, fréquents. Agrégats granuleux à compacts, fibreux, massifs, et sous forme de croûtes, de mouchetures et d'imprégnations. Souvent en milieu volcanique, déposé par les fumerolles et les sources chaudes, également dans les roches sédimentaires argileuses à marneuses. Gisements : Sicile/Italie, Texas, Louisiane/États-Unis, Japon, Indonésie. Matière première pour la production d'acide sulfurique et substance de base importante pour la fabrication de produits de lutte antiparasitaire.

1 Pyrrhotine, Waldsassen/Allemagne
2 Pyrrhotine et ankérite, Mexique
3 Monazite dans sa roche mère, Namibie
4 Soufre sur de la calcite, Sicile/Italie

1

2

3

4

Marcassite [1,2] marcassite

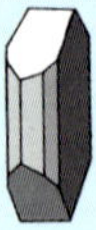

chimie : FeS_2	couleur : jaune laiton tirant sur le verdâtre
dureté Mohs : 6-6½	trait : noir verdâtre
densité : 4,8-4,9	éclat : métallique
clivage : imparfait	transparence : opaque
cassure : irrégulière, fragile	système cristallin : orthorhombique

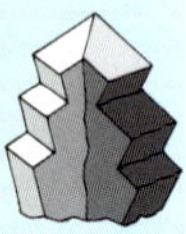

Cristaux inclus dans la roche ou libres, tabulaires, souvent groupés, macles. Recouverte d'une croûte d'altération de couleur rouille. Agrégats de groupes de cristaux, ou grossièrement rayonnants, en croûtes, sous forme de mouchetures. Substance de pétrification chez des fossiles végétaux et animaux. Dans les gîtes de pyrrhotine, dans des filons métallifères traversant des roches calcaires, sous forme de concrétions dans les roches argileuses et les lignites. Gisements : Meggen/Westphalie/Allemagne, Haute-Silésie/Pologne, Brüx/Bohême/Rép. tchèque, Kansas et Missouri/États-Unis. Utilisée avec la pyrite comme source de soufre. La marcassite peut se décomposer en anhydride sulfureux et soufre. C'est pourquoi elle doit être conservée à l'écart dans les collections. Il n'existe pas de méthode de conservation sûre. On peut la recouvrir de laque ou l'imprégner de paraffine. Il arrive souvent que cette décomposition n'intervienne qu'au bout de quelques années.

Kammkies (« caillou crête de coq »), **sapin de Noël** [1] Cristaux en croissance parallèle, formant des agrégats à bordures dentelées.

Speerkies (« caillou lancéolé ») [2] Cluster de cristaux en forme de pointes de lance.

Strahlerkies (« caillou rayonnant ») **Marcassite soleil, marcassite dollar** Agrégat finement ou grossièrement centroradié ; parfois employé en bijouterie.

Leberkies (« caillou en forme de foie ») **Rognons de marcassite** Masses compactes.

Boules de tonnerre [3] Concrétions de la taille d'une noix à celle d'une tête, à structure fibroradiée. La plupart des « boules de tonnerre » du commerce sont de la pyrite.

Pyrite [3-5]

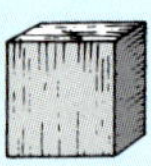

chimie : FeS_2	couleur : jaune laiton, irisations fréquentes
dureté Mohs : 6-6½	trait : noir verdâtre
densité : 5,0-5,2	éclat : métallique
clivage : imparfait	transparence : opaque
cassure : conchoïdale, fragile	système cristallin : cubique

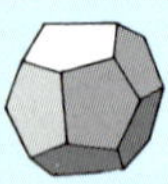

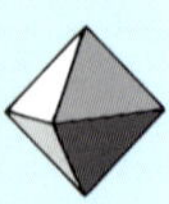

Cristaux inclus dans la roche ou libres, cubes à striation caractéristique, dodécaèdres pentagonaux, octaèdres, nombreuses combinaisons de formes. Macles par interpénétration. Présente parfois une croûte d'altération brune à rouille. Agrégats granuleux à compacts, fibroradiés, noduleux, réniformes, souvent disséminés. Substance de pétrification chez des fossiles végétaux et animaux. En gisements indépendants ou liés à des gîtes sulfurifères, dans les argiles et les calcaires, dans les couches de houille et de lignite, et comme minéral accessoire dans de nombreuses roches magmatiques. Gisements : Meggen/Westphalie, Rammelsberg/Harz/Allemagne, île d'Elbe, Piémont/Italie, Grèce, Espagne, Suède, Transvaal/Afrique du Sud, Colorado/États-Unis. La pyrite est, avec le soufre natif, une source importante de soufre, ainsi qu'un minerai d'or et de cuivre localement, car elle est souvent mélangée avec des minéraux contenant ces métaux. L'altération de la pyrite dans les gîtes sulfurifères donne naissance, dans les zones proches de la surface, au « chapeau de fer », masse de minerai de fer limonitique.

---

1 Marcassite crête de coq, Indiana/Etats-Unis
2 Marcassite en pointes de lance, Brüx/Bohême
3 Rognon de marcassite, Calais/France
4 Agrégat de pyrite, Huelva/Espagne
5 Pyrite sous forme compacte et en cristaux sur de l'hématite (roche-mère), île d'Elbe/Italie

1
2
3
4
5

Minéraux utilisés comme gemmes et pierres décoratives

Les gemmes dans la vie des hommes

Les gemmes sont connues de l'homme depuis au moins 7 000 ans. L'améthyste, l'ambre, les grenats, le jade, le lapis-lazuli, l'émeraude et la turquoise comptent parmi les plus anciennes. Les gemmes demeuraient l'apanage des couches aisées de la population et étaient symboles de statut social.
Jusque dans les temps modernes, les gemmes ont été prisées en tant qu'amulettes et talismans. Elles étaient censées éloigner le Malin, maintenir en bonne santé, attirer la bienveillance des princes, et ramener les marins chez eux. Elles avaient même une valeur curative, sous forme pulvérisée ou par simple contact.
Les gemmes occupent une place bien établie même dans les religions modernes. Le pectoral des Grands Prêtres juifs était serti de quatre rangs de gemmes. Dans les Églises chrétiennes, des gemmes ornent la tiare et la mitre du pape et des évêques, ainsi que les ostensoirs, les reliques et les icônes.
De nos jours, les parures sont destinées à satisfaire dans une mesure beaucoup plus importante qu'autrefois le plaisir personnel, le goût de la beauté et de l'harmonie. Mais il arrive souvent que la pierre précieuse, perdant toute valeur symbolique et esthétique, soit considérée comme un simple placement.

Définitions

Gemmes Elles ont toutes en commun la singularité, la beauté. Autrefois, seules quelques-unes étaient considérées comme nobles. Aujourd'hui, leur nombre est incalculable. La plupart sont des minéraux, rarement des agrégats de minéraux et on compte aussi quelques composés d'origine organique (ambre). La multiplicité des gemmes a encore augmenté du fait de la fabrication de pierres synthétiques reproduisant les pierres naturelles et de la culture de gemmes sans équivalent dans la nature.
Pierres précieuses Expression subjective désignant toute gemme de valeur. L'allemand *Edelstein* (« pierre noble ») décrit bien ces minéraux, si l'on considère le mot « noble » dans son sens moyenâgeux : « qui résiste à toutes les agressions ». Est ainsi considérée comme « précieuse » une pierre de dureté égale ou supérieure à 7 (dureté du quartz, constituant de la majeure partie des poussières), tenace (sans clivage très facile), inattaquable aux produits ménagers et de beauté courants (vinaigre, parfums, produits de nettoyage des métaux, etc.), de couleur franche et intense, d'éclat vif.
L'ancienne limitation française de l'expression « pierre précieuse » à « rubis, saphir, émeraude » est annulée depuis le 14 janvier 2002. Qualifier un rubis pierreux de pierre précieuse était d'ailleurs plutôt ridicule.
Pierres fines Toute gemme utilisable en bijouterie ; « fin » doit être pris dans son sens moyenâgeux : « de qualité supérieure », comme dans « vin fin », « lingerie fine ». Parfois encore utilisée dans le commerce pour désigner des gemmes de moindre valeur, **l'expression « pierre semi-précieuse » est interdite** par la C.I. B.J.O. (Confédération internationale de la bijouterie, joaillerie, orfèvrerie, des pierres et perles et des industries qui s'y rattachent).
Pierres décoratives ou d'ornementation Expression désignant toute pierre utilisable en ornementation ; en pratique, les minéraux et roches opaques d'aspect esthétique, soit par leur(s) couleur(s), soit par leur texture, soit par ces deux facteurs.
Pierres de couleur Expression utilisée dans le commerce pour désigner les gemmes à l'exception de l'agate et du diamant.

Insigne de la Toison d'or (1760/70), orné de diamants, rubis et grenats. Grandeur nature (Schatzkammer, Residenz, Munich/Allemagne).

Joyau Au sens large du terme, tout bijou est un joyau. On entend par joyau au sens strict un bijou composé d'une ou de plusieurs gemmes serties dans un métal précieux ; en principe, une pièce de joaillerie comporte du diamant, alors qu'une pièce de bijouterie n'en comporte pas. Des pierres taillées sans monture sont parfois appelées elles aussi joyaux.

Gemmologie Branche de la minéralogie étudiant les gemmes.

Carat Unité de masse utilisée dans le commerce des gemmes depuis l'Antiquité, mais dont la valeur variait autrefois très sensiblement (de 188 à 213 mg !) selon les places commerciales. Depuis 1907, il est rattaché au système métrique, et défini comme 200 mg ou 0,2 g. Le carat (c. m.-carat métrique, abréviation légale, ou ct.-carat, abréviation pratiquée en général) est divisé en centièmes de carat ou points. Le dixième de point immédiatement inférieur est arrondi au centième supérieur : ainsi 1.239 carat est annoncé 1.24 carat, mais 1.238 carat est annoncé 1.23 carat.
Il ne faut pas confondre la masse en carats des gemmes avec les carats (parfois orthographiés « karats ») utilisés en orfèvrerie. Pour l'or, le carat n'est pas une unité de poids, mais une unité de teneur valant 1/24. L'or d'un bijou à 18 carats est un alliage comportant 18/24 d'or (soit 750 ‰). Un or à 9 carats a une teneur de 375 ‰ d'or ; il est abusif de continuer d'appeler « or » un tel alliage.

Noms des gemmes

Les noms des gemmes les plus anciens proviennent des langues orientales, du grec et du latin. La langue grecque a également influencé la nomenclature moderne.
Les noms se réfèrent à des particularités frappantes (la couleur, surtout), à des localités ou à des soi-disant forces mystérieuses immanentes aux gemmes.
Avec l'instauration de l'approche scientifique des phénomènes naturels en minéralogie, la gemmologie gagna en objectivité. Les vagues notions occultes et mystiques furent reléguées à l'arrière-plan. Mais les gemmes conservent toujours un caractère énigmatique inexplicable. Les nombreux noms à consonance étrangère employés dans le commerce contribuent à entretenir ce phénomène. Bien des noms de fantaisie, induisant délibérément en erreur, sont utilisés pour inciter à l'achat en créant une aura de mystère et l'illusion de pierres de plus grande valeur.
Il existe certes dans de nombreux pays des prescriptions légales et des recommandations pour l'appellation des gemmes, mais dans la pratique de la vente, les dispositions de ce genre sont fréquemment contournées.

Contrefaçons

De tout temps, l'homme a essayé d'imiter les gemmes. On peut regrouper les types de contrefaçons en trois catégories. Les plus anciennes sont les imitations, constituées d'une matière autre que la pierre qu'elles représentent. Les pierres composites (doublets, triplets) sont parfois formées en partie d'une gemme véritable. Les pierres synthétiques sont finalement des produits totalement artificiels, mais de même substance que la pierre imitée.

Imitations Les Égyptiens furent parmi les premiers à imiter des pierres de valeur à partir de verre et d'émail. En 1758, un Strasbourgeois établi à Paris, Joseph Strasser, fabriqua un verre au plomb susceptible d'être taillé et évoquant à s'y méprendre le diamant. Nommées strass, ces imitations de diamants sont toujours dans le commerce. De nombreuses imitations de gemmes se sont répandues depuis. Un simple verre à vitres facetté suffit pour un bijou fantaisie bon marché, tandis qu'on utilise un cristal artificiel ou du flint fortement réfringent pour une imitation produisant un meilleur effet. La porcelaine, les résines synthétiques et le plastique sont également utilisés pour la fabrication d'imitations. Les imitations n'ont de commun avec l'original que l'aspect coloré. Seuls les cristaux synthétiques ont des propriétés physiques extrêmement voisines des gemmes contrefaites.

Doublets et assemblages Les imitations dites doublets, triplets, quadruplés sont parfois constituées en partie d'une gemme naturelle ou d'un cristal artificiel, combinés soit avec d'autres gemmes, soit avec des minéraux non précieux ou du verre. Lorsque l'imitation est constituée de deux parties, on parle de doublet, lorsqu'elle est faite de trois parties, de triplet. La teinte recherchée est généralement fournie par le ciment coloré reliant entre eux les différents composants. Des doublets confectionnés avec soin peuvent être difficiles à reconnaître comme tels, surtout quand leur joint est caché par le serti. Un autre procédé consiste à assembler des éclats de gemmes naturelles afin d'obtenir une plus grande taille (par exemple par fusion pour l'ambre, par inclusions dans du plastique pour la turquoise, etc.).

Pierres synthétiques (synthèses) Il y a des siècles que l'homme rêve de produire des pierres imitant les gemmes véritables. Cet espoir fut réalisé à la fin du XIXe siècle par un chimiste français, A.-V. Verneuil, qui réussit à obtenir les premiers rubis synthétiques économiquement valables. Son procédé a été utilisé à grande échelle jusqu'à aujourd'hui. Le produit final de cette méthode est un corps allongé en forme de bouteille pouvant atteindre 20 cm de diamètre et 75 cm de long. Cette pierre artificielle correspond dans sa structure cristalline, sa composition chimique et ses propriétés physiques à la pierre naturelle et il est difficile pour le profane de faire la différence. Des reproductions synthétiques de bonne qualité de presque toutes les gemmes sont maintenant commercialisées. En 1955, la première synthèse du diamant fut réalisée en même temps aux États-Unis et en Suède. En 1970, des diamants synthétiques de qualité gemme pesant un carat furent produits. Aujourd'hui, des diamants synthétiques incolores et d'une masse de plusieurs carats sont produits de façon compétitive et plusieurs milliers de carats sont distribués chaque année dans le commerce de la joaillerie. Quant aux diamants artificiels de qualité industrielle, ils sont devenus indispensables et la quantité produite chaque année est le double de celle extraite des gisements diamantaires. En 1997 apparurent sur le marché des macrocristaux incolores de moissanite synthétique (carbure de silicium, dit carborundum, connu par ailleurs sous la forme de poudre abrasive noire) taillés en taille brillant, de dureté 9½, d'aspect convaincant comme imitation de diamant, sertis sur des montures en titane et proposés à un prix abordable.

Depuis 1953, il existe des pierres synthétiques de qualité gemme sans équivalent naturel. Sous-produits de recherches sur les lasers, les réfractaires, etc., elles séduisent par leurs propriétés optiques et servent de substituts au diamant. Ce sont le titanate de strontium (dit « fabulite ») le Y.A.G. (dit « diamlite », « diamonair »), le G.G.G. (galliant), le zirkonia cubique synthétique (CZ, dit « djevalite », « phianite » ou « fianite »). Les pierres synthétiques forment un groupe particulier à côté des gemmes naturelles. Dans le commerce, l'appellation « synthétique » doit figurer impérativement.

« Bouteilles Verneuil » et pierres synthétiques taillées à partir de celles-ci.

Travail des gemmes

Jusque vers environ 1400, on ne travaillait sur les pierres transparentes que les faces cristallines naturelles et les plans de clivage. Le polissage renforçait leur éclat et améliorait leur transparence. Il y avait déjà longtemps que l'on usait les pierres opaques contre du grès dur ou sur une meule chargée d'émeri pour obtenir une surface plane ou bombée. Un acquis important du travail des gemmes est la taille à facettes, qui se développa à partir du xve siècle.

Le but de la taille est d'accentuer la couleur d'une gemme, d'en rehausser l'éclat et le jeu et aussi d'en éliminer les inclusions désagréables à l'œil. Selon la configuration des faces, on distingue la taille cabochon (surface convexe), la section polie (une seule facette plane) et la taille à facettes.

Les diverses spécialités de taille des gemmes sont la glyptique, la taille de l'agate, celle des pierres de couleur effectuée par des lapidaires et celle du diamant qui relève des diamantaires.

La glyptique La glyptique, ou art de la gravure sur pierre, comprend aussi bien la taille de reliefs que la création de petites sculptures et d'objets de décoration. Les intailles, comme les sceaux, sont gravées en creux et en « négatif » ; les camées portent des motifs en relief.

Le matériau de base est généralement une agate zonée. L'outil principal est un petit tour muni d'un arbre horizontal.

Taille de l'agate La forme de l'agate est dégrossie à l'aide d'une meule de carborundum. La taille fine se fait avec une meule en grès. Le polissage s'effectue au moyen de tambours tournant lentement sur eux-mêmes et de disques à revêtement en bois, en cuir ou en feutre. Si l'on souhaite pratiquer une taille plane ou tenir un arrondi régulier, il existe depuis quelque temps des machines qui travaillent automatiquement.

Taille des pierres de couleur Les pierres de couleur sont taillées à la grandeur voulue avec une scie circulaire munie d'un disque diamanté, puis mises en forme sur une meule de carborundum grossier. Les pierres opaques sont taillées en cabochon sur des meules de carborundum fin. La « pose » des facettes des pierres transparentes s'effectue à l'aide d'une meule tournant horizontalement, de même que leur polissage final.

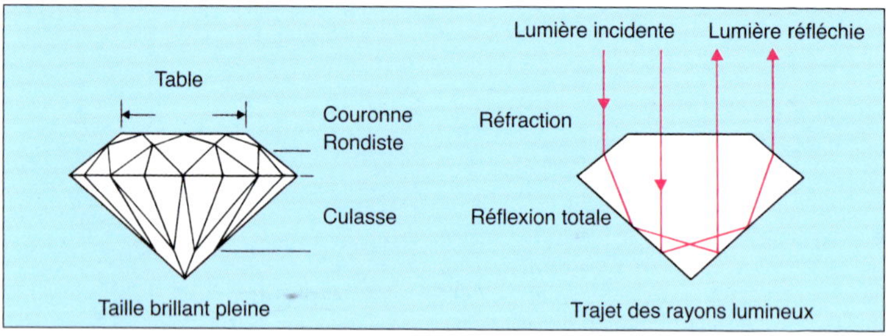

Diamant, taille brillant.

Taille du diamant Autrefois, on divisait d'abord les diamants bruts en les clivant, aujourd'hui on utilise le sciage. Ensuite, la pierre est mise en forme par usure mutuelle contre un autre diamant (ébrutage). La pose des facettes s'effectue finalement sur une meule d'acier horizontale enduite de poudre de diamant et d'huile. Dans le cas de la taille en brillant, la position des facettes est calculée de telle manière que la lumière incidente soit plusieurs fois réfléchie à l'intérieur du cristal et finalement renvoyée vers le haut. C'est ainsi qu'on obtient brillance et jeu.

Types de taille des gemmes (vues de dessus et de profil)

Pleine taille brillant Comporte la table, 32 facettes de couronne et 24 facettes de culasse. Développée spécialement pour le diamant, on l'appelle taille diamant. Le nom de brillant employé seul ne désigne que le diamant taillé comme tel, pour les autres pierres taillées en brillant, il est toujours accompagné par le nom du minéral.

Taille huit-huit Comporte la table et 8 facettes tant sur les parties supérieures qu'inférieures. Utilisée pour les petits diamants (« mêlés »).

Taille à degrés, dite taille émeraude Utilisée pour les émeraudes et quelques pierres de couleur. Forme baguette (rectangulaire) ou rectangulaire à pans (= angles) coupés. Facettes allongées aux arêtes principales parallèles aux côtés de la pierre, dont l'inclinaison augmente vers le rondiste. La culasse comporte généralement trois degrés, la couronne deux pour les petites pierres, trois pour les plus grosses.

Taille en rose Comporte une facette plane de base et un ou plusieurs rang de facettes triangulaires constituant un dôme. N'est plus pratiquée que rarement. Les roses sont retaillées en taille brillant, la facette de base constituant alors la table. Une taille analogue est la « briolette », volume de forme poire constitué de plusieurs rangs de facettes triangulaires ; la briolette est utilisée en pendentif ou en boucle d'oreilles.

Taille ciseaux Variété de la taille à degrés. Les degrés trapézoïdaux sont divisés par les « ciseaux » en 4 facettes secondaires.

Taille en table Utilisée pour les sceaux et les bagues pour hommes. Taille à degrés ne comportant qu'un étroit degré, côté couronne et côté culasse, avec une table et une colette d'importance similaire.

Cabochon Partie supérieure de forme convexe prononcée, partie inférieure plane ou légèrement convexe – légèrement concave (« chevée ») dans le cas de gemmes transparentes très foncées (tels les grenats almandins), afin de les rendre plus claires.

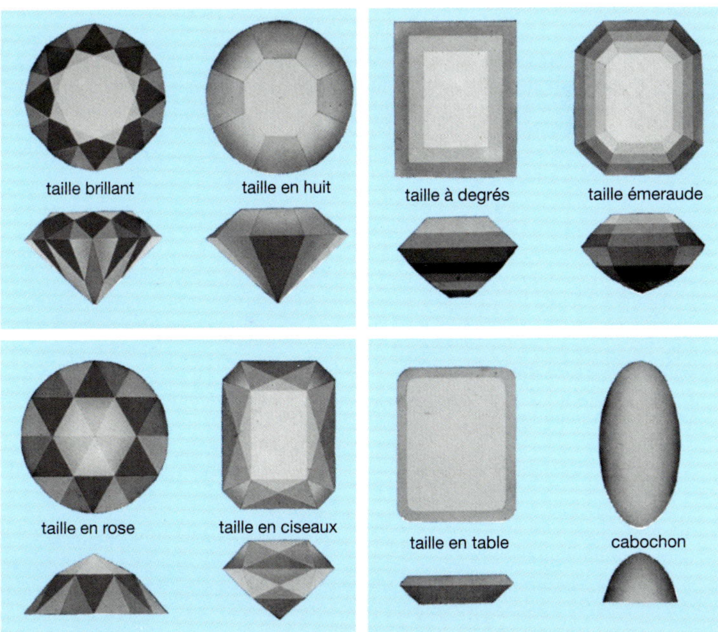

Diamant [3,12,13]

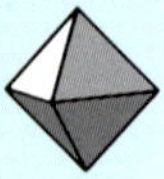

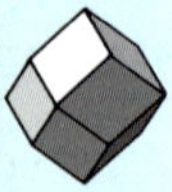

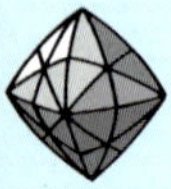

chimie : C	couleur : incolore, toutes les couleurs, même le noir
dureté Mohs : 10	trait : blanc
densité : 3,47-3,55	éclat : adamantin
clivage : parfait	transparence : transparent à opaque
cassure : conchoïdale, esquilleuse, fragile	système cristallin : cubique

Cristaux inclus dans la roche, octaèdres, dodécaèdres, cubes. Réfringence élevée, forte dispersion. Les agrégats globuleux et massifs sont appelés carbonado ou bort. Les diamants transparents et de belle couleur sont utilisés comme gemmes. Seuls 20 % de tous les diamants sont gardés pour la joaillerie. Les diamants de qualité industrielle (bort) servent à la fabrication d'appareils de sondage, de sciage et d'affûtage. Mode de gisement : à l'intérieur d'anciennes cheminées volcaniques, les pipes, ou dans des placers. Les plus importants producteurs de diamants pour la joaillerie sont le Botswana, l'Afrique du Sud, la Russie, la Namibie, l'Australie, le Canada ; les plus importants producteurs de diamants industriels sont la République populaire du Congo, la Russie et l'Afrique du Sud. Depuis 1955, la production de diamants artificiels de qualité industrielle a dépassé celle des diamants naturels.

Corindon [15-18]

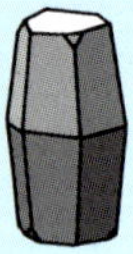

chimie : Al_2O_3	couleur : incolore, teintes variées
dureté Mohs : 9	trait : blanc
densité : 3,97-4,05	éclat : vitreux
clivage : aucun	transparence : transparent à opaque
cassure : conchoïdale, esquilleuse, fragile	système cristallin, rhomboédrique

Cristaux inclus dans la roche, tabulaires, columnaires, en tonnelets. Parfois astérisme [1,4]. Agrégats cristallins et masses compactes, spathiques. Dans les roches plutoniques et les pegmatites associées, dans les roches carbonatées et dans des placers.

Corindon commun Légèrement trouble. Abrasif et matériel de polissage.

Emeri Mélange de corindon cristallin, de magnétite, d'hématite et, entre autres, de quartz ; abrasif. Gisements : Turquie, Grèce, Massachusetts/États-Unis.

Corindon noble Corindon propre à être utilisé comme gemme : rubis et saphir.

Rubis [10,17,18] Variété rouge de corindon. Mode de gisement : dans les marbres dolomitisés et dans des placers. Gisements : Myanmar, Thaïlande, Sri Lanka, Tanzanie. On trouve sur le marché des rubis synthétiques [4,14].

Saphir [5-8, 15, 17] Tous les corindons de qualité gemme et de couleur autre que rouge soutenu. Les corindons bleus sont nommés saphirs ; les corindons de couleur différente saphirs avec indication de la couleur : saphir rose, saphir violet, saphir jaune, etc. On nomme leucosaphirs les saphirs incolores, padparadscham [6] les saphirs jaune orangé. Mode de gisement : généralement dans les placers. Gisements : Australie, Myanmar, Sri Lanka, Thaïlande. Saphirs synthétiques sur les marchés [1,2,11].

---

1 Saphir étoilé synthétique
2 Saphir synthétique
3 Diamant, Afrique du Sud
4 Rubis étoilé synthétique
5 Triplet de saphir synthétique
6 Saphir padparadscham, Sri Lanka
7 Saphir, Mogok/Myanmar
8 Saphir, Mogok/Myanmar
9 Zirconia, utilisé comme substitut du diamant
10 Rubis, Thaïlande
11 Corindon synthétique
12 Cristal de diamant, Ghana
13 Cristal de diamant, Rép. du Congo
14 Rubis synthétique
15 Cristaux de saphir, Australie et Myanmar
16 Cristaux de corindon, Sri Lanka
17 Rubis dans sa matrice, Canada
18 Cristaux de rubis, Myanmar

1
2
3
4
5
6
9
10
7
8
13
11
12
14
15
16
17
18

Béryl [10]

chimie : $Al_2Be_3[Si_6O_{18}]$	couleur : incolore, couleurs variées
dureté Mohs : 7½-8	trait : blanc
densité : 2,63-2,91	éclat : vitreux
clivage : imparfait	transparence : transparent à opaque
cassure : conchoïdale, irrégulière, fragile	système cristallin : hexagonal

Cristaux inclus dans la roche ou libres, en prismes allongés, rarement tabulaires. Parfois en agrégats compacts, bacillaires. Dans les filons pegmatitiques des roches granitiques et dans les placers. Gisements : Corée-du-Sud, Inde, Brésil, Australie occidentale. Minerai important pour l'extraction du béryllium.

Béryl commun Légèrement trouble, ne possédant pas la qualité gemme.
Béryl noble Variété de belle couleur pouvant être utilisée comme gemme.

Émeraude [1,2,8] Variété verte de béryl. Souvent troublée par des inclusions. Dans les filons pegmatitiques ou à proximité. Extraite presque uniquement à partir de la roche-mère, rarement dans les placers. Gisements : Muzo et Chivor/Colombie, Brésil, Zimbabwe, Transvaal/Afrique du Sud, Habachtal/Salzbourg/Autriche. Depuis une quinzaine d'années, on trouve des émeraudes artificielles sur le marché et également des imitations sous forme de triplets [1].

Aigue-marine [3,4,12] Variété bleue de béryl. Roches-mères : pegmatites et granites. Gisements : Brésil, Nigéria, Australie, Myanmar, Inde, Sri Lanka. Les pierres appelées aigues-marines synthétiques sont en réalité des spinelles synthétiques.

Béryl doré [5] Béryl noble de couleur jaune citron à jaune d'or.
Goshénite Béryl noble incolore.
Héliodore Béryl noble de couleur vert-jaune clair.
Morganite (ou vorobiévite) Béryl noble de couleur rose tendre à violette.

Chrysobéryl [6,11] cymophane

chimie : Al_2BeO_4	couleur : jaune, verdâtre, brunâtre
dureté Mohs : 8½	trait : blanc
densité : 3,70-3,72	éclat : vitreux, gras
clivage : imparfait	transparence : transparent à translucide
cassure : conchoïdale, fragile	système cristallin, orthorhombique

Cristaux inclus dans la roche, tabulaires et épais. Dans les pegmatites, les schistes et les placers. Gisements : Sri Lanka, Myanmar, Oural/ Russie, Minas Gerais/Brésil. Utilisé localement comme minerai de béryllium. Les variétés de belle couleur sont des gemmes.

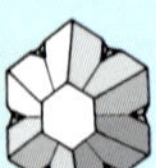

Alexandrite [7,9] Chrysobéryl de qualité gemme. Verte au jour, rouge à la lumière artificielle. Macles cylindriques par accolement fréquents. Gisements : Sri Lanka, Zimbabwe, Myanmar, Brésil. Il existe des imitations de couleur alexandrite (souvent du corindon synthétique), et de l'alexandrite synthétique.
Œil-de-chat Variété de chrysobéryl chatoyant. Seule gemme chatoyante pouvant être simplement désignée « œil de chat ». Gisements : Sri Lanka, Brésil, Chine.

1 Triplet béryl-ciment vert-béryl
2 Émeraude, Muzo/Colombie
3 Aigue-marine, Madagascar
4 Aigue-marine, Minas Gerais/Brésil
5 Béryl doré, Sri Lanka
6 Chrysobéryl, Minas Novas/Brésil
7 Corindon synthétique de couleur d'alexandrite
8 Émeraude en sa roche-mère, Chivor/Colombie
9 Alexandrite, Novello Claims/Zimbabwe
10 Béryl en sa roche-mère, Utah/États-Unis
11 Chrysobéryl (jaune) et grenats (rouges), États-Unis
12 Aigue-marine dans quartz, Brésil

1
2
3
4
5
6
7
8
9
10
11
12

Spinelle [1-3, 15]

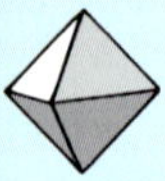

chimie : Mg,Al_2O_4	couleur : incolore, toutes les couleurs
dureté Mohs : 8	trait : blanc
densité : 3,58-3,61	éclat : vitreux
clivage : imparfait	transparence : transparent à opaque
cassure : conchoïdale, fragile	système cristallin : cubique

Cristaux octaédriques, inclus dans la roche, petits, maclés. Dans les roches calcaires, les roches magmatiques, les schistes, les placers. Gisements : Sri Lanka, Myanmar, Thaïlande. Gemme (spinelle noble). Il existe des spinelles synthétiques [3, 4].
Pléonaste (ceylanite) Spinelle noir, opaque.

Topaze [5, 10, 13, 16]

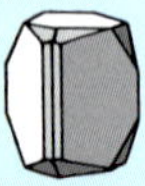

chimie : $Al_2(F_2SiO_4)$	couleur : incolore, jaune, brune, bleue,verte, rouge
dureté Mohs : 8	trait : blanc
densité : 3,53-3,56	éclat : vitreux
clivage : parfait	transparence : transparente à translucide
cassure : conchoïdale, fragile	système cristallin : orthorhombique

Cristaux prismatiques, libres. Dans les roches magmatiques acides, les greisens, les placers. Gisements : Allemagne, Brésil, Sri Lanka, Myanmar, Pakistan. Gemme (topaze noble). Chauffée, change de couleur. Les topazes irradiées et chauffées de couleur bleu intense sont radioactives.
Topaze dorée Appellation commerciale **interdite** pour des améthystes brûlées.

Zircon [7, 11, 12, 14]

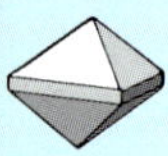

chimie : $Zr[SiO_4]$	couleur : brun, rouge, jaune, vert, bleu, incolore
dureté Mohs : 6½-7½	trait : blanc
densité : 3,9-4,8	éclat : adamantin, gras
clivage : imparfait	transparence : transparent à opaque
cassure : conchoïdale, fragile	système cristallin : quadratique

Cristaux columnaires courts, inclus dans la roche ou en grains roulés. Les zircons verts métamictes sont parfois radioactifs, comme certains zircons non-gemmes. Comme minéral accessoire dans de nombreuses espèces de roches, dans les placers. Gisements : Norvège, Cambodge, Myanmar, Thaïlande, Sri Lanka. Important minerai de zirconium, gemme. On obtient des pierres incolores ou bleues [11] en le chauffant.
Hyacinthe Variété de zircon jaune orangé à brun-rouge.
Starlite Variété bleue de zircon. Le n° 11 est un zircon chauffé à couleur de starlite.
Jargon Variété incolore à jaune pâle de zircon.
Zirconia [6] Gemme synthétique, remplace peu à peu le zircon et le diamant.

Grenats [8, 9] Voir également p. 80-81. Gemmes de toutes les couleurs sauf bleu.

1 Spinelle, Mogok/Myanmar
2 Spinelle, Sri Lanka
3 Triplet spinelle synthétique-ciment vert-spinelle synthétique
4 Spinelle synthétique couleur topaze jaune
5 Topaze, Minas Gerais/Brésil
6 Oxyde de zirconium cubique synthétique, dit CZ ou « Zirconia ».
7 Zircon, Sri Lanka
8 Pyrope, variété de grenat, Bohême
9 Almandin, variété de grenat, Sri Lanka
10 Morganite en sa roche mère, Utah/États-Unis
11 Zircon traité thermiquement, Sri Lanka
12 Cristal de zircon, Brésil
13 Cristal de topaze, Minas Gerais/Brésil
14 Zircon et biotite dans quartz, Norvège
15 Spinelle (pléonaste) dans calcite, Madagascar
16 Topaze sur quartz, Saxe/Allemagne

1
4
6
8
2
3
5
7
9

10
11
12
13
14
15
16

Tourmalines [2-6]

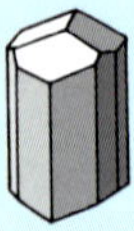

chimie : $(Na,Li,Ca)(Fe_2,Mg,Mn,Al)_3$ $Al_6[(OH)_4|(BO_3)_3|Si_6O_{18}]$	cassure : conchoïdale, irrégulière, fragile
dureté Mohs : 7-7½	couleur : incolore, toutes les couleurs
densité : 3,02-3,26	trait : blanc
clivage : aucun	éclat : vitreux
	transparence : transparente à opaque

Cristaux (système rhomboédrique) libres ou non, allongés, striation verticale, section triangulaire. Agrégats compacts, bacillaires. Mode de gisement : dans les roches magmatiques acides et les pegmatites associées, les calcaires et les schistes, les placers. Gisements : Sri Lanka, Madagascar, Brésil, Mozambique.

Les tourmalines constituent un groupe de cristaux mixtes (séries isomorphiques) dont les principaux termes extrêmes sont :

Elbaïte Tourmaline sodo-lithique
Liddicoatite Tourmaline calco-lithique
Buergérite Tourmaline sodo-ferrifère
Dravite Tourmaline sodo-magnésienne
Schorl Tourmaline sodo-ferrifère
Uvite Tourmaline calco-magnésienne

La tourmaline est une gemme très répandue. Certaines variétés colorées d'elbaïte et de liddicoatite ont reçu des appellations commerciales spécifiques :

Achroïte incolore ou presque
Indigolite tous les tons de bleu
Rubellite rose à rouge
Verdélite tous les tons de vert

Spodumène [7, 8]

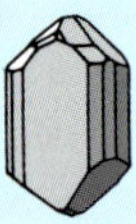

chimie : $LiAl[Si_2O_6]$	couleur : gris-blanc, incolore, vert, violet
dureté Mohs : 6-7	trait : blanc
densité : 3,16-3,20	éclat : vitreux, nacré
clivage : parfait	transparence : transparent à translucide
cassure : irrégulière	système cristallin : monoclinique

Cristaux prismatiques, tabulaires. Agrégats spathiques, en larges baguettes. Dans les pegmatites granitiques. Gisements : Écosse, Suède, Madagascar, Brésil, Myanmar. Source importante de lithium. Les variétés de belle couleur sont des gemmes.

Hiddénite Variété vert-jaune à vert de spodumène. Gemme.
Kunzite Variété rouge-rose à violette de spodumène. Gemme.

Jadéite [10]

chimie : $NaAl[Si2O_6]$	couleur : verte, autres couleurs également
dureté Mohs : 6½-7	trait : blanc
densité : 3,30-3,36	éclat : vitreux
clivage : imparfait	transparence : translucide à opaque
cassure : irrégulière, esquilleuse, très tenace	système cristallin : monoclinique

Cristaux très rares, en prismes courts. En agrégats feutrés, fibreux. Dans les schistes cristallins et sous forme de galets roulés. Gisements : Myanmar, Yunnan/Chine, Japon. Utilisée pour la sculpture et la confection d'objets d'art.

Chloromélanite [9] Variété de jadéite tachetée de vert à noir.
Jade Mot collectif désignant la jadéite et un minéral voisin, la néphrite (p. 86).

1 Jadéite vert clair et vert foncé, Taïwan
2 Tourmaline verte, Brésil
3 Tourmaline verte et rouge, Madagascar
4 Cristaux de tourmaline, Brésil
5 Tourmaline, section de cristal, Mozambique
6 Tourmaline, variété rubellite, Californie/États-Unis
7 Hiddénite, Minas Gerais/Brésil
8 Kunzite, Brésil
9 Chloromélanite, Myanmar
10 Jadéite, Chine

1
2
3
4
5
6
7
8
9
10

Péridot [1-3] chrysolite

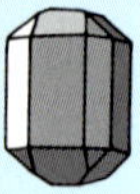

Dans le commerce des gemmes, on entend par péridot ou chrysolite une variété gemme de l'olivine. En minéralogie, les deux noms sont synonymes d'olivine. Description minéralogique p. 52, sous olivine. La couleur du péridot est vert-jaune, vert olive ou brun verdâtre. Mode de gisement : dans les roches magmatiques basiques, les serpentinites, ou, en gisement secondaire dans les grès. Gisements : île volcanique de Zebirget (St. John)/mer Rouge, Mogok/Haute- Myanmar, Queensland/Australie, Brésil, États-Unis, Afrique du Sud.

Thulite [4]

Variété gemme de zoïsite, rouge, massive. Description minéralogique p. 82, sous zoïsite. Se rencontre dans les roches métamorphiques. Gisements : Norvège moyenne et méridionale, Namibie, Australie occidentale, Caroline-du-Nord/États-Unis.

Tanzanite [5, 6]

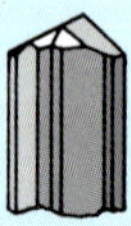

Variété gemme bleue et transparente de zoïsite. Description minéralogique p. 82, sous zoïsite. La couleur des pierres de bonne qualité est bleu outremer à bleu saphir, tirant sur le violet améthyste à la lumière artificielle. Le bleu devient plus foncé lorsqu'on chauffe la pierre à 400-500 °C ; la plupart des tanzanites sont ainsi traitées thermiquement. Mode de gisement : dans des filons et des remplissages de fissures dans des gneiss. Localité unique dans le nord de la Tanzanie, près d'Arusha. La tanzanite n'a été découverte qu'en 1967 et a été ainsi dénommée, d'après son pays d'origine, par la firme de joaillerie Tiffany de New York.

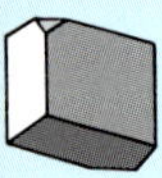

Pierre de lune [7]

Variété gemme d'adulaire transparente à translucide à reflets brun jaunâtre ou bleutés. Description minéralogique p. 40, sous orthose. Se rencontre dans les pegmatites. Gisements : Sri Lanka, Inde, Madagascar, Myanmar, Australie, États-Unis, Brésil. La pierre de lune ne provient pas de la Lune ; son nom évoque le clair de lune. Il existe également des effets pierres de lune similaires avec d'autres feldspaths, comme l'albite et le labrador.

Amazonite [8, 9]

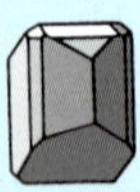

Variété gemme de microcline, opaque, verte à vert bleuâtre. La couleur est généralement irrégulière. Description minéralogique p. 40, sous microcline. Se rencontre dans les roches granitiques, les pegmatites granitiques. Gisements : Colorado/États-Unis, Monts de l'Ilmen/Oural, Madagascar, Namibie, Inde, Brésil.

Feldspath aventuriné [10] pierre de soleil

Variété gemme orange à brun-rouge d'oligoclase. Description minéralogique p. 42, sous plagioclase. Ses reflets métalliques caractéristiques sont dus à des inclusions de goethite et d'hématite provoquant des phénomènes d'interférence avec la lumière. Se rencontre dans les roches magmatiques acides et dans les gneiss. Gisements : Norvège du Sud, États-Unis, Canada, Inde, Russie. À ne pas confondre avec le quartz-aventurine [n° 1 et 4, p. 177], aussi appelé aventurine.

1 Péridot poli au tonneau, Afrique du Sud
2 Péridot taillé, Myanmar
3 Galets de péridot roulés, Arizona/Etats-Unis
4 Boules de thulite, Namibie
5 Tanzanite taillée, Arusha/Tanzanie
6 Tanzanites à l'état brut, Arusha/Tanzanie
7 Pierres de lune polies, Namibie
8 Amazonite légèrement polie, Norvège
9 Amazonite taillée en cabochon, Norvège
10 Aventurine polie, Norvège

1
2
3
4
5
6
7
8
9
10

Rhodonite [1]

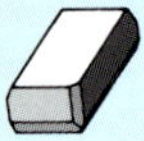

chimie : $CaMn_4[Si_5O_{15}]$	couleur : rose, rouge, taches et veines noires
dureté Mohs : 5½-6½	trait : blanc
densité : 3,40-3,73	éclat : vitreux, nacré
clivage : parfait	transparence : transparente à opaque
cassure : conchoïdale, irrégulière, fragile	système cristallin : triclinique

Cristaux tabulaires, prismatiques, rares. Agrégats grossièrement spathiques, massifs. Dans les schistes et les gîtes manganésiens. Gisements : France, Oural/Russie, Inde, Madagascar. Fabrication d'objets d'art ; occasionnellement, minerai de manganèse.

Lapis-lazuli [2] lazurite

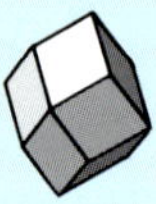

chimie : $Na_6Ca_2[(S,SO_4,Cl_2)_2|Al_6Si_6O_{24}]$	couleur : bleu lazurite, violet, bleu-vert
dureté Mohs : 5-6	trait : bleu clair
densité : 2,38-2,42	éclat : vitreux, gras
clivage : aucun	transparence : opaque
cassure : conchoïdale, fragile	système cristallin : cubique

Cristaux de lazurite très rares, inclus dans la roche. Masses finement granuleuses, massives, comportant de petits cristaux de pyrite et des veines de calcite. Roche constituée de plusieurs minéraux dont la lazurite est le composant essentiel ; les autres minéraux sont la pyrite, la calcite, le diopside, l'haüyne, la sodalite, le mica. Se rencontre en métamorphisme de contact associé à des marbres. Gisements : Afghanistan, Chili, Russie, Californie/États-Unis. Utilisé comme gemme et pour la fabrication d'objets précieux.

Turquoise [3] callaïte

chimie : $CuAl_6[(OH)_2|PO_4]_4.4H_2O$	couleur : bleu ciel, bleu-vert
dureté Mohs : 5-6	trait : blanc
densité : 2,6-2,8	éclat : cireux, vitreux
clivage : aucun	transparence : opaque
cassure : conchoïdale, irrégulière, fragile	système cristallin : triclinique (crypto-cristaux)

Cristaux, très rares et minuscules. Masses très finement granuleuses botryoïdes, enduits. Dans des fentes de trachytes et de grès. Gisements : Iran, Samarkand/ Ouzbékistan, Sinaï/Égypte, États du sud-ouest des États-Unis (« ceinture de cuivre »).
Odontolite Défenses de mammouths fossilisées, pseudomorphosées en phosphates, prenant leur teinte turquoise par traitement thermique. Gisements : Gers (F), Sibérie.

Malachite [4]

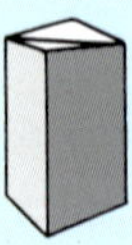

chimie : $Cu_2[OH)_2CO_3]$	couleur : vert clair, vert-noir
dureté Mohs : 3½-4	trait : vert clair
densité : 3,75-3,95	éclat : vitreux, soyeux, mat
clivage : parfait	transparence : translucide à opaque
cassure : testacée, esquilleuse, fragile	système cristallin : monoclinique

Cristaux aciculaires, rares. Agrégats compacts, réniformes, à surface concrétionnée, rubanés, fibroradiés. Se rencontre dans la zone d'oxydation des gîtes cuprifères. Gisements : Oural/Russie, Rép. du Congo, Australie, Chili, Namibie, Arizona/États-Unis. Utilisée comme gemme et pour la fabrication d'objets précieux.

1 Rhodonite, New Jersey/États-Unis
2 Lapis-lazuli, Badakhschan/Afghanistan
3 Turquoise, Nouveau-Mexique/États-Unis
4 Lame de malachite polie, Katanga/Rép. du Congo

1
2
3
4

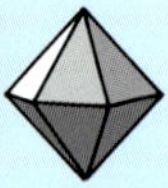

Cristal de roche [5]

Variété macrocristalline incolore du groupe du quartz. Description minéralogique p. 36. Fort répandu. Utilisé sur des bijoux régionaux traditionnels, ou de mode, et en imitation de diamant sous des noms illégaux (diamant du Rhin, diamant d'Alençon).

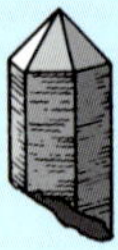

Améthyste [1,11]

Variété macrocristalline violette du groupe du quartz. Description minéralogique p. 36. Les tons les plus intenses s'observent à la pointe des cristaux. Couleurs pouvant pâlir. En chauffant, prend des teintes jaunes, vertes ou devient incolore. Gisements : Brésil, Uruguay, Inde, Madagascar, Montana, Californie/États-Unis. Des améthystes synthétiques parfois très grosses, souvent russes, sont commercialisées depuis 1975.

Quartz-améthystin [2]

Forme compacte de l'améthyste. Zonations ou stries dues à des alternances de quartz laiteux. Description minéralogique p. 36. Gisements : Brésil, Uruguay, Madagascar, Namibie, Oural/Russie.

Citrine [3, 4, 12]

Variété macrocristalline jaune à brunâtre du groupe du quartz. Description minéralogique p. 36. Les citrines naturelles sont jaune pâle [4]. La plupart des citrines proposées sur le marché ont des reflets rougeâtres [3, 12] : ce sont des améthystes ou des quartz fumée traités thermiquement. Dans le commerce, les citrines sont souvent illégalement qualifiées de noms trompeurs : topaze ou topaze de Bahia, topaze dorée, topaze de Madère, de Palmyre, de Rio Grande. Ces dénominations sont interdites. Les citrines de couleur naturelle sont rares. Gisements : État de Bahia, Minas Gerais/Brésil, Colorado/États-Unis, Madagascar, Oural/Russie, Espagne, France, Écosse.

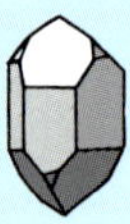

Quartz fumée [6, 7, 10]

Variété macrocristalline de quartz de couleur fumée. Description minéralogique p. 36. La couleur varie de brun à noir. Souvent proposé dans le commerce sous l'appellation fallacieuse et illégale de topaze brûlée. Le quartz fumée peut se décolorer à des températures de 300 à 400 °C. Gisements : Suisse, Brésil, Colorado, Madagascar.
Morion Variété de quartz enfumé très sombre à noire, opaque.

Quartz rose [8, 9]

Variété de quartz de couleur rose due à d'infimes cristallites aciculaires de rutile, et de ce fait toujours translucide, trouble. Habituellement compact. Cristaux très rares. Description minéralogique p. 36. Couleur tirant parfois sur le violet, pouvant pâlir. La taille en cabochon peut faire apparaître une étoile à six branches. Gisements : Forêt de Bavière, Pleystein/Haut-Palatinat/Allemagne, Minas Gerais/Brésil, Madagascar, Inde.

Prasiolite

Variété de quartz vert poireau, produite par le chauffage d'améthystes violettes ou de citrines jaunes. Seuls quelques quartz provenant de Minas Gerais/Brésil et de l'Arizona/États-Unis deviennent verts par traitement thermique.

1 Améthyste, Inde
2 Quartz-améthyste, Madagascar
3 Citrine chauffée, Inde
4 Citrine naturelle, Inde
5 Cristal de roche, Japon
6 Quartz enfumé, Brésil
7 Quartz enfumé, Inde
8 Quartz rose grossièrement poli, Madagascar
9 Quartz rose, Minas Gerais/Brésil
10 Quartz enfumé, Grisons/Suisse
11 Améthyste, Rio Grande do Sul/Brésil
12 Citrine chauffée, Brésil

1
3
6
5
2
4
7
8
9
10
12
11

Aventurine [1,4] quartz-aventuriné

Variété compacte de quartz à reflets métalliques. Description minéralogique p. 36. Des inclusions de fuchsite (mica) lui confèrent une couleur vert moyen à vert sombre, celles de petites paillettes d'hématite, une teinte rouge à brune. Gisements : Inde, Brésil, Oural, Sibérie/Russie, Tanzanie. À ne pas confondre avec le feldspath-aventuriné (« pierre de soleil ») [n° 10, p. 171], appelé également aventurine en raccourci.

Prase [6]

Variété de quartz compacte, vert poireau. Description minéralogique p. 36. Couleur liée à ses inclusions d'actinote. Gisements : Erzgebirge/Allemagne, Salzbourg/Autriche, Finlande, Écosse, Caroline-du-Nord/États-Unis, Australie occidentale. Il arrive que du jaspe couleur vert poireau soit également appelé prase.

Quartz bleu

Variété compacte de quartz, généralement d'un bleu laiteux, pouvant être occasionnellement limpide, transparente à translucide. Description minéralogique p. 36. Couleur due à des inclusions de fibres de crocidolite ou de dumortiérite. Gisements : Salzbourg/Autriche, Scandinavie, Brésil, Afrique du Sud, Virginie/États-Unis.

Quartz chatoyant dit « quartz œil-de-chat »

Agrégat compact de quartz de couleur blanche, grise, verdâtre ou brunâtre, à reflet chatoyant en forme de pupille de chat. Ce chatoiement, apparaissant très nettement dans la taille en cabochon, est dû à des inclusions finement fibreuses d'asbestes de riébeckite (voir p. 86) agencées parallèlement. Provenances : Sri-Lanka, Inde. Ne pas confondre avec le véritable œil-de-chat qui est une variété de chrysobéryl (voir p. 164).

Œil-de-faucon [3]

Agrégat finement fibreux de riébeckite, silicifié, bleu-gris à bleu-vert, à reflets chatoyants et montrant un phénomène de chatoyance par une taille en cabochon. Cette texture s'interprète comme une pseudomorphose partielle de crocidolite en quartz. Description minéralogique p. 36. Cassure fibreuse, éclat soyeux. Gisements : Griqualand/Orange/Afrique du Sud, Australie occidentale, Myanmar, Inde, Californie/États-Unis.

Œil-de-tigre [5]

Agrégat finement fibreux de riébeckite altérée en crocidolite, silicifié, interprétable comme une pseudomorphose en quartz, formée à partir d'œil-de-faucon. Description minéralogique p. 36. Cassure fibreuse, éclat soyeux. La couleur jaune d'or provient de la limonite issue de l'altération de l'amphibole. Chatoyance obtenue par une taille en cabochon. Se rencontre associé à l'œil-de- faucon dans des emplissages de fissures, sous forme de plaques de quelques centimètres d'épaisseur seulement, les fibres asbestiformes de l'œil-de-tigre étant disposées perpendiculairement aux parois de la fissure. Lorsque la limonite se transforme en hématite, on parle d'« œil de fer ». Gisements : Griqualand/Orange/Afrique du Sud, Australie occidentale, Myanmar, Inde, Californie/États-Unis.

---

1 Aventurine polie, Afrique du Sud
2 Œil-de-tigre poli, Afrique du Sud
3 Œil-de-faucon, Orange/Afrique du Sud
4 Aventurine grossièrement polie, Warmbrunn/Silésie/Pologne
5 Œil-de-tigre, Orange/Afrique du Sud
6 Prase polie, Norseman/Australie occidentale

1
2
3
4
5
6

Calcédoine [1,2] *sensu stricto*
Variété microcristalline bleuâtre du groupe du quartz. Description minéralogique p. 38. La calcédoine naturelle n'est pas zonée [1]. On trouve également dans le commerce des agates à stries parallèles, colorées artificiellement en bleu et présentées sous le nom de calcédoines. Gisements : Namibie, Brésil, Uruguay, Inde, Madagascar.

Agate [3]
Variété microcristalline zonée de quartz aux couleurs variées, minéralogiquement une calcédoine. Description minéralogique p. 38. Généralement translucide en plaques minces, sinon opaque. Sous forme de dépôts globulaires ou amygdalaires dans des roches effusives basiques. Les zonations sont dues à une cristallisation cyclique. L'altération produit une croûte blanche dans la couche externe et les couches supérieures. La partie interne des géodes d'agate est souvent tapissée de cristaux bien formés (par exemple cristal de roche, améthyste, quartz enfumée, calcite, hématite, sidérite). Gisements : Brésil, Uruguay, Chine, Inde, Madagascar, Mexique, États-Unis.
À l'état naturel, la plupart des agates ont des couleurs grisées et des zonations peu visibles. C'est par teintures que sont développées leurs couleurs et mise en évidence leur texture : en fonction de leur porosité, leur teneur en eau et leur état de cristallisation, les différentes couches prennent plus ou moins la teinture, ce qui permet d'obtenir diverses couleurs. Utilisations : objets d'art, pierres pour bijoux, camées et gravures à partir d'agates rubanées à plusieurs couches. Du fait de sa ténacité et de sa résistance chimique, l'agate est utilisée en technique (mortiers, couteaux de balance). Il existe de multiples noms de variétés selon les couleurs et l'aspect des couches :
Agate rubanée, agate zonée Lits en bandes parallèles à la couche externe.
Agate enhydre Géode d'agate emplie d'eau luisant à travers la paroi. Peut perdre son eau en atmosphère chaude et sèche.
Nicolo, agate nicolo. Alternance de couches sombres et incolores, taillée en cabochon pour évoquer un œil.
Agate iris Couches très fines, de l'ordre du micromètre, provoquant des irisations.
Agate-fortifications Texture évoquant des bastions d'anciennes places fortes.
Agate caniculée Agate parcourue de canicules.
Sardonyx Agate rubanée à strates alternativement brunes et blanches.
Agate bréchique Agate fracturée, ressoudée par des processus naturels.

Chrysoprase [5]
Variété microcristalline verte du groupe du quartz. Calcédoine minéralogiquement (p. 38). Couleur liée à la présence intergranulaire de microcristaux verts, népouite (p. 114) pour la chrysoprase *sensu stricto*, nickélifère, fuchsite pour la chrysoprase *sensu lato*, chromifère. Les grands échantillons sont craquelés, de couleur irrégulière. Peut pâlir. Possibilité de rafraîchir la couleur en entreposant l'échantillon dans un lieu humide. Gisements : Queensland/ Australie, État de Goyaz/Brésil, Californie/États-Unis, Afrique du Sud, Inde, Madagascar. Beaucoup des chrysoprases du commerce sont des calcédoines teintes (teinture chromifère), abusivement appelées « agates vertes ».

Jaspe [4]
Roche siliceuse ornementale, calcédoine (p. 38). Associées à des minéraux (jusqu'à 20 % de la roche) qui déterminent la couleur, celle du trait (jaune ocre, brun à rouge, ou blanc) et la texture. De couleurs variées, rubané, tacheté ou chiné. Noms commerciaux : basanite (jaspe noir), plasma (jaspe vert), silex (jaspe brun/rouge). Gisements : Allemagne, Dauphiné, Inde, Oural/Russie, États-Unis. Fabrication d'objets précieux.

1 Calcédoine, Namibie
2 Calcédoine dénommée jaspe rubané, en fait agate teintée, Brésil
3 Agate, Idar-Oberstein/Palatinat/Allemagne
4 Jaspe, Idar-Oberstein/Palatinat/Allemagne
5 Chrysoprase, Californie/États-Unis

1
2
3
4
5

Cornaline [1,2]
Variété microcristalline de quartz rouge à brun-rouge du groupe des calcédoines. Description minéralogique p. 38. La plupart des cornalines sur le marché sont des agates teintées à structure rubanée [2], les cornalines authentiques ayant en transparence une répartition nébuleuse de la coloration [1]. Gisements : Inde, Brésil, Uruguay.

Sardoine [3]
Variété de calcédoine brun-rouge. Il n'existe pas de délimitation nette entre les sardoines et les cornalines.

Jaspe sanguin [4] pierre des martyrs, héliotrope
Variété de quartz microcristallin appartenant au groupe des calcédoines, opaque, vert sombre, contenant des inclusions punctiformes rouges. Description minéralogique p. 38. La couleur ne résiste pas toujours à la lumière. Utilisé en chevalières, et pour sculpter des sujets religieux. Gisements : Inde, Australie, Brésil, Chine, États-Unis.

Agates dendritiques [6] agate arborisée, agate mousse, etc.
Calcédoine incolore à gris-blanc, translucide, présentant des dessins en forme d'arbres ou de fougères, appelés dendrites. Ce sont des dépôts bruns à noirs de fer et de manganèse formés le long de fissures microscopiques. Description minéralogique p. 38. Gisements : Rio Grande do Sul/Brésil, Inde, États-Unis.

Onyx
En gemmologie, onyx signifie calcédoine brun très sombre : un onyx est une sardoine si foncée qu'elle en paraît noire. Le terme s'applique aussi aux agates bicolores à couches blanc et brun très sombre ; si la couche colorée est brune, on parle de sardonyx. Dans le commerce des bibelots, les calcaires festonnés translucides aux teintes délicates (voir p. 286), principalement des concrétions, sont désignés par le terme marbre-onyx, lequel devient abusivement et fallacieusement onyx sous forme raccourcie.

Opale
L'opale appartient au groupe du quartz. Les trois variétés sont : l'opale commune opalescente, l'opale noble iridescente et l'opale de feu rouge orangé. Description p. 38.

Opale noble [8,9]
L'iridescence, jeu de couleurs variant selon la position de la pierre, caractérise l'opale noble. Les causes en sont des phénomènes d'interférence provoqués par le réseau d'un empilement de petites boules de même diamètre de cristobalite, maintenues par un gel de silice. La pierre se craquelle lorsque sa teneur en eau diminue. On peut retarder le vieillissement de l'opale et maintenir le jeu de couleurs en la conservant dans de la ouate humide. Gisements : Australie, Brésil, Guatemala, Honduras, Nevada/États-Unis. Depuis 1970, il existe des opales synthétiques.
Opale blanche [9] Incolore, hors son jeu de couleurs.
Opale noire [8] Ton foncé en raison de minéraux argileux dans la structure des boules.

Opale de feu [5,6]
Couleur rouge flamme. Pas d'opalescence, plutôt trouble à laiteuse, rarement limpide et transparente. Ne pas confondre avec la cornaline. Gisements : Hidalgo et Queretaro/Mexique, Brésil, Guatemala, Honduras, États-Unis, Australie orientale.

1 Cornaline polie, Inde
2 Cornaline teintée, Uruguay
3 Sardoine polie, Inde
4 Héliotrope poli, Kathiavar/Inde
5 Opale de feu polie, Mexique
6 Opale de feu à l'état brut, Mexique
7 Agate dendritique polie, Inde
8 Opale noire dans sa matrice, Cooper Pedy/Australie méridionale
9 Opale blanche, Queensland/Australie

1
2
3
4
5
6
7
8
9

Variscite [1] utahlite

chimie : $Al[PO_4].2H_2O$	couleur : vert-jaune, bleuâtre, incolore
dureté Mohs : 4-5	trait : blanc
densité : 2,52	éclat : vitreux, cireux
clivage : parfait	transparence : translucide à opaque
cassure : conchoïdale, fragile	système cristallin : orthorhombique

Cristaux tabulaires ou en prismes courts, petits, rares. Sous forme de nodules fibro-radiés, croûtes. Onctueuse au toucher. Dans les fissures et sous forme de remplissages de cavités dans les roches riches en aluminium. Gisements : Plauen/Vogtland/Allemagne, Steiermark/Autriche, Utah, Arkansas/États-Unis, Queensland/Australie.

Chrysocolle [2]

chimie : $(Cu,Al)_2H_2[(OH)_4|Si_2O_5].n\ H_2O$	couleur : vert, bleu
dureté Mohs : 2-4	trait : blanc verdâtre
densité : 2,0-2,2	éclat : vitreux, gras
clivage : aucun	transparence : translucide à opaque
cassure : conchoïdale, fragile	système cristallin : pas de cristaux, amorphe

Agrégats à l'aspect de gel, botryoïdes, stalactiformes. Dans la zone d'oxydation des gîtes cuprifères. Gisements : Californie, Idaho/États-Unis, Mexique, Chili, Rép. du Congo. Important minerai de cuivre localement. Silicifiée, utilisée comme pierre décorative. **Pierre d'Eilat** Mélange de chrysocolle, turquoise et pseudomalachite, décorative.

Azurite [3] « bleu de montagne »

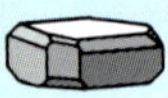

chimie : $Cu_3[OH|CO_3]_2$	couleur : bleu sombre
dureté Mohs : 3½-4	trait : bleu clair
densité : 3,7-3,94	éclat : vitreux
clivage : parfait	transparence : transparente à opaque
cassure : conchoïdale, irrégulière, fragile	système cristallin : monoclinique

Cristaux inclus dans la roche ou libres, columnaires, tabulaires et épais, riches en facettes. Agrégats rayonnants, réniformes, terreux. Dans la zone d'oxydation des gîtes de cuivre. Gisements : Chessy près Lyon, Tsumeb/Namibie, Swerdlowsk/Oural, Katanga/Rép. du Congo, Arizona/États-Unis. Utilisée en gemme ou pierre décorative. **Azurite-malachite** Association d'azurite et de malachite utilisée comme gemme et pierre ornementale.

Dioptase [4]

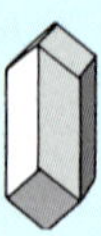

chimie : $Cu_6[Si_6O_{18}].6H_2O$	couleur : vert émeraude
dureté Mohs : 5	trait : vert
densité : 3,28-3,35	éclat : vitreux
clivage : parfait	transparence : transparente à translucide
cassure : conchoïdale, irrégulière, fragile	système cristallin : rhomboédrique

Cristaux prismatiques courts, comprimés, libres dans des druses ; également sous forme d'encroûtements. Dans la zone d'oxydation des gîtes cuprifères, dans des filons de calcite et de dolomie. Gisements : Namibie, Katanga/Rép. du Congo, Kazakhstan/Russie, Chili, Arizona/États-Unis. Utilisé parfois comme gemme.

1 Variscite, High Run Mine/ Australie occidentale.
2 Chrysocolle, Zacatecas/Mexique.
3 Azurite sur de la malachite, Arizona/États-Unis.
4 Dioptase, Tsumeb/Namibie.

1
2
3
4

Perles [1-3] – Perles de culture

Les perles fines sont sécrétées par des bivalves, plus rarement par des gastéropodes. Elles ont jusqu'à la taille d'un œuf de pigeon. Elles sont constituées de nacre (aragonite – CO_3Ca – mélangée à une substance organique, la conchyoline). Principaux bancs perliers : golfe Persique, golfe de Mannar entre le Sri-Lanka et l'Inde, côtes de l'Amérique centrale et du nord de l'Australie. Dureté Mohs 3-4. Densité 2,60-2,78.
Depuis 1906, des « huîtres perlières » (pinctadines ou méléagrines) sont élevées dans des baies marines, puis « greffées » afin de produire des « perles de culture », d'abord en Australie (détroit de Torres), puis au Japon (environs de Kobé), et ensuite en divers pays (les perles de culture du Myanmar sont particulièrement attrayantes) ; leur réelle commercialisation date des années 1920. Depuis 1960, des unios (« moules d'eau douce ») sont élevées dans le même but, d'abord au lac Biwa (Japon), puis en Chine ; le prix de revient de ces perles de culture d'eau douce est nettement moins élevé que celui des perles de culture de mer, aussi occupent-elles maintenant, en quantité, la première place de ce marché. Pays producteurs : Chine, Japon, Australie septentrionale et occidentale, plusieurs États de l'Asie du Sud-Est. Dureté Mohs 3-4. Densité 2,7-2,8.

Ambre [6] succinite

Résine fossile de conifères ($C_{10}H_{16}O$). Se présente sous forme de nodules homogènes ou écailleux. Aspect souvent trouble du fait de nombreuses petites bulles et fissures. Un traitement thermique permet d'éliminer ces bulles. La majeure partie de l'ambre commercialisé est ainsi traité. Contient parfois en inclusion des insectes ou des fragments de plantes. Mode de gisement : dans les argiles ou sous forme de dépôts de plage. Gisements : Prusse orientale/Russie ainsi que les autres pays riverains de la Baltique, Roumanie, Sibérie, Myanmar, Canada. Dureté Mohs 2-2½. Densité 1,05-1,09.
En frittant de petits morceaux d'ambre, on obtient de l'ambroïde, terme qui prête à confusion ; il est préférable d'employer les termes « ambre pressé », où de petits morceaux d'ambre restent visibles, et « ambre fondu », où tout l'ambre a été fondu en une seule masse. De nombreuses résines artificielles imitant l'ambre sont commercialisées ; à l'exception des polystyrènes, elles sont plus denses que l'ambre.

Coraux [4,5,7,8]

Squelettes externes de petits polypiers de la famille des corallium, qui excrètent une substance calcaire par leur sole pédieuse et construisent, en se développant, de nombreuses ramifications [7,8] dont la couleur rose à rouge est due au carotène lié à leur carbonate de calcium. Ils édifient des récifs, des atolls et des bancs pouvant, sous l'eau, atteindre une hauteur de 300 m. Seules les branches des divers corallium sont utilisées en bijouterie et ornementation. À l'état brut, les fragments ont un éclat mat ou cireux, qui devient vitreux lorsqu'ils sont polis. Lieux de vie : côtes de la Méditerranée occidentale, golfe de Biscaye, îles Canaries, archipel malaisien, îles Midway, Japon. Dureté Mohs 3-4. Densité 2,6-2,7.
Les coraux noirs et bleu sombre – famille des antipathaires – ont un squelette externe constitué d'une substance organique cornée ; densité env. 1,34-1,46. Protégés par la Convention de Washington depuis 1982, pêche interdite. Lieux de vie : archipel malaisien, mer Rouge.

1 Perles de culture de couleur crème, Japon
2 Perle de culture de couleur argentée, Japon
3 Perle de culture baroque (irrégulière)
4 Corail rose, poli, Malaisie
5 Corail rouge, poli, Taïwan
6 Ambre, Palmnicken/Prusse orientale/Russie
7 Branches de corail blanc, Italie du Sud
8 Branche de corail rouge, Sicile

1
2
3
4
5

6
7
8

Roches

Introduction à la pétrographie

Les roches dans la vie des hommes

Dès le début de l'histoire de l'humanité et durant des millénaires, les roches ont été, avec le bois et l'os, le principal matériau pour la confection d'outils et d'armes. Les métaux demeurèrent pendant longtemps inconnus. Certaines roches furent très tôt recherchées consciemment en vue d'une utilisation bien définie. On a prouvé l'existence d'une carrière de silex datant de 50 000 ans.

L'histoire culturelle de nombreuses populations est étroitement liée aux roches modelant leur environnement. Le développement d'une culture n'est pas le même dans un pays rocheux que dans les plaines alluviales des grands fleuves. L'homme apprit rapidement à apprécier les diverses possibilités d'utilisation de la pierre, que ce soit pour la construction, la sculpture ou l'ornementation.

L'architecture de bien des villes et villages montre clairement que l'utilisation des matériaux s'est faite en fonction du sous-sol ou des régions avoisinantes. La construction en brique domine dans le nord de l'Allemagne où la roche n'affleure que rarement ; la vieille ville de Berne possède les tons jaune verdâtre des grès de la région ; dans les régions à volcanisme récent ou ancien, les maisons sont bâties avec des roches volcaniques sombres.

De nos jours, malgré l'acier et le béton, la pierre naturelle conserve une certaine importance. Par rapport à autrefois, son utilisation fait l'objet d'un choix plus conscient, en tant que matériau décoratif destiné aux revêtements de façades, de cages d'escalier ou de salles importantes.

Les noms des roches

La nomenclature des roches est encore plus confuse que celle des minéraux, des gemmes et des minerais. Certaines roches doivent leur nom à des caractéristiques extérieures, d'autres, à des localités ou à des régions, et d'autres encore, à leur composition minéralogique. À cela s'ajoute par-dessus le marché un flot d'appellations commerciales tout à fait particulières, dépourvues de signification, erronées ou induisant en erreur. Il n'existe pas de nomenclature à laquelle il est obligatoire de se conformer pour les roches. Des efforts pour développer une classification valable et reconnue sur le plan international sont mis en œuvre depuis des années et produisent des premiers résultats. Les roches plutoniques, en 1972, et les roches volcaniques, en 1976, ont été classées, définies et dénommées par l'International Union of Geological Sciences (sous-commission de l'IUGS) à l'aide du « diagramme de Streckeisen ». En pratique, il existe certes des appellations utilisées d'une façon générale pour de nombreux autres groupes de roches, mais leurs définitions sont souvent comprises différemment. Contrairement aux minéraux, les espèces de roches ne se forment pas les unes à côté des autres. Il existe, au contraire, toutes les transitions entre les roches génétiquement voisines. L'établissement de normes et la subdivision d'un corps rocheux en différentes espèces de roches sont des démarches purement intellectuelles.

Carrière de calcaire dans le Jura franconien.

Définitions

Roche Assemblage naturel d'innombrables éléments appartenant à une ou plusieurs espèces minérales. Forme des corps géologiques indépendants de grande extension. Dans les sciences de la Terre, il est question de roche, et non de pierre.

Roche primitive Expression erronée désignant les roches plutoniques et certaines roches métamorphiques, considérées autrefois comme les plus anciennes formations de la croûte terrestre.

Rocher (« Fels ») **Au sens large,** masse rocheuse affleurante, compacte, de taille importante. **Au sens étroit,** le terme « Fels » désigne toute roche métamorphique non litée (p. 318). Ne pas confondre avec « felsique » (p. 193).

Roche indurée et roche meuble Masse rocheuse durcie (par ex. grès, conglomérats) provenant de roches meubles, non cohérentes (par ex. sable, graviers).

Pierre naturelle Appellation désignant des roches provenant de carrières naturelles employées dans la construction de bâtiments. Les « pierres préfabriquées » sont au contraire des matériaux obtenus artificiellement, comme les briques ou les parpaings de béton.

Pierre de taille Roche naturelle utilisée dans la construction après avoir été façonnée sur mesures par le tailleur de pierre.

Pierres dures et pierres tendres Appellations utilisées par les tailleurs de pierre et les techniciens du bâtiment. La délimitation entre les deux n'est pas toujours comprise de la même façon. Les pierres dures présentent des valeurs de résistance à l'écrasement situées au-dessus de 1 800 kg/cm². Ce sont les roches magmatiques, à l'exception des laves basaltiques, puis les gneiss, les amphibolites, les quartzites et les grauwackes. Chez les roches tendres, la résistance à l'écrasement se situe en dessous de 800 kg/cm². Ce sont les grès, les calcaires et les laves basaltiques. Les roches présentant des valeurs entre 800 et 1 800 kg/cm² sont dites de dureté moyenne.

Classification des roches

En pétrologie, la classification fondamentale se base sur la genèse, c'est-à-dire l'origine des roches. On distingue de la sorte trois groupes principaux : les roches magmatiques, les roches sédimentaires et les roches métamorphiques.

Les **roches magmatiques** sont le produit de la consolidation de bains silicatés fondus, appelés magmas, tant à la surface que dans la profondeur de la croûte terrestre (p. 190).

Les **roches sédimentaires** se constituent à partir de produits de la désintégration d'autres roches à la surface de la croûte terrestre (p. 260).

Les **roches métamorphiques** résultent de la transformation d'autres roches au sein de la croûte terrestre sous l'influence de hautes températures et de pressions élevées (p. 304).

Proportions des roches au sein de la croûte terrestre (d'après Ronov et Yaroshevsky, 1969 ; légèrement modifié)		**Proportions des minéraux au sein de la croûte terrestre** (d'après Ronov et Yaroshevsky, 1969 ; légèrement modifié)	
roches magmatiques	65 % en volume	plagioclase	39 % en volume
roches sédimentaires	8	feldspath alcalin	12
roches métamorphiques	27	quartz	12
en particulier :		pyroxène	11
granites	10	amphibole	5
granodiorites, diorites	11	mica	5
basaltes	43	olivine	3
		minéraux des argiles	5
		calcite	1
		autres	7

Cycle des roches

Les principaux groupes de roches procédant les uns des autres, et provenant et retournant au magma, il est possible de rassembler ces relations dans le schéma ci-dessous dit « cycle des roches ».

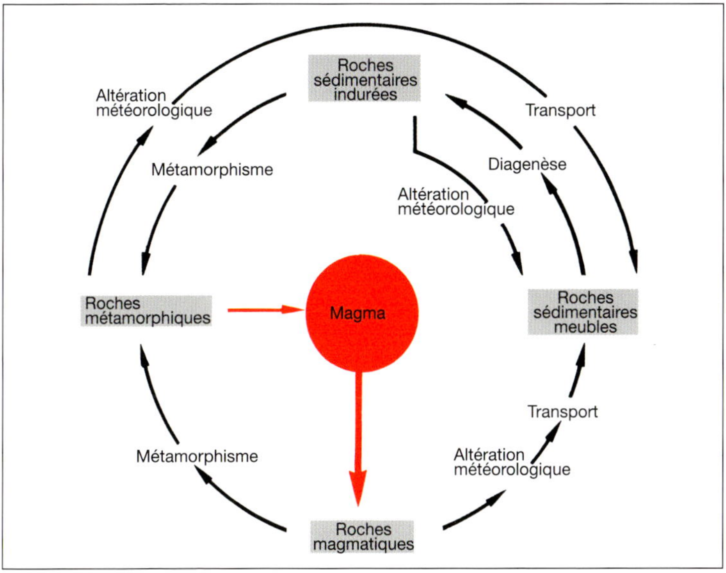

Magma Liquide incandescent de roches fondues provenant du dessous de la croûte terrestre solidifiée. Surgissant de là et pénétrant dans la croûte solide ou la perforant même jusqu'en surface. Ainsi naissent plutons et volcans, dont les roches sont rassemblées sous la dénomination « magmatites ».

Altération météorologique Décomposition, c'est-à-dire désagrégation ou dissolution d'une roche sous l'action des agents météorologiques. Selon les forces agissantes, il sera question d'altération physico-mécanique, chimique ou biologique. Ces types d'altérations se manifestent dans la nature avec des intensités différentes.

Transport Déplacement en général plus ou moins horizontal des produits de la désagrégation des roches. Conduit à la formation de sédiments (alluvions). Une sédimentation sans transport ne se produit que très localement, la roche étant totalement détruite (éluvion).

Diagenèse Transformation peu intense d'une roche, c'est-à-dire transformation d'une roche, essentiellement pour renforcer sa cohésion (induration, lithification). Concerne habituellement les sédiments, par exemple la transformation d'un sédiment meuble en un sédiment induré.

Métamorphisme Transformation intense d'une roche sous l'influence de hautes pressions et de températures élevées, avec conservation de sa cohérence. Se produit constamment sous la surface terrestre. Conduit aux roches métamorphiques.

Fusion induite Suite à l'action du magma sur une roche le jouxtant, passage de cette roche de l'état solide à l'état de fusion incandescente, et ce sur une épaisseur plus ou moins limitée. Cette vaste immersion de parties de la croûte terrestre détruit toute possibilité de renseignement sur la roche primitive. Le matériel devient une partie du magma global.

Roches magmatiques

Genèse

Les roches magmatiques proviennent du magma visqueux surchauffé de l'intérieur de la Terre. Lorsque le matériel magmatique pénètre dans les parties inférieures de la croûte terrestre, il se forme, à la suite d'un lent refroidissement, des roches plutoniques. Lorsque le magma atteint la surface du globe, ce sont des roches volcaniques qui prennent naissance à la suite d'un refroidissement relativement rapide. Les roches filoniennes sont un type de roches intermédiaire entre ces deux groupes. Comme les roches magmatiques se trouvent à l'origine du cycle d'évolution des roches (p. 189), elles sont également abusivement qualifiées de « roches primitives ».

Synonymes

Les roches magmatiques sont également appelées roches ignées, roches endogènes, ou roches éruptives. Cette dernière appellation n'est pas très heureuse car, en fait, seules les roches volcaniques se forment à la suite d'éruptions, et à ce titre, cette dénomination leur est souvent réservée, par opposition aux roches intrusives.

Teneur en silice

La teneur en silice (SiO_2) des roches magmatiques détermine dans une forte mesure leur aspect. Les roches riches en silices, dites acides, sont claires, tandis que les roches pauvres en silice, dites basiques, sont de couleur sombre.

Roches acides Roches magmatiques contenant plus de 65 % de silice.

Roches intermédiaires Roches magmatiques contenant entre 52 et 65 % de silice. Sont parfois qualifiées de neutres.

Roches basiques (« basites ») Roches magmatiques contenant moins de 52 % de silice. Lorsque cette teneur est inférieure à 45 %, on parle de roches ultrabasiques.

Les divers types de gisements du magma ascendant et des roches magmatiques.

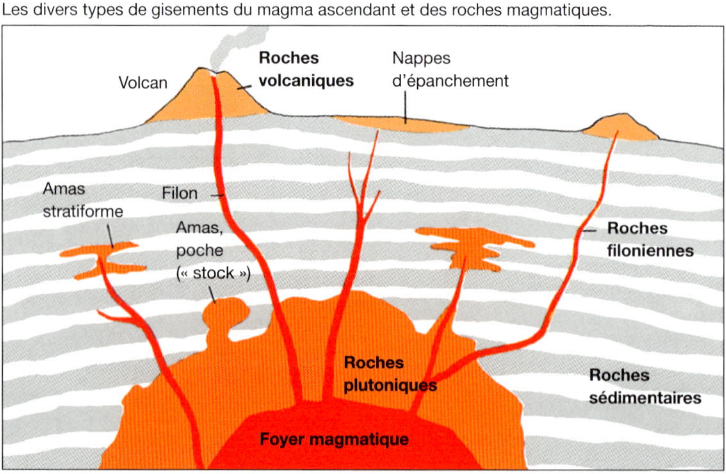

Classification et nomenclature des roches magmatiques

Il n'existe que depuis 1972 et 1976 une nomenclature scientifique internationale unifiée pour les roches magmatiques et volcaniques (p. 187). Quelques dénominations peu courantes jusqu'à présent dans le commerce ou l'industrie commencent à prendre de l'importance, tandis que certaines notions anciennes devraient être totalement abandonnées.

Pour les scientifiques, cette nouvelle nomenclature offrant des définitions claires des notions doit être saluée sans réserve. Cependant, pour les praticiens de l'industrie de la pierre et pour tous ceux qui n'ont pas de formation approfondie en minéralogie et en pétrographie, cette nouvelle classification ne représente certainement pas une amélioration des relations entre la théorie et la pratique. Ceux qui travaillent la pierre ou qui décident de son utilisation ne possèdent généralement pas les connaissances scientifiques leur permettant de comprendre la structure différenciée des définitions.

C'est pourquoi nous avons essayé, dans cet ouvrage, de simplifier la nomenclature scientifique en groupant les roches en familles, et d'établir par la même occasion des relations entre les nouveaux concepts et les anciens noms. Cette simplification a exigé, comme toute généralisation, de nombreux compromis. La base de la nouvelle classification et de la nouvelle nomenclature des roches magmatiques est le « diagramme de Streckeisen », un double triangle à partir duquel on détermine les différentes espèces de roches d'après les proportions relatives des minéraux essentiels. Cette classification différencie 16 espèces de roches plutonites et 15 espèces de roches vulcanites, ces espèces étant elles-mêmes subdivisées.

Pour simplifier, nous avons regroupé ces nombreuses espèces de roches en 5 familles. Voir à ce propos les graphiques et explications p. 192 et 193.

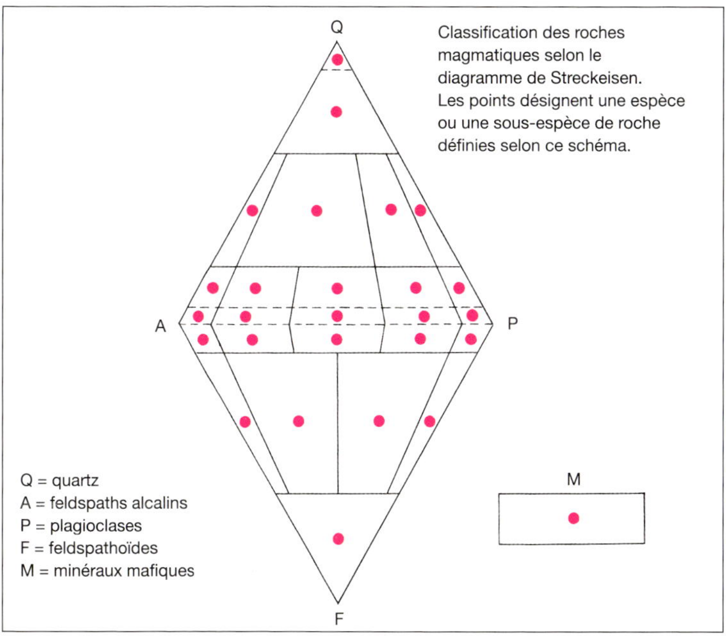

Classification des roches magmatiques selon le diagramme de Streckeisen. Les points désignent une espèce ou une sous-espèce de roche définies selon ce schéma.

Les roches magmatiques et leurs familles

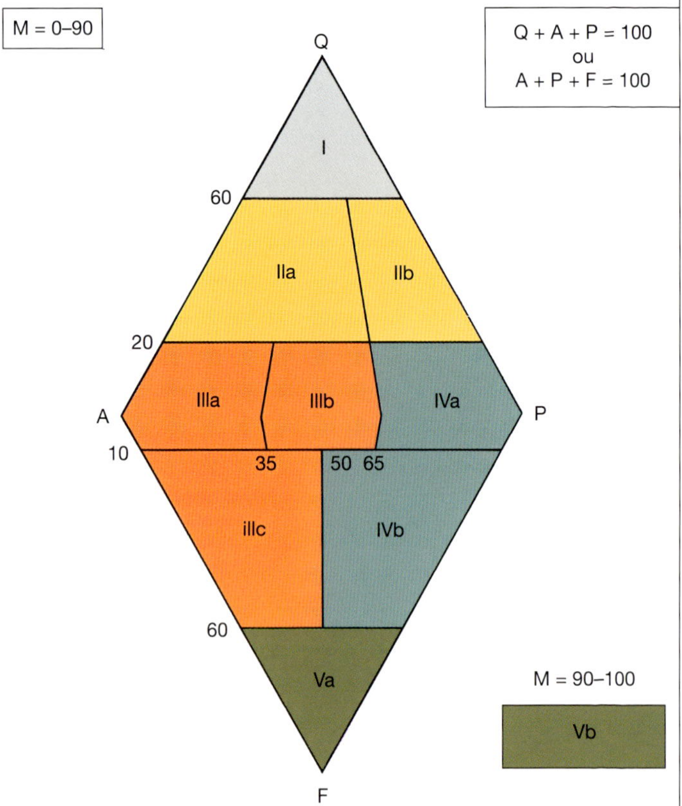

Q = quartz
A = feldspaths alcalins
P = plagioclases
F = feldspathoïdes
M = minéraux mafiques

Les chiffres représentent des pourcentages

Diagramme de Streckeisen (modifié et simplifié)

Minéraux essentiels du diagramme de Streckeisen

Quartz Quartz, tridymite, cristobalite (p. 36).

Feldspaths alcalins Orthose, microcline, perthite, anorthose, y compris l'albite de composition An_{0-5} (p. 40).

Plagioclases Albite-anorthite, à l'exclusion de l'albite de composition An_{0-5} (p. 40).

Feldspathoïdes Leucite, analcime, néphéline, sodalite, noséane, etc. (p. 42).

Minéraux mafiques (férriques, ferromagnésiens) Appellation utilisée pour désigner des minéraux silicatés de couleur sombre contenant du magnésium (Mg) et du fer (f), d'où ce qualificatif), comme la biotite, l'augite, la hornblende, l'olivine, les grenats, la mélilite. Certains ouvrages qualifient de « roches mafiques » les roches constituées de ces minéraux sombres.

Minéraux sialiques (felsiques) Appellation utilisée pour des minéraux clairs, comme le quartz, les feldspaths, les feldspathoïdes. L'adjectif « sialique » est formé sur « *si*licium » et « *al*uminium », constituants majeurs de ces minéraux ; le terme « felsique » est formé sur leur nom (*fel* pour *fel*spath et *s* pour *si*lice, constituant du quartz). Les anciens ouvrages allemands désignent parfois par « Fels » toute roche ignée claire ; actuellement, « Fels » désigne des roches métamorphiques compactes (p. 318).

	Plutonites	Vulcanites	Composants essentiels
I	famille quartzite	–	quartz
II	famille granite a) granite b) granodiorite	famille de la rhyolithe a) rhyolithe b) dacite	feldspaths + quartz
III	famille de la syénite a) syénite b) monzonite c) foyaïte	famille du trachyte a) trachyte b) latite c) phonolite	feldspaths
IV	famille diorite-gabbro a) diorite et gabbro b) essexite	famille de l'andésite et du basalte a) andésitite et basalte b) téphrite	feldspaths + feldspathoïdes
V	famille péridotite a) foïdolite b) mafitolite	famille de la picrite a) foïdite b) mafitite	feldspathoïdes

Roches filoniennes (apophyses magmatiques)

Dans la classification moderne selon le diagramme de Streckeisen, les roches filoniennes, considérées jusqu'ici comme intermédiaires entre les plutonites et les vulcanites, ne sont plus considérées comme un groupe particulier. Elles doivent être classées soit parmi les roches plutoniques, soit parmi les roches volcaniques. Les formations filoniennes sont effectivement réparties dans chacun de ces deux groupes. Dans cet ouvrage, les roches filoniennes sont encore traitées en groupe particulier (p. 256), concession faite aux praticiens, plus familiers des anciens schémas de classification. Dans plusieurs pays, les roches filoniennes sont d'ailleurs toujours considérées comme formant un groupe à part.

Principe de la classification de Streckeisen

La classification des roches magmatiques se fait selon le même schéma pour les roches plutoniques et les roches volcaniques. Dans un premier temps, la proportion des minéraux en pourcentage de volume est déterminée, ce qui permet une première distinction. Le schéma de classification du double triangle ne concerne que les roches dont la partie mafique (minéraux ferromagnésiens) ne dépasse pas 90 %. Les autres roches sont classées d'une façon différente. Pour définir la position des points se trouvant dans le double triangle, le quartz (Q), les feldspaths alcalins (A), les plagioclases (P) et les feldspathoïdes (F) sont pris en compte. Dans un premier temps, les minéraux ferromagnésiens sont négligés. La somme de Q + A + P, ou A + P + F selon le cas, est ramenée à 100 %. Comme le quartz ne peut pas se rencontrer en même temps que des feldspathoïdes dans une roche, ces deux éléments ne se mélangent pas non plus dans le double triangle. La valeur ainsi obtenue pour le quartz ou pour les feldspathoïdes est placée dans le diagramme parallèlement à la ligne de base A-P. Puis les valeurs de A et de P obtenues pour la roche sont ramenées à 100 % et placées sur la ligne A-P. Ce point est relié par une droite soit au sommet Q soit au sommet F du triangle selon le cas. L'intersection de cette ligne avec la ligne horizontale précédemment obtenue pour le quartz (ou les feldspathoïdes) donne la position de la roche dans le diagramme de Streckeisen.

Exemple

Un échantillon de roche contient :
40 % de quartz (Q),
30 % de feldspaths alcalins (A),
20 % de plagioclases (P),
8 % de biotite et 2 % de minerai.

Les 8 % de biotite et les 2 % de minerai sont d'abord négligés en tant que minéraux mafiques.

Ramenés à 100 %, cela donne :
44Q + 33A + 23P = 100.

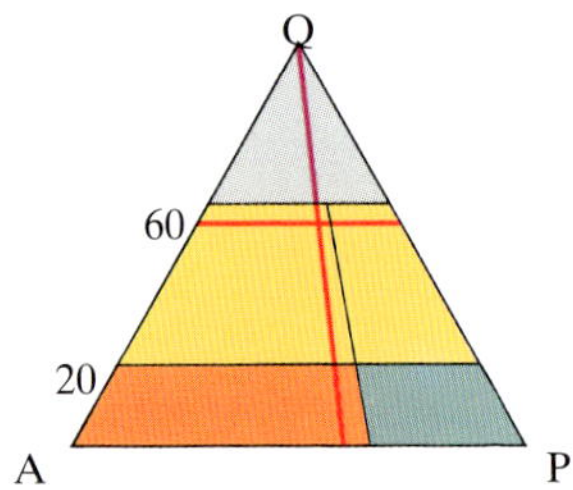

30A et 20P ramenés à 100 % deviennent : 60A + 40P = 100

Cet échantillon est donc un granite.

Classification des roches mafiques Les roches sombres contenant plus de 90 % de minéraux ferromagnésiens, non prises en compte dans le diagramme, sont classées d'après leur teneur en olivine, en pyroxène et mélilite.
S'il est relativement aisé d'estimer la part relative de chaque composant d'une roche plutonique, bien cristallisée et grenue, en s'aidant le cas échéant de lames minces observées au microscope, cette détermination est difficile pour une roche volcanique très finement cristallisée ou vitreuse. Il faut alors calculer des valeurs comparables à partir d'analyses chimiques, ce qui ne peut être effectué que par des spécialistes.

Nomenclature dans le système de classification Les noms standard des roches peuvent être précédés de caractères minéralogiques complémentaires, la manière de rédiger (emploi de substantifs ou d'adjectifs) et l'ordre de succession des termes permettant au spécialiste d'établir une classification détaillée. Les variétés de roches plus claires que la normale sont caractérisées par le préfixe « leuco », les variétés plus sombres, par le préfixe « mélano ».

Roches plutoniques

Genèse

Les roches plutoniques, ainsi nommées d'après Pluton, dieu du monde souterrain dans la mythologie grecque, se forment en profondeur à l'intérieur de la croûte terrestre. Lorsqu'un magma pénètre en masse (en intrusion) dans les couches inférieures de la croûte terrestre le long de surfaces assez importantes, il se solidifie peu à peu en donnant des roches assez grossièrement grenues, les plutonites. Du fait du refroidissement très lent s'effectuant sous une couverture épaisse de plusieurs milliers de mètres, les minéraux cristallisent parfaitement et atteignent des dimensions leur permettant d'être distingués à l'œil nu.
La pression de la couverture rocheuse empêchant la formation de vacuoles (primitivement remplies de gaz), les roches plutoniques sont très massives et leur porosité est très faible. Les cristaux ne sont pas orientés. L'ordre de cristallisation des minéraux obéit à des lois précises. Les minerais et les minéraux accessoires, comme l'apatite, le sphène, la magnétite et le zircon se forment d'abord, puis les éléments colorés, comme l'olivine, l'augite, la hornblende et la biotite, et en tout dernier lieu, le quartz. Les feldspaths cristallisent petit à petit durant tout le temps de la phase de refroidissement, les plagioclases d'abord, (anorthite à albite), puis les feldspaths potassiques (orthose).
Les premiers minéraux formés disposent de tout l'espace qui leur est nécessaire et se forment normalement, les autres doivent se contenter de l'espace restant. C'est pourquoi les feldspaths ne possèdent que rarement des formes cristallines dans les roches plutoniques, et le quartz, jamais. Lors de la formation des cristaux, les cristaux les plus denses, généralement les minéraux ferromagnésiens, sombrent dans le magma par gravitation, ce qui conduit à une zonation de la répartition des minéraux dans la chambre magmatique et, par suite, une zonation des roches : les péridotites se trouvent dans les zones les plus profondes, les gabbros, les diorites et les syénites dans les zones inermédiaires, et les granites dans les zones supérieures de l'ancien magma. Lorsqu'on trouve des roches plutoniques à la surface du globe, voire en haute montagne, cela signifie que leur ancienne couverture rocheuse a été décapée au cours du temps.

Synonymes

On désigne les roches plutoniques par diverses appellations, telles que plutonites, roches de profondeur, roches endogènes, roches cristallines, roches intrusives. L'appellation de « roches massives » s'applique aussi bien à l'ensemble des roches magmatiques qu'aux seules plutonites.

Roche plutonique à structure grenue non orientée caractéristique (granite à deux micas, Fichtelgebirge, Allemagne). Grossissement d'environ 50 %.

Roches plutoniques Familles de roches et espèces s'y rattachant

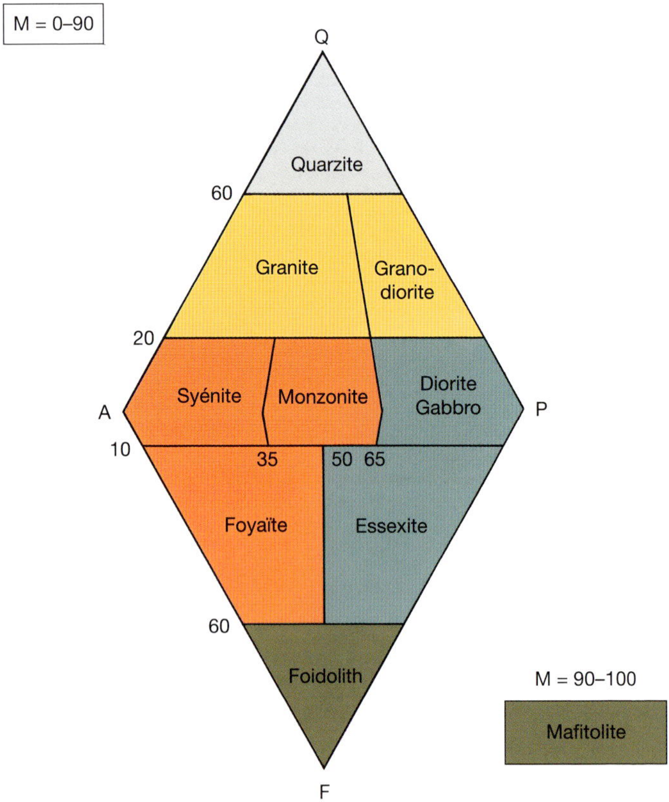

Q = quartz
A = feldspaths alcalins
P = plagioclases
F = feldspathoïdes
M = minéraux ferromagnésiens

Les chiffres représentent des pourcentages

Diagramme de Streckeisen (modifié et simplifié)

	Familles des plutonites	Subdivisions des familles de plutonites	Notoires variétés de roches (liste non exhaustive)
	famille quartzite		greisen, péracidite, arizonite, quartzite du Pfahl
	famille granite	granite	granite, granite orbiculaire, rapakivi
		granodiorite	granodiorite, trondhjémite, tonalite
	famille syénite	syénite	syénite, pulaskite, laurvikite
		monzonite	monzonite,
		foyaïte	foyaïte, shonkinite
	famille gabbro	diorite	diorite, diorite orbiculaire
		gabbro	gabbro, norite, troctolite, anorthosite
		essexite	essexite, théralite
	famille péridotite	foïdolites	ijolite
		mafitolite	dunite, péridotite, pyroxénolite, hornblendite, carbonatite

Critères de reconnaissance des roches plutoniques ou « plutonites »

1. Holocristallines, c'est-à-dire entièrement cristallisées
2. Grands cristaux reconnaissables à l'œil nu
3. Une direction généralement indétectable dans les échantillons de la grosseur d'un poing ; minéraux mélangés pêle-mêle ; textures fluidales rares
4. Très compacts ; presque aucune cavité
5. Jamais de fossiles
6. Fissures disposées perpendiculairement les unes aux autres
7. Typique forme d'altération en boules
8. Grandes montagnes de forme le plus souvent molles et doucement onduleuses (ballon vosgien)

Famille quartzite

Cette famille comprend toutes les roches occupant l'angle supérieur du diagramme de Streckeisen. On les appelle également péracidites. Au sens strict, le terme de quartzolite désigne des roches contenant plus de 90 % de quartz.

Composant essentiel : quartz 60-100 %
Minéraux accessoires : micas, feldspaths, topaze, fluorine, apatite

La genèse des quartzites est controversée. Il ne semble pas exister de formations véritablement plutoniques. Leur présence est le plus souvent liée à des pegmatites ou à des remplissages filoniens. Elles ne possèdent pas d'équivalents extrusifs. Les principales roches de ce type sont le greisen, la péracidite, l'arizonite, le quartz du Pfahl.

Greisen [4]
Roche gris clair, grenue, parfois colorée en brun par du fer. Formé par métasomatose des feldspaths à partir de roches magmatiques acides (p. ex. le granite) ou de roches métamorphiques (gneiss). Contient parfois des gisements lenticulaires d'étain, de tungstène et de molybdène. Les greisens se rencontrent le plus souvent sous la forme de remplissages filoniens de quelques centaines de mètres d'extension seulement, et, plus rarement, sous forme de poches irrégulières.
Gisements : Fichtelgebirge, Erzgebirge saxon/Allemagne, Cornouailles/Angleterre, Galicie/Espagne, Portugal.

Zwitter [1] (dénomination désuète)
Désignation primitive d'une variété de greisen à grains fins. Cette subdivision n'est plus employée actuellement, et « zwitter » est devenu synonyme de « greisen ».

Péracidite [3] silexite
Quartzite contenant plus de 90 % de quartz. Nom tiré de la localité d'origine (près de New York, aux États-Unis), où affleure, en fait, une pegmatite.
Le terme « péracidite » est parfois utilisé comme terme général à la place de quartzite.

Arizonite
Quartzite d'un gris laiteux contenant plus de 80 % de quartz, avec du mica comme minéral accidentel, de l'orthose et de l'apatite comme minéraux accessoires.

Quartzite du Pfahl [2]
Roche quartzitique grise ou d'un blanc trouble, parfois jaune brunâtre à rougeâtre du fait de la présence de fer, constituant le Pfahl, massif rocheux situé en forêt bavaroise (ill. p. 256).
Le Pfahl est pour l'essentiel un filon de 150 km de long dont la puissance peut atteindre 120 m, dégagé par l'érosion, dominant par endroits les environs d'une hauteur de plus de 100 m. Il est accompagné de nombreux petits filons de quartz.
Autrefois largement utilisé pour l'empierrement des routes même au-delà de la région, le Pfahl est actuellement un site protégé, préservé de toute nouvelle déprédation.

---

1 Zwitter, Galicie/Espagne.
2 Quartz du Pfahl, Forêt Bavaroise/Allemagne.
3 Péracidite, New York/États-Unis.
4 Greisen, Cornouailles/Angleterre.

1

2

3

4

Famille granite

Cette famille comprend le granite et la granodiorite. Les membres de ce groupe sont parfois également appelés granitoïdes ou roches quartzofeldspathiques. Ce sont les roches plutoniques les plus répandues. On expliquait autrefois la formation des roches granitiques par des processus de différenciation à partir d'un magma issu de l'intérieur de la Terre, tandis qu'actuellement, on tend plutôt à considérer que les bains fondus granitiques se forment par fusion de roches préexistantes.

Granite

Le nom granite provient du latin (*granum* = « grain »), par référence à la texture grenue de cette roche.

Minéraux clairs :	80-100 %	
comportant :	quartz 20-60 %	
	feldspaths 40-80 % comportant :	feldspaths alcalins 35-100 %
		plagioclases 0-65 %
Minéraux colorés :	0-20 %	
Minéraux accessoires :	biotite, augite, amphibole, muscovite, apatite, zircon, magnétite	

« Feldspath, quartz et mica, les trois ne s'oublient pas », dit-on couramment, en simplifiant, à propos de la composition du granite. Du fait de la présence d'une forte proportion d'éléments clairs, le granite est une roche conservant toujours un aspect clair, qu'il soit gris ou qu'il tende vers le jaune, le brun, le bleu ou le rouge. La proportion de minéraux colorés ne dépasse jamais 20 %.
Les différentes colorations proviennent de la couleur des feldspaths. Le quartz, bien qu'incolore, apparaît gris dans la roche. C'est en général l'ombre régnant dans les cavités où sont logés les quartz qui envahit les cristaux transparents et les font paraître gris. Le mica sombre (biotite) est réparti régulièrement ou accumulé en nids. Certains éléments généralement accessoires peuvent parfois, lorsqu'ils sont fortement concentrés, devenir des éléments accidentels caractéristiques de certaines variétés de granite.

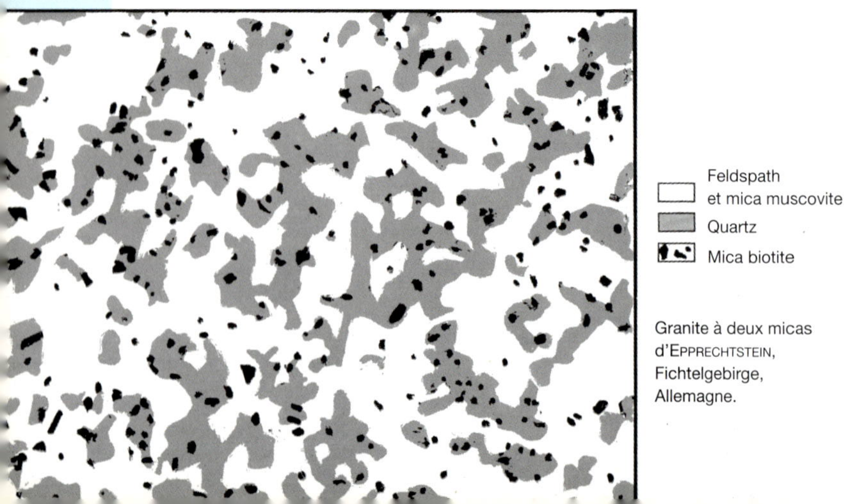

Granite à deux micas d'EPPRECHTSTEIN, Fichtelgebirge, Allemagne.

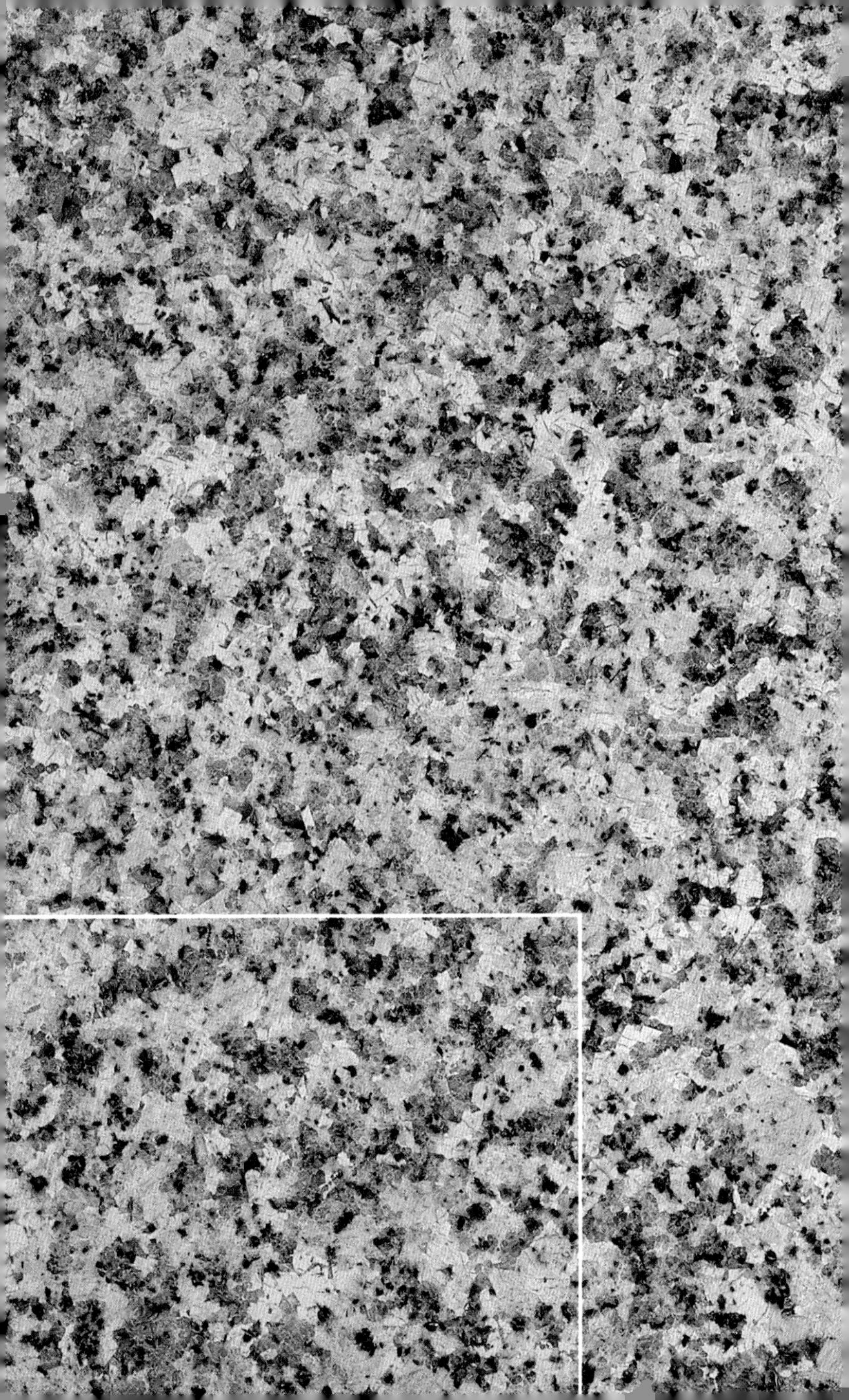

Texture La dimension des éléments est très variable. Les grains sont cependant toujours visibles à l'œil nu, et mesurent donc au moins un millimètre. Les feldspaths, surtout les feldspaths potassiques, développent parfois des cristaux parfaitement bien formés dont la taille peut atteindre plusieurs centimètres (structure porphyroïde). Le quartz ne possède jamais de formes cristallines typiques dans les granites, car il cristallise en dernier lieu lors du refroidissement du magma, et ne peut donc que remplir les cavités résiduelles. Les critères d'identification essentiels pour les granites (ainsi que pour toutes les autres plutonites) sont le désordre des minéraux, la structure compacte de la roche et l'absence presque totale de cavités.

Répartition Le granite peut aussi bien se rencontrer sous forme de complexes rocheux importants que de poches et de filons. Provenances : Forêt-Noire, Odenwald, Harz, Fichtelgebirge, Erzgebirge, Forêt de Bavière/Allemagne, Scandinavie et Finlande, Alpes centrales, Vosges et Bretagne, Pyrénées/France, Canada, Rocky Mountains/États-Unis.

Nomenclature En pétrographie, les différents granites sont désignés par leurs composants caractéristiques ou leur texture, alors que dans l'industrie du bâtiment, les appellations se basent sur la couleur ou la localité. Les appellations commerciales (voir p. 206) sont écrites en majuscules.
Granite à feldspaths alcalins Granite généralement clair à dominance (avec le quartz) de feldspaths alcalins. La proportion de plagioclases se situe en dessous de 10 %. Minéraux accessoires : principalement l'augite, l'amphibole et le zircon.
Granite à augite et à hornblende L'augite et la hornblende produisent une impression d'ensemble plus sombre que la normale.
Granite à biotite La biotite devient ici un minéral accidentel pouvant atteindre une proportion de 20 %.
Granite gneissique Ce granite occupe une place intermédiaire entre le granite et le gneiss. Les feldspaths ont pris une forme légèrement allongée sous l'effet de contraintes tectoniques, ce qui donne à la roche une texture légèrement schisteuse, ou orientée.
Granite porphyroïde Des feldspaths de grande taille, aux formes bien développées, de couleur grise, blanche ou rougeâtre, sont dispersés dans un fond finement grenu.
Granite à tourmaline De la tourmaline noire, rare sinon dans le granite, en est le minéral caractéristique.
Granite à deux micas La biotite, presque omniprésente dans les granites, est accompagnée de cristaux de muscovite bien visibles, alors que ce minéral ne se rencontre qu'en traces dans ce type de roche. Ce granite apparaît ainsi constellé de reflets argentés.

Utilisation Le granite est un matériel de construction très répandu, alors écrit « granit » dans le commerce. Il possède une grande résistance à l'usure et à l'altération du fait de sa forte teneur en quartz. Son fil, dû à une fissuration à angle droit ainsi qu'à l'abondance des feldspaths (se clivant à 90°), permet de l'extraire sous forme de parallélépipèdes et de le façonner selon des plans de séparation perpendiculaires. Les variétés grises sont utilisées pour la fabrication de pavés, de bordures ou de bornes, ou, sous forme concassée, comme matériau d'empierrement. Les granites colorés servent de pierre brute pour des sculptures ; taillés et polis, ils sont utilisés pour le revêtement de façades, de sols, ou pour toute autre décoration de ce genre. Un grain régulier facilite la taille et le polissage, une forte proportion de micas entraîne des inconvénients.

1 Granite à deux micas, Forêt-Noire/Allemagne
2 Granite alcalin, Angermanland/Suède
3 Granite à biotite, Brocken/Harz
4 Granite à biotite, Vosges/France

1

2

3

4

Granite orbiculaire [1]

Granite très rare, présentant des structures sphériques (orbicules) formées d'une ou de plusieurs couches et dispersées dans un fond à grain moyen à fin. Les orbicules ont une structure fibroradiée et concentrique, leur diamètre peut atteindre 10 cm et parfois plus. Ils sont généralement constitués des mêmes minéraux que la roche-mère. Les plagioclases blanchâtres (oligoclase) sont disposés radialement, les micas sombres (biotite), tangentiellement. La structure zonée des orbicules provient de leur croissance cyclique. Le plus souvent, ces orbicules possèdent en leur centre un noyau formé de cristaux de feldspaths, ou parfois de fragments de la roche. Les conditions de formation de ces orbicules ne sont pas encore clairement expliquées. Leur cristallisation cyclique est manifestement en relation avec des variations de la pression de vapeur des éléments volatils du magma. Des phénomènes de fusion partielle et de recristallisation doivent probablement entrer aussi en ligne de compte. Les granites orbiculaires ne se rencontrent que sous forme de filons de quelques mètres d'extension. Provenances : Finlande, Suède, Waldviertel/Autriche, Monts des Géants/Pologne, Pérou, Japon, Nouvelle-Zélande, Vermont/États-Unis.
Utilisé pour la fabrication de petits monuments.

Formations similaires On observe ce type de structure orbiculaire également chez des roches plutoniques autres que le granite, comme la diorite, la granodiorite, la syénite et le gabbro. La diorite orbiculaire de Corse est sans doute la plus connue des collectionneurs.

Orbicule Élément sphérique.
Orbiculite Roche comportant des orbicules dans une masse rocheuse.
Esboïte Nom local d'un granite orbiculaire finlandais ne possédant pas d'orbicules bien nettes.
Corsite Diorite orbiculaire de Corse. La structure concentrique des orbicules est déterminée par des alternances de plagioclases blancs et d'amphiboles vertes.

Granite rapakivi [2]

Le granite rapakivi, mot finlandais signifiant « pierre pourrie », est un granite porphyroïde à hornblende. Il montre, il est vrai, une certaine ressemblance avec le granite orbiculaire, mais sa structure est d'origine différente. Des cristaux de feldspaths alcalins (orthose) de forme arrondie à ovoïde, généralement rose saumon à rose chair, mais pouvant aussi être gris, et de 2 à 3 cm de diamètre au maximum, sont dispersés dans une matrice à grain moyen, constituée de quartz abondant, de biotite ou, selon les cas, d'amphibole. Les cristaux d'orthose sont entourés d'une couronne de plagioclases gris clair à gris jaunâtre, parfois verts (le plus souvent de l'oligoclase, ou de l'albite, ou parfois de l'andésine). On observe parfois plusieurs couches de plagioclases. La genèse du granite rapakivi est controversée. Les orthoses ont dû certainement cristalliser en premier à partir de matériel magmatique. La cristallisation des autres éléments semble s'être déroulée de façon à peu près synchrone, de sorte qu'ils se trouvent plus ou moins agencés autour des noyaux d'orthose. Il existe cependant d'autres théories faisant intervenir des processus de fusion pour la formation de ce type de granite. Provenances : Finlande, environs de Leningrad/Russie, Maine/États-Unis, Brésil. Les blocs importants sont utilisés pour la construction monumentale, et les plaques polies pour le revêtement des façades. Quelques variétés sont sujettes à la désagrégation, car les couronnes de plagioclases s'altèrent relativement facilement, libérant les cristaux d'orthose qui s'effritent et se déchaussent.

1 Granite orbiculaire (diorite orbiculaire ?), Corse

2 Granite rapakivi dit BALTIK BRUN, Ylämaa/Finlande.

1

2

Les massifs montagneux granitiques ont des formes molles et arrondies en « ballons » (Vosges).

Noms commerciaux du granite

Le granite étant une des roches les plus utilisées, on ne compte plus le nombre d'appellations commerciales. Le granite, matière première industrielle, s'écrit alors sans « e » final : granit. Ce terme granit désigne alors toute roche grenue, si bien que certaines sont géologiquement erronées ou prêtent à confusion. Bien qu'incorrectes au point de vue scientifique, certaines désignent du moins des roches ayant une parenté plus ou moins étroite avec le granite et donc pourvues de propriétés similaires. Il existe une profusion de noms commerciaux pour de véritables variétés de granites. Il est devenu courant d'écrire le nom des variétés commerciales en petites majuscules.

Noms commerciaux induisant en erreur, présentant l'appellation de « granite »
GRANIT DE BELGIQUE : calcaire bitumineux gris-noir, Belgique.
GRANIT DE ROCQ : calcaire gris, France.
GRANITMARMOR : (« marbre granitique ») calcaire gris, Haute-Bavière.
GRANITO NERO : calcaire noir, Tessin/Suisse.
PETIT GRANIT : calcaire noir, Belgique, appellation ayant parfois la même signification que GRANIT DE BELGIQUE.

Dénominations commerciales incorrectes présentant l'appellation de « granite »
GRANIT CALANCA : paragneiss finement schisteux, Tessin/Suisse.
GRANIT DE FELSBERG : granodiorite tachetée de noir et blanc, Forêt-Noire.
GRANITO AZUL : foyaïte gris-bleu, Brésil.
GRANITO DORATO : paragneiss à taches jaunes, Piémont/Italie.
GRANITO PRETO TIJUCA : diorite vert-noir, Brésil.
GRANITO VERDE : monzonite vert-gris, Tyrol du Sud/Italie.
GRANITO VERDE UBATUBA : charnockite de couleur bleu-vert, Brésil.
GRANIT VERT DE LA LAUSITZ : andésite ou diabase vert-noir, Saxe.
GRANIT SHANDONG : orthogneiss vert, Grisons/Suisse.
SPALTGRANIT : désigne des variétés de paragneiss riches en micas, Tessin/ Suisse.
SS-GRANIT : gabbro ou diabase de Suède (Schwedisch Schwartz = « noir de Suède »)
GRANITE YELLOW JUPARANA : orthogneiss jaunâtre, Brésil.

1 Granite de MEISSEN, Saxe/Allemagne
2 Granite de l'ISERGEBIRGE, Rép. tchèque/Slovaquie
3 Granite CLAIR DU TARN, Sud de la France
4 Granite GUILT PALACIOS, Espagne occidentale
5 Granite de KÖSSEINE, Fichtelgebirge/Bavière Allemagne
6 Granite de TRANAS, Suède moyenne

1
2
3
4
5
6

Tafoni, Corse.

Mer de rochers, Forêt de Bavière.

Altération en pelures d'oignon, Fichtelgebirge, Allemagne.

Altérations des roches granitiques

Granite et roches similaires (granodiorite, diorite, syénite) s'altèrent selon des aspects caractéristiques

Tafonis (à g.) Alvéolisation apparaissant dans les roches massives. Dans les régions côtières à climat périodiquement humide. L'humectage fréquent de la roche sui- vi de son dessèchement conduit à la formation de croûtes dures et à son ameublissement.

Mer de rochers, chaos (au c. à g.) Accumulation de blocs anguleux s'observant dans les régions sommitales des montagnes de moyenne altitude. Provient de la désagrégation d'un massif montagneux le long de systèmes de fissures disposées perpendiculairement. Le matériel fin est évacué, mais les blocs dégagés restent sur place, entassés en désordre.

Altération en pelure d'oignon (en b. à g.) Desquamation concentrique autour d'un noyau compact chez les roches altérées et friables ayant été soumises à la pression d'une couverture. Altération due à l'action de plusieurs facteurs : effets de détente lors de la disparition de la couverture dans la roche originellement homogène, thermoclastie et corrosion chimique exercée par des solutions salines en circulation.

Décomposition en boules (ci-contre, en h. et en b. à d.) Mode d'altération aux formes arrondies apparaissant sur les roches massives. Ce phénomène s'observe avec une netteté particulière sur les dômes rocheux dégagés, transformés en empilements de blocs en forme de coussins. Cette altération est due à des processus d'arénisation affectant la roche en bordure des fissures se recoupant à angle droit.

Desquamation ou exfoliation (ci-contre, en b. à g.) Écaillage superficiel provoqué par le détachement de plaques de roche, se développant sur des promontoires rocheux dégagés de nature granitique. Conduit à la formation de montagnes en forme de pain de sucre ou de cloche (« ballons » vosgiens). Causes : changements rapides de température, climat alternativement humide et sec et/ou dilatation de la roche du fait de la disparition d'une surcharge, ainsi qu'induration des couches extérieures de la roche par infiltration de solutions minérales.

Aspect d'une altération de granite, Oasis de Tafraout/Maroc.

À gauche, desquamation de granite, Kapland/Afrique du Sud.
À droite, altération en boules, Forêt de Bavière.

Exploitation du granite

Dans une carrière, les blocs de granite sont extraits à l'aide du travail au coin, d'appareils hydrauliques, du tir de mine ou de lances thermiques.

Travail au coin Le délitage à l'aide de coins s'effectue lorsque l'on veut obtenir des blocs importants comme pierres de taille. On perce d'abord, à l'aide d'un marteau-piqueur, des trous de 6 cm de profondeur, tous les 5 à 10 cm, le long d'un plan de séparation repéré à la surface de la roche. Des coins plats sont ensuite introduits dans les perforations et enfoncés à la main à l'aide d'un marteau de poids moyen. Cette méthode n'est utilisable que pour des bancs rocheux peu épais.

L'utilisation de coins arrondis que l'on enfonce dans des forures permet une profondeur de pénétration considérablement plus grande. Les inconvénients de cette technique sont une mobilisation plus importante de matériel et la présence de stries inesthétiques sur les côtés des blocs. Le travail au coin n'est possible que lorsque le bloc à extraire possède trois faces libres (fissures ou plans de séparation). Dans le cas contraire, il faut pratiquer des entailles là où l'on souhaite détacher le bloc. Les blocs sont extraits le plus souvent à l'aide d'appareils hydrauliques.

Délitage des blocs à l'aide d'appareils hydrauliques Le travail manuel au coin est largement dépassé par cette technique utilisant des appareils hydrauliques engagés dans des forures profondes. Cette méthode exige néanmoins des investissements importants, et présente l'inconvénient des stries sur les côtés des blocs.

Tir de mine Pour extraire des blocs importants ne devant pas être nécessairement utilisés comme pierres de taille, on emploie généralement des explosifs. Un nombre assez faible de forures suffit pour la mise en place des charges. Pour extraire du matériel destiné à être concassé, on abat des parois perpendiculaires.

Forage à la lance Ce procédé n'est utilisé que depuis quelques dizaines d'années. On utilise une flamme de plus de 1 200 °C pour isoler des blocs de granite. De petites écailles explosent continuellement sous l'effet de la chaleur, de sorte que la flamme entre toujours en contact avec de la roche fraîche et pénètre dans le rocher à la manière d'une fissure. Cette méthode permet d'obtenir des blocs de grande taille sans les endommager par des coups et des effets de pression.

Page de droite : détachement d'un bloc à l'aide de forage à la lance de feu (lance thermique).
Ci-dessous : mise en place de coins (à gauche) et débitage (à droite) d'un bloc de granite.

Préparation de la surface des roches granitiques

Les granites colorés sont souvent découpés en plaques destinées à l'architecture intérieure ou au revêtement de façades. Le sciage se pratique au moyen de châssis semblables à ceux qu'on utilise pour débiter le bois. Les plaques ainsi obtenues sont à nouveau découpées, et leur surface préparée selon divers modes.

Cassure brute [1] Surface naturelle, non travaillée, plus ou moins rugueuse selon la dimension du grain.

Surface brochée La surface est travaillée plus ou moins profondément en relief à l'aide d'une broche en acier trempé.

Surface bouchardée [2] La surface, les structures et les contrastes de couleur sont grossièrement égalisés, initialement à l'aide d'une boucharde, marteau à tête carrée dont la surface est formée de petites pointes pyramidales (dites « pointes diamant ») juxtaposées, utilisé par les tailleurs de pierres. La boucharde est aujourd'hui de plus en plus souvent remplacée par une machine dite « bouchardeuse ».

Surface layée La surface est rendue rugueuse à l'aide de la laie, marteau pourvu de rangées de dents.

Surface sablée [3] Matage de la surface par projection d'un jet de sable.

Surface flammée [4] Sous l'action d'une flamme très chaude, des écailles de roche se détachent, ce qui produit une surface rugueuse et renforce les structures et les couleurs.

Surface plane [5] Toutes les inégalités disparaissent par polissage, la surface est lisse et mate, les couleurs et les structures sont mises en valeur.

Surface polie [6] Le polissage poussé et un traitement spécial au moyen de pâtes de polissage donnent à la surface un éclat renforcé. Les structures et les contrastes de couleurs sont avivés. Plus la roche est dure et compacte, plus le polissage produit d'effets. Le quartz et le feldspath (et par conséquent le granite) se prêtent particulièrement bien à ce traitement. Comme le polissage poussé fait apparaître les différents composants plus nettement qu'à l'état naturel, les surfaces polies paraissent, dans l'ensemble, plus sombres que dans la cassure brute.

Sciage d'un bloc.
Le bloc de pierre est découpé en plaques à partir du haut, au moyen de lames de scie parallèles et verticales.

Surfaces d'un même granite (granite KAPUSTINO, Ukraine, Russie), diversement préparées. ▶
1 Cassure brute
2 Surface bouchardée
3 Surface sablée
4 Surface flammée
5 Surface sciée, brute
6 Surface polie

1
2
3
4
5
6

Granodiorite [1-4]

La granodiorite appartient à la famille du granite. Cette roche occupe, comme son nom l'indique, une place intermédiaire entre le granite et la diorite.

Minéraux clairs :	60-95 %	
dont :	20-60 % de quartz	
	40-80 % de feldspaths dont :	65-100 % de plagioclases
		et 0-35 % de feldspaths alcalins
Minéraux colorés :	5-40 %	
Minéraux accessoires :	biotite, hornblende, muscovite, pyroxène, zircon, apatite, magnétite	

La granodiorite est difficile à distinguer macroscopiquement du granite, son aspect est toutefois globalement toujours plus sombre. Les feldspaths alcalins dominent chez le granite ; chez la granodiorite, ce sont les plagioclases. La biotite est le principal élément mafique. La granodiorite est nettement plus sombre que le granite lorsqu'elle contient une forte proportion de minéraux colorés. Elle se rencontre sous forme de complexes rocheux relativement peu étendus, soit indépendants, soit inclus dans des massifs granitiques. Provenances : Forêt de Bavière, Harz, Forêt-Noire, Odenwald/Allemagne, Haute-Autriche, île Bornholm, Norvège du Sud, Coast Range/États-Unis. Est utilisée, comme le granite, pour la fabrication de pavés, de bordures, de pierres tombales, ou, sous forme de plaques polies, pour le revêtement de sols et de façades.

Trondhjémite [2] (granodiorite à biotite, diorite à quartz et à mica) Variété de granodiorite riche en quartz. Nom donné d'après la localité d'origine située en Norvège moyenne. La trondhjémite ne contient que très peu ou pas du tout de feldspaths alcalins, tandis que sa teneur en quartz dépasse nettement 20 %. Les minéraux colorés sont représentés par la biotite, accompagnée de hornblende. Ces minéraux sont dispersés très régulièrement et leur proportion est de moins de 15 %. Cette roche présente ainsi une couleur claire. Les minéraux secondaires moins importants sont le zircon, l'apatite et la magnétite. Provenances : Norvège, Alaska, Andes. Utilisé comme moellon dans la construction des routes, pour la fabrication de marches d'escaliers ; les plaques polies sont destinées à la décoration de salles et de façades.

Tonalite [4] Variété de granodiorite. Doit son nom au col du Tonale, dans le Tyrol du Sud. Ne contient que peu, voire, le plus souvent, pas de feldspaths alcalins. Les feldspaths sont donc représentés par des plagioclases. Cette particularité constitue également la différence essentielle entre le granite et la granodiorite. Teneur en quartz : environ 20 %. La tonalité apparaît tantôt claire ou sombre selon la proportion de minéraux mafiques (10-40 %). Les minéraux accidentels sont la biotite et la hornblende, les minéraux accessoires, l'apatite, la magnétite, le zircon, ainsi que l'augite et la muscovite. La hornblende et la biotite se présentent souvent sous forme de phénocristaux dispersés dans une pâte claire par ailleurs, ce qui donne à la tonalité son aspect tacheté. Provenances : Tyrol méridional/Italie, Grisons/-Suisse, Norvège méridionale, Finlande, Suède, Californie/États-Unis, Colombie-Britannique/Canada. Est utilisée pour l'empierrement des routes ; légèrement ou finement polie, elle sert à la fabrication de plaques et de marches d'escalier.

Diorite quartzique Terme habituellement synonyme de tonalite. Utilisé parfois comme terme général pour toute une série de variétés très semblables.

1 Granodiorite de Neuhaus, Haute-Autriche
2 Trondhjémite de Sognefjord, Norvège
3 Granodiorite de Rönne, île Bornholm/Danemark
4 Tonalite Bianco Aurinia, Tyrol du Sud/Italie

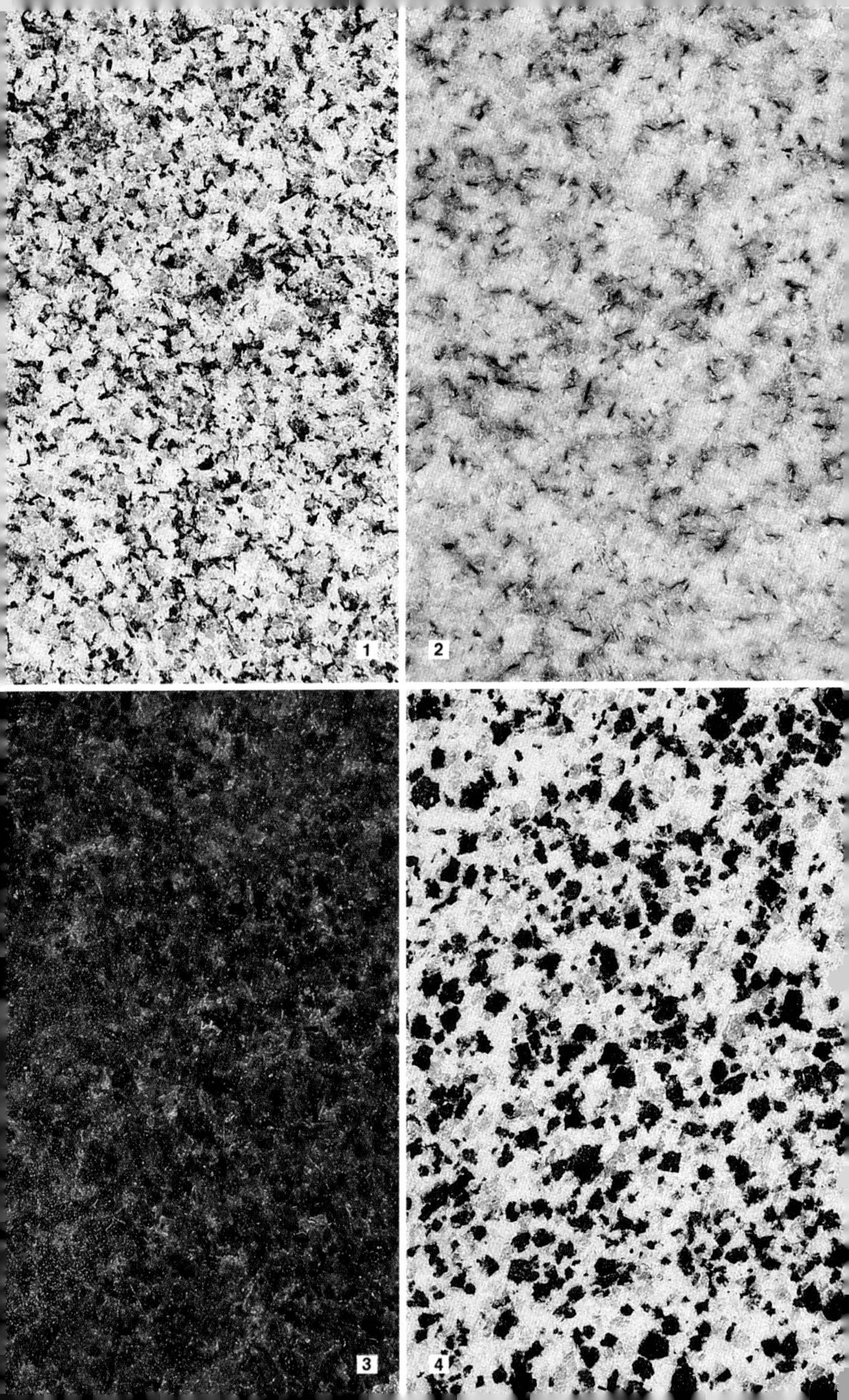
1
2
3
4

Famille syénite

Cette famille comprend la syénite, la monzonite et la foyaïte.

Syénite [1-4]

Nom donné d'après la ville de Syène en Haute-Égypte (aujourd'hui Assouan), où une pierre de construction très appréciée était exploitée durant l'Antiquité. La roche de Syène est en réalité un granite à hornblende.

Minéraux clairs :	60-100 %
dont :	80-100 % de feldspaths dont : 65-100 % de feldspaths alcalins et 0-35 % de plagioclases
	0-20 % de quartz ou 0-10 % de foïdes
Minéraux colorés :	0-40 %
Minéraux accessoires :	biotite, pyroxène, zircon, apatite, magnétite, ilménite

La syénite est une roche de couleur gris clair à gris sombre, également bleuâtre ou rouge, à structure grenue (grain moyen à grossier), rarement porphyroïde. Cette roche proche du granite s'en différencie par le fait qu'une syénite normale ne contient que très peu ou pas du tout de quartz. Présence soit de quartz, soit de feldspathoïdes, les deux groupes de minéraux s'excluant mutuellement. Roche assez rare, se rencontre en petits massifs, ou associée à la diorite et au granite. Provenances : Fichtelgebirge, Saxe, Westphalie/Allemagne, sud du Portugal, Norvège, New Hampshire et Massachusetts/États-Unis. Est utilisée comme pierre ornementale, comme pierre tombale, et pour le revêtement de sols et de façades.

Dénominations commerciales incorrectes présentant l'appellation de « syénite »
SYÉNITE DE FRIEDERSDORF : lamprophyre gris-vert foncé, Allemagne.
SYÉNITE DE LA LAUZITZ : lamprophyre vert-noir, Allemagne.
SYÉNITE DE L'ODENWALD : diorite gris sombre, Odenwald.
SYÉNITE DE SCHREMS : tonalite sombre, Basse-Autriche.
SYÉNITE DE WÖLSAU : diorite vert-noir, Haute-Franconie.

Pulaskite [4]

Cette variété de syénite claire à gris-bleu foncé est une syénite alcaline contenant des foïdes. Est aussi considérée comme une syénite néphélinitique, car le principal feldspathoïde est la néphéline. Les feldspathoïdes peuvent atteindre une proportion de 5 %. Pas de quartz. Structure parfois légèrement porphyroïde due à la présence de feldspaths potassiques de taille un peu plus importante. Nom provenant de Pulaski County, en Arkansas (États-Unis).

Laurvikite [2]

Variété de syénite gris bleuté à vert foncé. Le composant essentiel est l'anorthose, formant les 90 % de la roche, accompagnée d'augite et de biotite. Le quartz ou la néphéline peuvent être présents (jusqu'à 2 %). Offre un moirage typique dans les tons bleu-vert, appelé à tort labradorescence. Ce chatoiement est dû à des phénomènes de démixtion chez l'anorthose. Provenance : près de Larvik au bord du fjord d'Oslo (Norvège). La laurvikite est une roche ornementale très appréciée, utilisée surtout pour le revêtement de façades, de sols ou comme pierre tombale. Il existe plusieurs sortes commerciales selon les variations de couleurs ou de reflets.

1 Syénite à hornblende BALMA, Piémont/Italie
2 Laurvikite LABRADOR, sud de la Norvège
3 Syénite à augite KARDINAL, Transvaal/Afrique du Sud
4 Pulaskite, Serra de Monchique/sud du Portugal

1
2
3
4

Monzonite [1,2]

Famille de la syénite. Nom donné d'après les monts Monzoni dans le Tyrol du Sud.

Minéraux clairs :	55-90 %
dont :	80-100 % de feldspaths dont 35-65 % de feldspaths alcalins
	et 35-65 % de plagioclases
	et 0-20 % de quartz ou 0-10 de foïdes
Minéraux colorés :	10-45 %
Minéraux accessoires :	pyroxène, hornblende, biotite

Chez les monzonites normales, les feldspaths alcalins et les plagioclases sont présents dans des proportions sensiblement égales, tandis que chez les monzonites passant à des diorites ou à des gabbros, les plagioclases dominent. La teneur en quartz est de moins de 5 %, ou tout à fait nulle. Contient exceptionnellement des foïdes (néphéline, sodalite). La proportion de pyroxène atteint parfois 20 %. La structure est grenue (grain moyen), la couleur gris clair à gris sombre, parfois verdâtre, brunâtre ou rouge. Les feldspaths alcalins (microcline) sont parfois tabulaires. Structures fluidales mises en évidence par des minéraux orientés. Mode de gisement : en relation étroite avec des formations granitiques ou granodioritiques. Provenances : Tyrol du Sud/Italie, Saxe/Allemagne, sud de la Norvège, Québec/Canada. Est utilisée localement comme pierre de construction. Quelques variétés sont appréciées comme roches ornementales.

Syénodiorite Ancienne dénomination de la monzonite.

Foyaïte [3,4] syénite feldspathoïdique

Famille de la syénite. Nom rappelant le gisement de la montagne Foya au Portugal.

Minéraux clairs :	55-100 %
dont :	40-90 % de feldspaths dont 50-100 % de feldspaths alcalins
	0-50 % de plagioclases
	et 10-60 % de feldspathoïdes
Minéraux colorés :	0-45 %
Minéraux accessoires :	leucite, sodalite, noséane, haünye, amphibole, pyroxène, biotite

Les plagioclases sont en net recul et peuvent faire totalement défaut. Cette roche ne contient jamais de quartz. La néphéline est le feldspathoïde dominant. La couleur des foyaïtes sombres est déterminée par les pyroxènes et les amphiboles. La distinction entre les différentes variétés se base sur leurs feldspathoïdes typiques. La structure est grenue (grain moyen à grossier) ; des feldspaths potassiques tabulaires, ainsi que des amphiboles et des pyroxènes columnaires, sont parfois orientés. Suivant la proportion de minéraux mafiques, ces roches claires présentent des mouchetures plus ou moins denses. Les foyaïtes sont rares (sous forme de corps intrusifs peu importants et de stocks). Provenances : Odenwald, Norvège, Portugal, Tyrol du Sud, Kola/Russie, Canada. Utilisation locale comme pierre de construction et pour l'empierrement des routes. Quelques variétés sont utilisées comme pierres ornementales à cause de leur aspect marqueté. L'importance économique des roches foïdiques réside surtout dans leur utilisation comme source d'alcalis dans l'industrie de la céramique.

Shonkinite [3] Variété de foyaïte gris sombre à presque noire, contenant plus de 50 % d'éléments colorés, comprenant du pyroxène (aegyrine, augite), des amphiboles et souvent de l'olivine. Nom tiré de la localité d'origine dans le Montana.

Syénite néphénélitique, syénite éléolitique Expressions utilisées autrefois comme synonymes de foyaïte.

1 Monzonite VERDE PELLEGRINO, Tyrol du Sud
2 Monzonite SCHIPAIO, Côte d'Ivoire
3 Shonkinite, Odenwald/Allemagne
4 Foyaïte à sodalite AZUL BAHIA, Brésil.

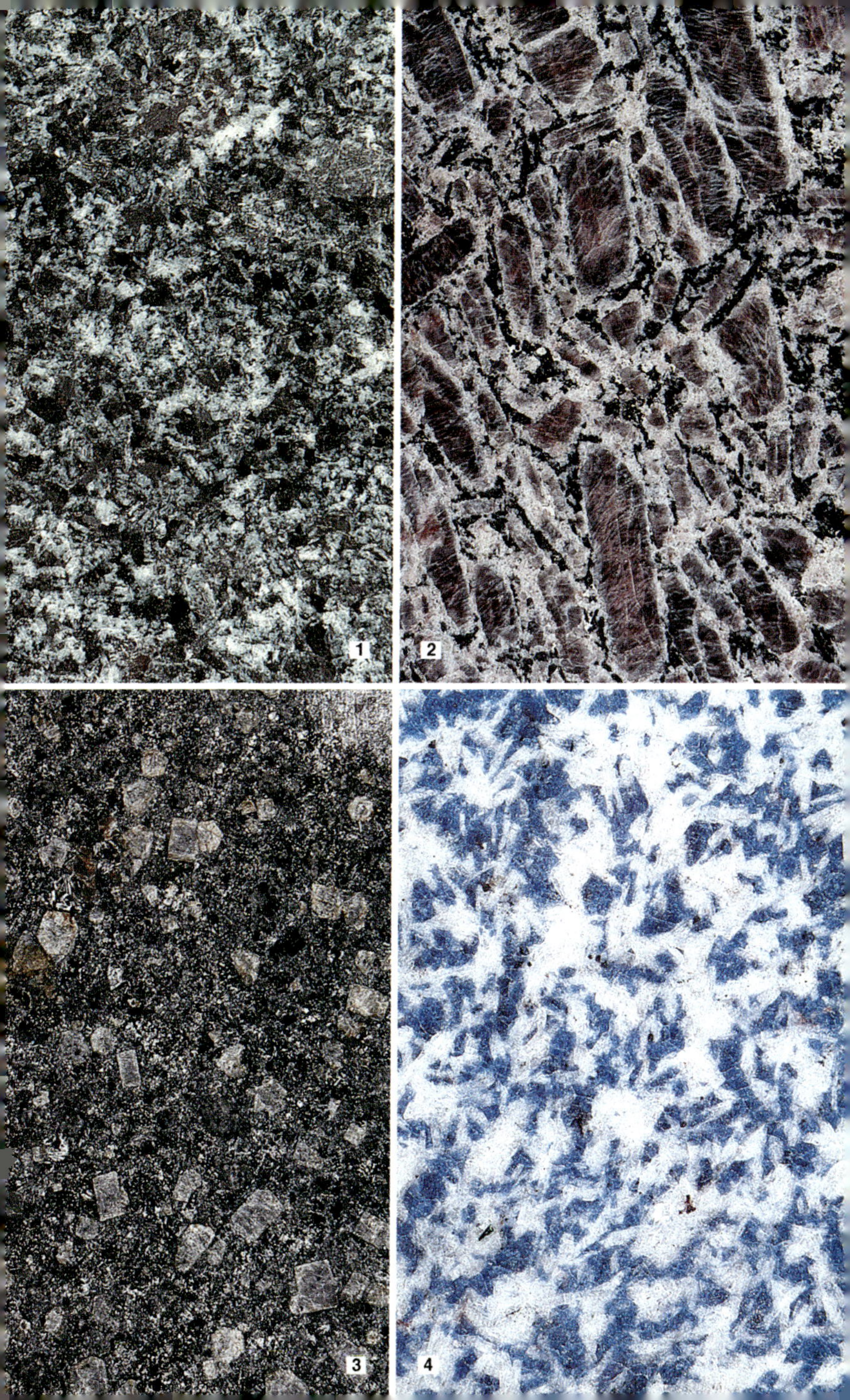
1
2
3
4

Famille diorite-gabbro

Cette famille comprend la diorite, le gabbro et l'essexite. La diorite et le gabbro présentent peu de différences, d'où le double nom de cette famille.

Diorite [1 et n° 4, p. 223]

Son nom (du grec « distinguer ») fait référence à ses composants essentiels.

Minéraux clairs :	50-85 %
dont :	80-100 % de feldspaths dont 65-100 % de plagioclases et 0-35 % de feldspaths alcalins et 0-20 % de quartz ou 0-10 % de foïdes
Minéraux colorés :	15-50 %
Minéraux accessoires :	hornblende, pyroxène, sphène, apatite, zircon, grenat

Chez la diorite, les plagioclases clairs (oligoclase et andésine) dominent, et la proportion d'anorthite se situe en dessous de 50 %. Chez le gabbro, très semblable, ce sont les plagioclases foncés (labrador et bytownite) qui sont les plus abondants. La hornblende et l'augite sont les principaux minéraux colorés. Il est difficile de distinguer macroscopiquement une diorite d'un gabbro. La proportion de feldspaths alcalins et, suivant les cas, de quartz, est de moins de 5 %. Les diorites foïdiques (et donc exemptes de quartz) sont rares. Structure finement à moyennement grenue, parfois porphyroïde. Couleur : gris clair à gris sombre, gris verdâtre, les formes intermédiaires entre la diorite et le gabbro sont gris-noir.
Mode de gisement : sous forme de stocks de petite taille et de filons stratiformes, ainsi qu'en bordure d'intrusions granitiques de grandes dimensions. Peu répandue dans l'ensemble. Provenances : Forêt de Bavière, Harz, Odenwald, Forêt-Noire/Allemagne, Finlande, Écosse. Utilisée comme matériau d'empierrement, pour la fabrication de pavés, et comme pierre décorative car elle se laisse facilement polir. De nombreux noms commerciaux de roches dioritiques présentent l'appellation de SYENITE.

Diorite orbiculaire Aspect et genèse comme le granite orbiculaire (p. 204). Les roches magmatiques à orbicules de Corse (corsite) et de Finlande (esboïte) sont considérées tantôt comme des diorites, tantôt comme des granites orbiculaires.

Gabbro [2 et 3 p. 223]

Nom tiré d'une localité de Toscane, en Italie.

Minéraux clairs :	35-80 %
dont :	80-100 % de feldspaths dont 65-100 % de plagioclases et 0-35 % de feldspaths alcalins 0-20 % de quartz ou 0-10 % de foïdes
Minéraux colorés :	20-65 %
Minéraux accessoires	pyroxène, hornblende, olivine, biotite, magnétite, ilménite, pyrrhotine

Chez le gabbro, les plagioclases foncés (labrador et bytownite) dominent, et la proportion d'anorthite se situe au-dessus de 50 %. Chez la diorite, très semblable, ce sont les plagioclases clairs (oligoclase et andésine) qui sont les plus abondants (voir ci-dessus). Le gabbro est un peu plus sombre que la diorite. Les principaux minéraux opaques sont le pyroxène, la hornblende et l'olivine. Les feldspaths alcalins, le quartz ou les foïdes sont rares.

1 Diorite ITOACA, Espirito Santo/Brésil
2 Gabbro VIITASAARI, Finlande
3 Norite IMPALA, Transvaal/Afrique du Sud
4 Anorthosite SPECTROLITE, Finlande

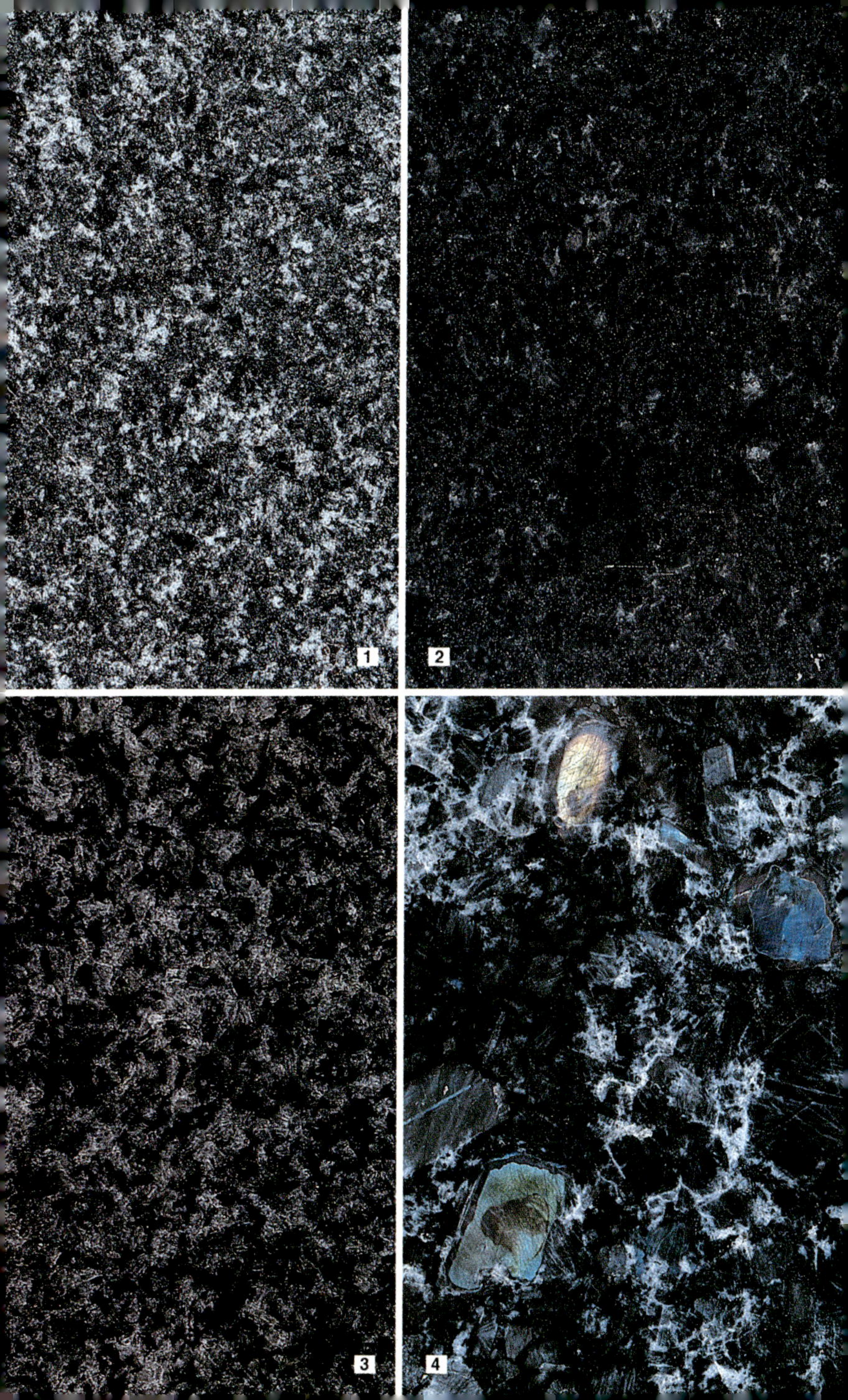
1
2
3
4

La structure peut être finement à grossièrement grenue. La couleur est bleuâtre, gris moyen à gris sombre, parfois presque noire. Lorsque des minéraux sont chloritisés, le gabbro prend une couleur verdâtre (voir roches vertes, p. 248). Se rencontre sous forme d'intrusions importantes, de stocks et de filons stratiformes. Provenances : Odenwald, Harz/Allemagne, Valais/Suisse, Transvaal/Afrique du Sud, Montana et Minnesota/États-Unis. Utilisé comme pierre de construction et pierre de taille. Quelques variétés, très tenaces du fait de leur structure enchevêtrée formant une charpente, sont employées comme ballast très résistant. Les gabbros se laissant polir facilement sont utilisés comme pierres tombales et pour le revêtement de façades.

Norite [3, p. 221]
Variété de gabbro gris sombre avec, comme élément mafique, de l'hypersthène. Ces pyroxènes sont parfois reconnaissables à leurs reflets bronzés, mais sinon, cette roche ne se différencie pas macroscopiquement d'un gabbro normal.
Provenances : Norvège, Transvaal/Afrique du Sud, Montana/États-Unis. Les gîtes importants de nickel de Sudbrury (Canada) sont liés à de la norite.

Troctolite [1] pierre des truites
Variété rare de gabbro formée de plagioclases clairs et ayant de l'olivine comme élément mafique. L'olivine se présente sous forme de taches vertes, ou, lorsqu'elle est serpentinisée, jaunes, brunâtres, rougeâtres ou noires.
Provenances : Harz/Allemagne, Silésie/Pologne, Oklahoma et Montana/États-Unis.

Anorthosite [4, p. 221]
Variété de gabbro gris clair à presque noire formée de plagioclases et de moins de 10 % de minéraux mafiques. Les minéraux accessoires sont le pyroxène, l'olivine, la magnétite et l'ilménite. Provenances : Norvège, Labrador et Québec/Canada, États du Montana et de New York/États-Unis, Transvaal/Afrique du Sud.
SPECTROLITE [n° 4, p. 221] Appellation commerciale d'une variété d'anorthosite en provenance de Finlande, dont les feldspaths montrent un chatoiement (labradorescence). Utilisée comme pierre décorative et pour des bijoux de mode.

Essexite [2]
Famille de la diorite et du gabbro. Nom tiré de la localité d'origine aux États-Unis.

Minéraux clairs :	30-80 %
dont :	40-90 % de feldspaths dont 50-100 % de plagioclases et 0-50 % de feldspaths alcalins
	10-60 % de feldspathoïdes
Minéraux colorés :	20-70 %
Minéraux accessoires :	amphibole, biotite, magnétite, sphène, ilménite, apatite

Texture finement à moyennement grenue, parfois porphyroïde. Couleur gris sombre à presque noire du fait d'une forte proportion de pyroxène. Se rencontre en masses peu importantes et en filons, rare. Provenances : Kaiserstuhl/Bade/Allemagne, Rép. tchèque/Slovaquie, Tyrol du Sud, Écosse. Utilisée localement comme pierre de construction. Les pierres de curling proviennent d'une essexite porphyroïde d'Écosse.

Théralite
Variété d'essexite formée de plagioclase, de néphéline et de pyroxène ; rare. Provenances : Rép. tchèque/Slovaquie, Auvergne/France, Écosse, Québec/Canada.

1 Troctolite FORELLENSTEIN, Harz/Allemagne
2 Essexite, Kaiserstuhl/Bade/Allemagne
3 Gabbro, Odenwald/Hesse/Allemagne
4 Diorite quartzique, Schrems/Basse-Autriche

1
2
3
4

Famille péridotite

Cette famille comprend les foïdolites et les ultramafites.

Foïdolite [1] feldspathoïdolite

Terme général pour des roches plutoniques à très forte teneur en feldspathoïdes.

Minéraux colorés :	0-90 %	
Minéraux clairs :	10-100 %	dont 60-100 % de feldspathoïdes et 0-40 % de feldspaths

La plupart des foïdolites ont une couleur sombre du fait d'une forte proportion de minéraux mafiques ; quelques-unes sont presque noires. Le quartz fait totalement défaut. Comme les compositions des différents membres de ce groupe sont très variables, il existe un très grand nombre de noms pour ces roches. Alors qu'on caractérise habituellement une roche en faisant précéder son nom principal d'une qualification minéralogique, les foïdolites sont exclusivement dénommées d'après des noms géographiques (par exemple italite, missourite, algarvite). Ne se rencontrent que sous forme de corps géologiques peu étendus, rares.

Ijolite [1] Variété de foïdolite. Son composant essentiel est la néphéline, un feldspathoïde, constituant environ 50 % de la roche. Les minéraux mafiques représentent au total environ 50 % également, dont 40 % de pyroxène. Les minéraux accessoires moins importants sont l'apatite, le sphène et la calcite.

Mafitolites [2,4] (mafites, ultrabasites)

Terme général pour les roches plutoniques contenant plus de 90 % de minéraux mafiques. Les composants essentiels sont l'olivine, le pyroxène, l'amphibole et la mélilite. Couleur grise à noire, tons verts également. Ce groupe se subdivise en fonction de la teneur en olivine et de l'espèce minérale dominante.

	Dunite	Péridotite	Pyroxénolite	Hornblendite	Mélilitolite
Olivine (en %)	plus de 90	40-90	moins de 40	moins de 40	moins de 40
Autres composants	pyroxène	pyroxène	hornblende	mélilite	
Variétés	harzburgite wehrlite lherzolite	enstatitite bronzitite hypersthénite			

Péridotite Terme utilisé parfois comme nom collectif pour la dunite et la péridotite s. s.

Carbonatite [3]

Roche claire, formée de calcite et/ou de dolomite, d'origine aussi bien plutonique que volcanique. Comme les carbonatites se trouvent en contact étroit avec les roches foïdiques auxquelles elles sont même reliées par des formes de transition, on les classe généralement parmi les ultramafites. Les carbonates constituent au moins 50 % de la roche. Les minéraux accessoires sont la barytine, l'apatite, la magnétite, la néphéline, la biotite et le phlogopite. Ressemblent parfois à du marbre. Mode de gisement : sous forme de corps plutoniques de petite taille, de stocks, en filons ou en traînées. Provenances : Kaiserstuhl/Bade/Allemagne, Suède, Norvège, Arkansas/États-Unis.
Ultramafite, synonyme de mafiolite ou ensemble mafiolite et mafitite (voir p. 252).

1 Ijolite, Finlande
2 Dunite, Aheim/Norvège
3 Carbonatite, Telemark/Norvège
4 Harzburgite, Bad Harzburg/Harz/Allemagne

1

2

3

4

Propriétés physiques techniques des roches plutoniques

	Poids brut Densité brute Poids volumique Densité volumique	Poids net Densité nette Poids spécifique Densité granulaire	Porosité réelle Porosité d'ensemble	Capacité d'absorption d'eau	Porosité apparente Porosité utile
	g/cm^3	g/cm^3	% de vides	% en poids	% de vides
granite, syénite	2,60-2,80	2,62-2,85	0,4-1,5	0,2-0,5	0,4-1,4
diorite, gabbro	2,80-3,00	2,85-3,05	0,5-1,2	0,2-1,4	0,5-1,2
granite, granodiorite	2,54-2,80	2,62-2,85	0,4-6,9	0,1-1,9	
syénite, monzonite	2,56-2,97	2,62-2,98	0,4-8,0	0,1-2,0	
diorite, gabbro	2,80-3,15	2,84-3,20	0,2-10,6	0,05-2,7	
foyaïte, essexite	2,45-2,75	2,48-2,80	0,5-5,0	0,2-2,0	
péridotite	2,78-3,37	3,00-3,42	0,2-5,0	0,05-1,6	
granite	2,3-2,8	2,6-2,8	0,4-1,4		
syénite	2,5-2,9	2,7-2,9	0,5-1,6		
diorite	2,5-2,9	2,8-3,0	0,5-1,2		
gabbro	2,5-3,0	2,8-3,0	0,5-1,2		

	Résistance à la compression (écrasement) à l'état sec kg/cm²	Résistance à la flexion kg/cm²	Résistance au choc Nombre de coups jusqu'à la rupture	Résistance à l'abrasion Perte en cm³ sur 50 cm²	Remarques	Sources
granite, syénite diorite, gabbro	1 600-2 400 1 700-3 000	100-200 100-200	10-12 10-15	5-8 5-8	Valeurs moyennes des fréquences	DIN 52100
						Peschel 1983
granite syénite diorite gabbro	1 600-3 700 800-2 300 800-3 400 800-3 800		5-12 6-14 6-18 6-20			Reinsch 1991

Au cours du temps, les unités de masse et autres, ainsi que les roches concernées, furent modifiées à plusieurs reprises. Pour la compréhension des données techniques des anciens ouvrages, les notions désuètes ont toutes été insérées en tête de la table.

Carrière de gabbro en Odenwald, Gross-Bieberau/Hessen/Allemagne. Le gabbro exploité ici est très sombre ; poli, il est presque noir.

1

2

3

Roches volcaniques

Genèse

Les roches volcaniques se forment lorsque, sous l'impulsion de l'énergie volcanique, le magma incandescent remonte jusqu'à la surface de la croûte terrestre. La matière en fusion s'écoulant à la manière d'une coulée de boue à partir d'une cheminée volcanique ou le long d'une fissure de l'écorce terrestre est appelée lave. Lorsque des lambeaux de lave mélangés à des restes de l'ancien remplissage de la cheminée ou à des fragments de roche encaissante sont projetés en l'air avant de se déposer, on parle de produits pyroclastiques. Le chimisme et la composition des roches volcaniques sont à peu près les mêmes que ceux des roches plutoniques correspondantes (p. 193). Ainsi, les roches volcaniques deviennent aussi plus sombres au fur et à mesure que leur teneur en silice diminue. La différence essentielle entre les roches plutoniques et les roches volcaniques réside dans la structure. Chez les roches volcaniques, du fait du refroidissement rapide du matériel magmatique, la cristallisation et la formation des minéraux ne se déroulent pas de la même manière que chez les plutonites. Les cristaux y sont généralement petits, le plus souvent microscopiques, de sorte qu'on ne peut pas les reconnaître à l'œil nu. Cette texture est qualifiée de compacte. Seuls quelques cristaux isolés peuvent se développer normalement et sont alors automorphes et nettement circonscrits. Ils se présentent comme des éléments étrangers dispersés dans une masse homogène. Cette texture est qualifiée de porphyrique. Lorsque le refroidissement du magma en fusion est extrêmement rapide, comme à la surface d'une coulée de lave ou au contact de la mer, aucun cristal ne peut se former. La masse est alors amorphe, il s'agit d'un verre.
Les roches volcaniques comportent souvent des petites cavités dues au dégazage du magma (vacuoles, druses).

1 Texture porphyrique à cristaux automorphes.
2 Texture fluidale à cristaux orientés.
3 Texture fluidale à vacuoles de forme ovale.

Ces cavités ont parfois une forme ovale ou très étirée. Elles définissent alors une direction dans la roche, qui était celle de la coulée de lave. Cette texture fluidale peut aussi être déterminée par l'orientation de minéraux ayant cristallisé en début de refroidissement.
Un trait caractéristique, en particulier chez les roches volcaniques sombres et basiques, est le débit en prismes (ou en orgues), qui ne peut forcément s'observer qu'à l'affleurement (parois verticales ou carrières). Ces colonnes quadrangulaires à octogonales ne sont pas des formes cristallines, mais des pans de rochers détachés du reste de la masse. Elles se sont formées par contraction lors du refroidissement de la lave. Les colonnes sont dirigées perpendiculairement à l'ancien front de refroidissement. On ne trouve généralement aucun fossile dans les roches volcaniques, la lave brûlante détruisant normalement toute forme de vie. Seuls des dépôts de tuf peuvent quelquefois, de façon tout à fait isolée, contenir des témoignages de vie.

Critères d'identification des roches volcaniques

1. Seuls quelques cristaux isolés sont bien développés (texture porphyrique)
2. Le fond est compact (microcristallisé) ou amorphe (dépourvu de formes, vitreux)
3. Nombreuses petites vacuoles
4. Textures fluidales courantes
5. Débit en prismes fréquent
6. Fossiles extrêmement rares

Synonymes

Les roches volcaniques, ou vulcanites, sont également appelées roches d'épanchement, roches extrusives, roches effusives, roches éruptives. Cette dernière appellation ne devrait pas être utilisée car elle est souvent employée pour désigner les roches magmatiques en général.

Dislocation de basalte en prismes (ou orgues), Auvergne.

Roches volcaniques Familles de roches et espèces s'y rattachant

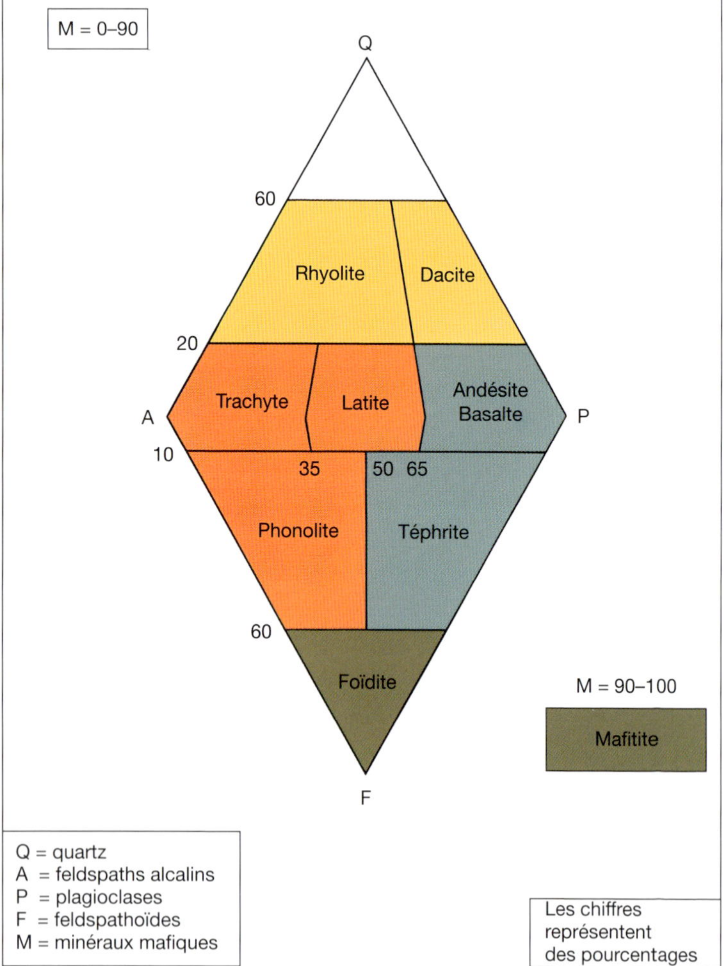

Diagramme de Streckeisen (modifié et simplifié)

Classification des roches volcaniques

Selon le mode de formation, on différencie les pyroclastites, formées de matériel projeté dans l'atmosphère, et les roches produites par le refroidissement du fleuve de laves, dites « laves ». La classification des pyroclastites se fait généralement d'après la taille des éléments, celle des laves, selon le diagramme de Streckeisen (p. 230). La classification usuelle en Europe centrale qui sépare les roches volcaniques en roches volcaniques anciennes (paléozoïques) et récentes (cénozoïques) devrait être abandonnée. Mais dans la pratique courante, certaines dénominations désuètes sont si profondément enracinées qu'il est peu probable que le commerce y renonce.

Dans cet ouvrage de détermination, les dénominations modernes et anciennes ont été prises en considération à part égale.

Classification ancienne des roches volcaniques

Principaux groupes	Roches récentes	Roches paléovolcaniques
Groupe du porphyre quartzifère	rhyolite (liparite)	porphyre quartzifère
Groupe du trachyte	trachyte	orthophyre, kératophyre
Groupe de la porphyrite	andésitite	porphyrite
Groupe du basalte	basalte	mélaphyre
	dolérite	diabase
Groupe de la picrite	picrite	paléopicrite

Classification moderne des roches volcaniques

	Familles de roches volcaniques	Subdivisions des familles	Espèces de roches (liste non exhaustive)
	famille rhyolite	rhyolite dacite	rhyolite, porphyre quartzifère dacite, porphyrite quartzifère
	famille trachyte	trachyte latite phonolite	trachyte, kératophyre latite phonolite
	famille andésite	andésite basalte téphrite	andésite, porphyrite basalte, dolérite, mélaphyre, diabase, tholéiite téphrite, basanite, limburgite
	famille picrite	foïdite mafitite	néphélinite, leucitite mélilitite, picrite, kimberlite

Pyroclastites

Les pyroclastites (du grec *pyr*, « feu » et *klastos*, « brisé ») sont des roches volcaniques constituées de matériel projeté dans les airs lors de l'éruption (lambeaux de lave, restes du remplissage de la cheminée ou fragments de roches encaissantes).
La subdivision des pyroclastites se base sur la grosseur de leurs éléments, leur mode de formation et leur aspect : tuf (téphra), tuf pierreux, tuffite, ignimbrite. La nomenclature n'est pas toujours uniforme.

Cendre volcanique au pied du Popocatepetl, Mexique.

Tephra [1-5] Tuf, Projections volcaniques

Sous le nom de tuf (du latin *tofus*, « pierre spongieuse et friable ») s'entendent au sens étroit les produits pyroclastiques meubles, et au sens large (notamment dans les livres anciens) la totalité des produits pyroclastiques. Ne pas confondre avec les « tufs calcaires », concrétions stalacticiques (page 286) sans aucun rapport avec les tephra.
Les tufs volcaniques sont classés selon la lave d'où ils proviennent (classification Streckeisen, par exemple « tuf andésitique ») ou selon la grosseur de leurs éléments. Ce terme désigne les produits pyroclastiques meubles. Les produits les plus fins sont appelés poussières volcaniques, ceux contenant des grains ayant jusqu'à 2 mm de diamètre, sables volcaniques, ces deux groupes formant les cendres volcaniques. Les dépôts formés de petits granules de la dimension d'un pois ou d'une noix (2-64 mm) sont nommés lapilli [1,2]. Les éléments plus grands (plus de 64 mm de diamètre) sont appelés blocs lorsqu'ils ont une forme anguleuse, bombes lorsqu'ils sont arrondis [4,5]. Les blocs proviennent de lave consolidée ou de fragments arrachés aux roches encaissantes de la cheminée volcanique ou de la fissure. Les bombes, de la dimension d'un poing à celle d'une tête, sont des lambeaux de lave en fusion qui, par suite d'une rotation durant leur trajectoire, prennent une forme oblongue, torsadée ou en fuseau. Elles se consolident avant de se déposer. Les scories [3] sont des masses de lave poreuses, boursouflées. L'aspect des téphras peut être finement cristallin, amorphe, exceptionnellement porphyrique et le plus souvent très poreux.
Gisements : les pyroclastites à granulométrie grossière ne se rencontrent qu'à proximité des volcans, dans un rayon de quelques kilomètres. Les cendres peuvent au contraire être emportées par le vent à plusieurs centaines de kilomètres du volcan.

1 Lapilli, Popocatepetl/Mexique
2 Lapilli, Hohentwiel/Hegau/Allemagne
3 Scorie volcanique, Tenayuca/Mexique
4 Bombe volcanique, Mauna Loa/Hawaii
5 Bombe volcanique en forme de fuseau, Vésuve/Italie

1
2
3
4
5

Tufs volcaniques pierreux [1-4]

Les tufs volcaniques pierreux sont des téphras consolidés. Selon le genre et la répartition des éléments, on distingue des tufs fins, grossiers ou chaotiques, le plus souvent riches en cavités. L'induration du matériel primitivement meuble se fait par compaction et cimentation. Le transport du ciment, généralement calcaire ou siliceux, est assuré par les eaux souterraines, l'eau d'imprégnation, les fluides en circulation et les eaux météoriques.
Les tufs peuvent être stratifiés du fait du triage des éléments lors de la sédimentation ou de dépôts successifs. À la différence des roches sédimentaires qui présentent des strates parallèles, les couches de tuf sont souvent déformées par l'impact d'éléments de grande taille (bombes et blocs). En échantillons décimétriques, il est souvent difficile de différencier des tufs fins et des roches sédimentaires. Inversement, des tufs très anciens peuvent être indurés de telle sorte qu'ils simulent des laves d'épanchement. Mode de gisement : les tufs grossiers se rencontrent à proximité des volcans, tandis que les variétés fines peuvent également se trouver loin du centre d'éruption. Provenances : Eifel, Neuwieder Bekken/Rhénanie, Kaiserstuhl/Bade, Saxe/Allemagne, Auvergne/France, Pozzuoli/Italie. Sont utilisés comme isolants thermiques et comme pierres de construction légères du fait de leur porosité ; risques d'altération.
Trass [4] Variété de tuf trachytique ou phonolitique. À cause de ses propriétés hydrauliques, le trass est utilisé moulu et mélangé à du béton, principalement dans les constructions subaquatiques. Du fait de sa basse température de prise, il augmente la résistance à la fissuration et rend le béton plus dense et plus résistant chimiquement. Ce ciment est surtout indiqué pour le béton en masse. Provenances : Eifel, Siebengegirge/Rheinland/ Allemagne, France méridionale, Crimée/Russie.

Couches de tufs volcaniques marquées par des bombes. Niedermendig/Eifel/Allemagne.

Tuffite

Roche formée de produits pyroclastiques mélangés à des sédiments. Le dépôt de ces deux types de matériel s'est effectué en même temps ou en alternance. Souvent stratifiée.

Ignimbrite

Les ignimbrites (du latin *ignis*, « feu » et *imber*, « pluie », « orage », c'est-à-dire« orage de feu ») sont des dépôts de nuées ardentes, qui atteignent le sol sous forme de fluides légers, c'est-à-dire encore en fusion. Au contact du sol, elles se soudent en roches compactes ayant l'aspect d'une lave, dont elles sont d'ailleurs souvent difficiles à différencier. Provenances : Nouvelle-Zélande, Alaska, Andes.

1 Tuf selbergitique, Eifel/Allemagne
2 Tuf limburgitique, Kaiserstuhl/Bade/Allemagne
3 Tuf phonolitique, Ettringer, Eifel/Allemagne4 Trass, Brohltal/Eifel/Allemagne

1
2
3
4

Roches vitreuses

Les roches volcaniques vitreuses, ou verres naturels, sont des roches volcaniques, mais non une espèce de roche à proprement parler, cette expression désignant une texture pétrographique, amorphe en l'occurrence. Seuls quelques cristaux très rares et très petits y sont inclus. . Les verres proviennent du refroidissement très rapide du magma au moment où il atteint la surface. Le laps de temps écoulé avant la consolidation de la matière en fusion a été trop court pour permettre une cristallisation de la masse. Les laves riches en gaz et visqueuses produisent des verres très poreux, les laves pauvres en gaz et extrêmement compactes des verres peu poreux et compacts.

Pierre ponce [1,2] ponce

La pierre ponce (du latin « écume ») est un verre très poreux ressemblant effectivement à de l'écume. Toute la masse est criblée, comme une éponge de toilette, de pores ovales ou irréguliers ne communiquant généralement pas entre eux. À cause de cette porosité importante qui peut représenter jusqu'à 85 % du volume de la roche, la pierre ponce flotte sur l'eau. La couleur est habituellement gris clair à jaunâtre, rarement rouge ou de couleur foncée. La pierre ponce se forme à partir de laves riches en gaz et visqueuses. Du fait de la brusque détente à l'arrivée en surface, les gaz s'échappent en donnant naissance à de nombreuses vacuoles. La lave se durcit peu après. Étant donné leur forte viscosité, les laves acides permettent plus facilement la formation de ponces. C'est pour cela que la plupart des pierres ponces ont une teneur en silice élevée et des couleurs claires. Elles doivent être classées, dans ce cas, dans la famille de la rhyolite. Provenances : îles Éoliennes/Italie, Islande, Auvergne. Est utilisée pour la fabrication de matériaux de construction légers. Ses avantages résident dans son faible poids volumique et dans sa qualité d'isolant thermique. Son utilisation comme abrasif et en cosmétique est due à l'absence de cristaux anguleux pouvant causer des lésions, et au fait que la surface de la roche reste toujours rugueuse et érodante même après usage. Comme les pierres ponces naturelles présentent des variations de structure et de dureté, on utilise de plus en plus, comme abrasifs, des pierres ponces artificielles de qualité uniforme fabriquées à partir de sable quartzeux.

Scories [3] escarbilles

Croûtes bulleuses, ressemblant à des ponces, se trouvant à la surface des coulées de lave. Elles sont plus compactes que les pierres ponces, résistantes aux intempéries et le plus souvent rougeâtres.

Perlite [4]

Verre naturel composé de petits grains arrondis de structure concentrique et de dimensions allant jusqu'à celle d'un pois. Sous l'effet d'un coup léger, la perlite se dissocie en particules semblables à des perles. Couleur sombre, bleuâtre, verte ou brune. Éclat cireux. Formation probablement due à un phénomène de détente suivi de dilatation, c'est-à-dire à un éclatement d'obsidiennes ou de pechsteins originellement compacts. Suivant sa composition chimique, elle est en général considérée comme un verre rhyolitique. Provenances : Hongrie, Nouveau-Mexique. Utilisation : la perlite est rendue poreuse et bulleuse par chauffage pour être utilisée ensuite comme matériau léger de construction, comme matériel de filtrage, d'isolation et de charge.

1 Pierre ponce artificielle aux pores réguliers
2 Pierre ponce, île Lipari/Italie
3 Scorie de téphrite, Vogelsberg/Hesse/Allemagne
4 Perlite, Fuzer/Hongrie

1

2

3

4

Obsidienne [1,2,4]

L'obsidienne est une roche volcanique vitreuse compacte. Elle doit son nom au Romain Obsius (généralement appelé faussement Obsidius ou Obsidianus), qui ramena pour la première fois à Rome un fragment d'obsidienne, provenant d'Éthiopie.
Les obsidiennes riches en silice appartiennent à la famille des rhyolites. Il existe également des obsidiennes trachytiques, andésitiques et phonolitiques. Malgré leur forte teneur en silice, leur couleur est sombre, verte, brune à noir profond. Cela provient de la présence de fines particules disséminées de magnétite et, suivant les cas, d'hématite. De minuscules pores sont à l'origine des reflets dorés que l'on observe parfois. La coloration est uniforme ou zonée. Les arêtes, y compris chez les obsidiennes noires, ont une transparence dans le gris, les fines esquilles sont même claires et transparentes. L'éclat vitreux, ainsi que la cassure conchoïdale et acérée sont caractéristiques des obsidiennes.
Les obsidiennes proviennent du refroidissement rapide d'un matériel magmatique le plus souvent riche en gaz mais tellement visqueux que les gaz (et jusqu'à 3 % d'eau) ne peuvent pas s'échapper et restent contenus dans la roche. Lorsqu'on la chauffe à environ 1 000 °C, les gaz s'exhalent en transformant la roche en ponce.
Se rencontrent sous forme de croûtes à la surface des coulées de lave, de bombes ou de couche externe des dômes figés. Provenances : îles Éoliennes, Anatolie/Turquie, Islande, Hongrie, Nouveau-Mexique et Wyoming/États-Unis, Java, Japon.
À l'âge de la pierre, l'obsidienne était, avec le silex, très prisée comme matière première pour la fabrication d'outils et d'armes du fait de sa cassure acérée et de sa dureté élevée (5-5 1/2 dans l'échelle de Mohs). Au Mexique, elle fut employée jusqu'au XVIe siècle pour la confection de couteaux, racloirs, pointes de flèches, etc. Elle est utilisée aujourd'hui pour des sculptures, des objets de culte et des bijoux fantaisie.
Obsidienne flocons de neige, obsidienne fleurie [1] Appellation commerciale d'obsidiennes à inclusions globulaires, appelées sphérolites. Ces structures sont formées de minéraux disposés radialement (par exemple des feldspaths, de la cristobalite) et peuvent atteindre la taille d'une noix. Ces cristaux se sont développés de façon rayonnante à partir d'un noyau dans la lave encore chaude, visqueuse, jusqu'à ce que le refroidissement et le durcissement de la lave viennent stopper ce processus. Provenances : Nouveau-Mexique et Utah/États-Unis, Mexique.
« Larmes d'Apache » [2] Appellation commerciale de fragments d'obsidienne en forme de nodules. Le transport en rivière et l'abrasion due au sable leur ont fourni leur arrondi, souvent amélioré artificiellement. Provenance : Texas/États-Unis.

Pechstein [3] rétinite

Roche paléovolcanique vitreuse à éclat résineux ou poisseux, de couleur grise, noire, verdâtre ou brune, parfois tachetée et rubanée. Contient souvent de gros phénocristaux de quartz et de feldspath. Pauvre en gaz volcaniques, riche en eau (jusqu'à 10 %), qu'on peut éliminer par des températures de 200 à 300 °C. Les pechsteins sont classés, d'après leur composition chimique, parmi les rhyolites. Le pechstein se forme par dévitrification de l'obsidienne, c'est-à-dire par cristallisation progressive du verre, il s'agit donc d'un passage de l'état vitreux à l'état cristallin. Provenances : Tyrol du Sud/Italie, Saxe/Allemagne, Colorado/États-Unis.
Wildes Ei (« œuf sauvage ») Inclusion de pechstein en forme de nodule dans des rhyolites paléozoïques (porphyres quartzeux) ; ces nodules peuvent atteindre la taille d'un ballon de football.

---

1 Obsidienne flocons de neige (ou fleurie), section polie, Utah/Etats-Unis
2 « Larmes d'Apache », Texas/Etats-Unis
3 Pechstein rhyolitique (appelé autrefois pechstein porphyrique), Tyrol du Sud/Italie
4 Obsidienne, île Lipari/Italie

1
2
3
4

Famille rhyolite

La rhyolite et la dacite font partie de cette famille.

Rhyolite [3,4] liparite

La rhyolite (du grec « roche qui coule ») est une roche volcanique riche en silice.

Minéraux clairs :	80-100 %	
dont :	20-60 % de quartz	
	40-80 % de feldspaths,	dont 35-100 % de feldspaths alcalins et 0-65 % de plagioclases
Minéraux colorés :	0-20 %	
Minéraux accessoires :	aegyrine, biotite, zircon, apatite, magnétite	

Structure généralement porphyrique. Phénocristaux de quartz, de sanidine, de plagioclase, rarement de biotite. Matrice contenant du verre dans des proportions variables, peut être également compacte et microlitique. Roche très massive. Structures fluidales fréquentes définies par l'alignement de phénocristaux. Les rhyolites récentes sont de couleur claire, blanche, grise, jaunâtre, rougeâtre. Les rhyolites anciennes sont sombres. Comme les laves riches en silice sont très visqueuses, les rhyolites (plus de 70 % de SiO_2) se trouvent dans des appareils volcaniques extrusifs comme les dômes, ou coupoles, les aiguilles obturantes. Débit en prismes rare.
Provenances : Forêt-Noire, Saxe/Allemagne, Vosges, îles Éoliennes et Toscane/Italie, Islande, Rocky Mountains/États-Unis, Andes. Utilisée comme matériau d'empierrement, pour la fabrication de pavés, comme pierre ornementale.
Porphyre quartzifère [1] (paléorhyolite) Roche volcanique paléozoïque de composition rhyolitique. Le nom de porphyre (du grec « couleur pourpre ») quartzifère devrait être remplacé par celui de paléorhyolite. Du fait de son ancienneté, cette roche s'est légèrement transformée et a pris des couleurs rouges, brunes, parfois vertes. Le gisement le plus important d'Europe se trouve dans le Tyrol du Sud (Italie).

Dacite [2]

Roche volcanique riche en silice. Nom tiré d'une ancienne province romaine se trouvant actuellement en Roumanie.

Minéraux clairs :	70-95 %	
dont :	20-60 % de quartz	
	40-80 % de feldspaths,	dont 65-100 % de plagioclases et 0-35 % de feldspaths alcalins
Minéraux colorés :	5-30 %	
Minéraux accessoires :	pyroxène, hornblende, biotite, zircon, apatite, magnétite	

Phénocristaux de plagioclase, de quartz, plus rarement de feldspath potassique, de hornblende et de biotite dispersés dans une masse microlitique souvent vitreuse. Textures fluidales fréquentes. Il existe aussi des verres dacitiques. Couleur gris clair à gris moyen, en général un peu plus sombre que celle de la rhyolite.
Provenances : région Sarre-Nahe, Forêt-Noire/Allemagne, Siebenbürgen/Roumanie, Massif central, Rocky Moutains/États-Unis. Utilisée comme matériau d'empierrement, comme pierre de taille et comme pierre ornementale.
Porphyrite quartzifère (paléodacite) Roche volcanique paléozoïque de composition dacitique. Le nom de porphyrite quartzifère devrait être remplacé par celui de paléodacite. Couleur souvent rougeâtre ou verdâtre.

1 Porphyre quartzifère, Tyrol du Sud/Italie
2 Dacite, Lemberg/Palatinat/Allemagne
3 Rhyolite, Toscane/Italie
4 Rhyolite, Fuzer/Hongrie

1

2

3

4

Famille trachyte

Cette famille comprend le trachyte, la latite et la phonolite.

Trachyte [1,2]

Le trachyte (grec « rugueux ») est une roche volcanique claire, riche en feldspaths.

Minéraux clairs :	60-100 %	
dont :	80-100 % de feldspaths,	dont : 65-100 % de feldspaths alcalins et 0-35 % de plagioclases
	0-20 % de quartz ou 0-10 % de feldspathoïdes	
Minéraux colorés :	0-40 %	
Minéraux accessoires :	pyroxène, amphibole, biotite, apatite	

Couleur gris clair à gris moyen, jaunâtre, brunâtre, rougeâtre chez les formations anciennes. La pâte est compacte, microlitique, vitreuse, poreuse, toujours porphyrique. Phénocristaux formés principalement de sanidine, également de plagioclase, de pyroxène et d'amphibole. Structures fluidales fréquentes. Se rencontre sous forme d'aiguilles obturantes ou de culots. Provenances : Siebengebirge, Westerwald/Allemagne, Auvergne. De nombreux trachytes sont sensibles au gel.
Kératophyre [2] Trachyte paléozoïque contenant moins de 40 % de minéraux mafiques.

Latite [3] trachyandésite

Roche volcanique riche en feldspaths. Nom donné d'après la région du Latium.

Minéraux clairs :	65-95 %	
dont :	80-100 % de feldspaths,	dont : 35-65 % de feldspaths alcalins et 35-65 % de plagioclases
	0-20 % de quartz ou 0-10 % de feldspathoïdes	
Minéraux colorés :	5-35 %	
Minéraux accessoires :	pyroxène, amphibole, biotite, olivine, apatite, magnétite	

Les minéraux essentiels sont les feldspaths, et les minéraux accidentels, la néphéline et le pyroxène. Structure porphyrique avec phénocristaux de plagioclase, de pyroxène et de sanidine. Matrice microlitique et vitreuse. Structures fluidales. Couleur gris clair à gris moyen. Mode de gisement : en nappes. Gisements : Auvergne, Italie.

Phonolite [4]

La phonolite (du grec « pierre qui sonne ») est une roche volcanique riche en feldspaths et en feldspathoïdes.

Minéraux clairs :	60-100 %	
dont :	40-90 % de feldspaths,	dont : 50-100 % de feldspaths alcalins et 0-50 % de plagioclases
	10-60 % de feldspathoïdes	
Minéraux colorés :	0-40 %	
Minéraux accessoires :	aegyrine, amphibole, mélanite, olivine	

Structure compacte à microlitique, rarement vitreuse, porphyrique avec phénocristaux de sanidine et de néphéline. Texture parallèle à l'origine d'un débit en plaques. Couleur grise, verdâtre, brunâtre. Se rencontre en extrusions figées, rarement en nappes. Gisements : Hegau, Kaiserstuhl/Bade, Rhön/Allemagne, Auvergne.

1 Trachyte alcalin, Auvergne
2 Kératophyre quartzifère, Westphalie/Allemagne
3 Latite néphélinitique, Siebengebirge/Rhénanie/Allemagne
4 Phonolite, Hohentwiel/Hegau/Allemagne

1

2

3

4

Famille andésitite-basalte

Cette famille comprend l'andésite, le basalte et la téphrite. Il est souvent impossible de distinguer macroscopiquement les différents membres de cette famille, ni même des roches génétiquement voisines.

Andésitite [1]

Nom tiré de la chaîne des Andes, en Amérique du Sud.

Minéraux clairs :	60-85 %	
dont :	80-100 % de feldspaths,	dont : 65-100 % de plagioclases et
		0-35 % de feldspaths alcalins
	0-20 % de quartz ou 0-10 % de feldspathoïdes	
Minéraux colorés :	15-40 %	
Minéraux accessoires :	hornblende, pyroxène, biotite, olivine, magnétite, apatite, zircon	

L'andésitite est une roche relativement claire à structure porphyrique. Les phénocristaux sont formés de plagioclases (spécialement l'andésine), de hornblende, de pyroxène et de biotite. Matrice microlitique et vitreuse. Les minéraux essentiels et accidentels ont un habitus en forme de baguettes tabulaires et sont enchevêtrés en forme de charpente, ce qui donne à la roche une texture tenace. Le quartz ne constitue guère plus de 5 % de la matrice. Les andésitites ont une couleur grise, brunâtre, rougeâtre, les variétés anciennes sont le plus souvent verdâtres. Mode de gisement : sous forme de coulées de lave ou de stocks, associée au basalte, à la latite et au trachyte. Provenances : Palatinat rhénan, Westerwald, Siebengebirge/ Rhénanie/ Allemagne, Vosges et Auvergne, Écosse, Roumanie, Rocky Mountains/États-Unis. Sa texture en charpente en fait un matériau d'empierrement hautement résistant. C'est, après le basalte, la roche volcanique la plus répandue. La différence entre l'andésitite et le basalte ne se fonde pas, comme pour leurs équivalents plutoniques, la diorite et le gabbro, sur le contenu en anorthite, mais sur l'indice de coloration (proportion de minéraux mafiques en % de volume). Du fait de la texture porphyrique, microlitique à vitreuse de la roche, l'identification des feldspaths est, il est vrai, très difficile. Les minéraux mafiques représentent moins de 40 % de la roche chez les andésites, et plus de 40 % chez les basaltes.

Porphyrite [2] Terme utilisé pour des andésites le plus souvent vertes, d'âge paléozoïque. Devrait être remplacé par celui de paléoandésite.

Basalte [3,4]

Nom tiré d'une région de Syrie. Était déjà connu dans l'Antiquité.

Minéraux clairs :	30-60 %	
dont :	80-100 % de feldspaths,	dont : 65-100 % de plagioclases et
		0-35 % de feldspaths alcalins
	0-20 % de quartz ou 0-10 % de feldspathoïdes	
Minéraux colorés :	40-70 %	
Minéraux accessoires :	hornblende, pyroxène, biotite, olivine, magnétite, ilménite, apatite	

Le basalte est une roche sombre, grise à noire, gris-bleu, également brunâtre, les variétés anciennes sont verdâtres ou brun-rouge.

1 Andésite à hornblende, Almeria/Espagne
2 Porphyrite à augite, Lemberg/Rhénanie-Palatinat/ Allemagne
3 Basalte porphyrique, Vogelsberg/Hesse/Allemagne
4 Basalte à néphéline, Odenwald/Hesse/Allemagne

1

2

3

4

Toutes les roches volcaniques sombres se ressemblent et ne peuvent souvent être identifiées qu'en lames minces. Cela ne suffit pas toujours, car, chez les roches volcaniques, la cristallisation ne s'effectue pas tout à fait de la même manière que chez les roches plutoniques. La distinction entre les basaltes et les andésites appartenant à la même famille (p. 244) et possédant une composition minéralogique très proche se base sur l'indice de coloration, c'est-à-dire sur la proportion de minéraux mafiques. Chez les basaltes, cette proportion se situe au-dessus de 40 %, et chez les andésites, en dessous de 40 %.

L'aspect des basaltes est habituellement microlitique à compact, rarement grenu ou vitreux. Texture porphyrique avec phénocristaux de pyroxène, de hornblende et d'olivine, souvent orientés. Présence parfois de cavités, occupées primitivement par des gaz, mais les basaltes sont rarement très poreux. Du fait de l'enchevêtrement des cristaux de plagioclases ayant la forme de longues baguettes, les basaltes ont une texture en charpente qui les rend particulièrement tenaces, solides et résistants aux intempéries. Le basalte est de loin la plus répandue de toutes les roches volcaniques. Leur faible teneur en silice rend les laves basaltiques très liquides. Elles forment ainsi, à partir de centres d'émission fissuraux, de vastes empilements de nappes, les « basaltes des plateaux » ou trapps, qui atteignent des épaisseurs de 3 000 m. Ce sont les plateaux du Dekkan en Inde, du Karoo en Afrique du Sud, de la Columbia en Oregon/États-Unis, ainsi que d'autres formations en Argentine et en Sibérie. Il existe des cônes et des dômes basaltiques en Allemagne, dans l'Eifel, le Westerwald, le Rhön et la Rhénanie-Palatinat, et en France (Auvergne).

Toutes les roches volcaniques basiques présentent un débit en prismes caractéristique (voir p. 229 et p. 254). En revanche, elles ne se délitent que rarement en plaques. En raison de ses qualités et de sa vaste répartition, le basalte est utilisé de manière très diversifiée. Il passe pour la roche naturelle la plus résistante à l'érosion. Les basaltes à texture orientée sont de moins bonne qualité. Cette roche était autrefois utilisée pour édifier des murs et fabriquer des pavés. Aujourd'hui son importance économique réside dans son emploi comme matériau d'empierrement hautement résistant (construction de voies ferrées par exemple) et comme gravillons (dans les couches de bitume). Le basalte ne se prête pas au pavage des routes, car il devient glissant par temps de pluie. La complexion prismée des coulées de basalte (nature du rocher) ne permet pas d'en extraire des blocs de grande taille. Les laves basaltiques poreuses, formées à la surface des coulées de lave et donc peu fissurées, se laissent au contraire débiter en blocs de presque n'importe quelle taille. Le basalte fondu est utilisé comme matière première pour la production de laine de roche et pour des revêtements très résistants de sols et de façades.

Variétés de basaltes

On différencie généralement les basaltes en fonction de leur âge et de leur texture, sans qu'il existe de définitions claires ou de nomenclature uniforme :

Âge	microlitique	grenu
récent	Basalte *sensu stricto*	dolérite
ancien	mélaphyre	diabase

Basalte *sensu stricto* [3 et 4, p. 245] (anamésite) Basalte d'âge tertiaire ou plus récent, microlitique, non transformé. Couleur généralement grise, gris-bleu à noire.

1 Dolérite, Siebengebirge/Rhénanie/Allemagne
2 Tholéiite, région du Nahe/Rhénanie-Palatinat/Allemagne
3 Mélaphyre amygdalaire/Rhénanie-Palatinat/Allemagne
4 Diabase, Rauschermühle/Rhénanie-Palatinat/Allemagne

1

2

3

4

Mélaphyre [n° 3, p. 247] Basalte microlitique d'âge prétertiaire. Les anciennes vacuoles (occupées primitivement par des gaz) sont remplies de quartz, d'agate, de calcédoine, de zéolite et de chlorite (mélaphyre amygdalaire). Couleur gris foncé ou, du fait de transformations minérales, rougeâtre à brune. N'est utilisable pour la construction que sous réserves. Le terme de mélaphyre ne devrait plus être utilisé et remplacé par celui de paléobasalte.

Dolérite [3 et n° 1, p. 247] Basalte grenu, non transformé, généralement récent.

Diabase [1 et n° 4, p. 247] Basalte ancien d'âge paléozoïque, dont une partie des minéraux colorés a été chloritisée et serpentinisée, ce qui confère à la roche une coloration verdâtre (roche verte). On parle de « verdissement du basalte ». Bien que cette transformation ne soit pas liée à l'âge de la roche, mais à des processus tectoniques et à la circulation d'eau, la plupart des diabases sont des roches très anciennes. De même que pour les mélaphyres, l'appellation de diabase devrait être remplacée par celle de paléobasalte. Actuellement, on considère que les diabases proviennent de la chloritisation et de la serpentinisation des basaltes ou de leurs équivalents plutoniques, les gabbros. D'autre part, quelques auteurs considèrent la diabase comme une roche filonienne avant tout. Est utilisée comme matériau d'empierrement, et, en raison de sa couleur verte, comme roche ornementale pour l'architecture intérieure ou le revêtement de façades.

Tholéiite [n° 2, p. 247] Basalte dépourvu d'olivine. Il existe, à l'opposé, un basalte à olivine. La classification des basaltes suivant ces deux termes est actuellement préférée à l'ancienne, basée sur la taille du grain et l'âge.

Lave basaltique [n° 4, p. 251] Roche contenant de nombreuses vacuoles (primitivement remplies de gaz). Se forme à la surface des coulées de lave.

Roche basaltique Terme général désignant des roches volcaniques sombres (comme le basalte, la téphrite, la basanite, les foïdites, les mafitites) difficiles à différencier macroscopiquement et même au microscope en lames minces.

Basalte brûlé au soleil Appellation incorrecte d'une téphrite (p. 250).

Noms commerciaux de roches basaltiques

NOIR DE SUÈDE [3] : dolérite noire, Suède.
PORFIDO VERDO ANTICO : andésite verte, Grèce.
PORPHYRE NOIR : andésite sombre, Lugano/Suisse.
NEUGRÜN DE HESSE : (« nouveau vert ») diabase verte, Marburg/Hesse.
TIBERIAS : basalte tacheté, Israël.
BODAFORS : diabase vert foncé, Suède.
VERDE INDIA [1] : diabase verdâtre, Karnataka/Inde.

Désignations commerciales erronées portant la désignation de basalte :
DIABASE DE HESSE [4] : picrite, région de la Dill/Hesse/Allemagne.
PORPHYRE VERT : lamprophyre, Fichtelgebirge/Allemagne.
DIABASE DE LOBENSTEIN : picrite, Thuringe/Allemagne.
GABBRO SOLVAG : désignation norvégienne d'une péridotite de Norvège.
GRANIT VERT DE LA LAUSITZ : andésite ou diabase vert-noir/Saxe/Allemagne.
GRANIT PATRIA : Désignation d'une diabase verdâtre/Fichtelgebirge/Allemagne.

1 Diabase VERDE INDIA, Karnataka/Inde
2 Lamprophyre GRENZLAND, Lausitz/Allemagne
3 Dolérite NOIR DE SUÈDE, Suède
4 Picrite DIABASE DE LA HESSE, Hesse/Allemagne

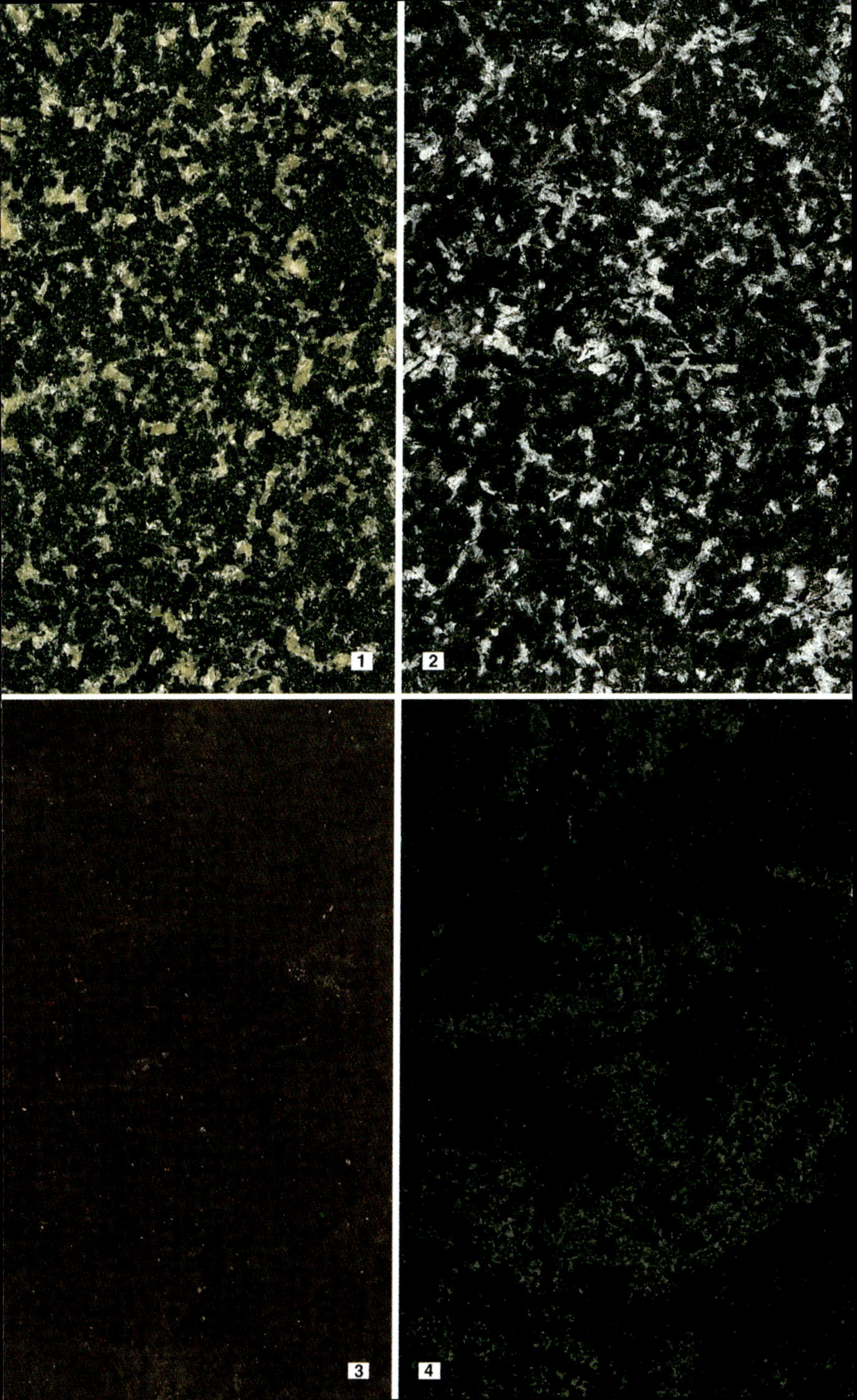
1
2
3
4

Téphrite [1]
La téphrite (du grec « pierre de cendre ») appartient à la famille du basalte.

Minéraux clairs :	30-80 %	
dont :	40-90 % de feldspaths,	dont 50-100 % de plagioclases et 0-50 % de feldspaths alcalins
	10-60 % de feldspathoïdes	
Minéraux colorés :	20-70 %	
Minéraux accessoires :	pyroxène, hornblende, olivine	

La téphrite apparaît plus ou moins sombre suivant la proportion de minéraux colorés. Sa structure est presque toujours porphyrique, avec des phénocristaux de pyroxène et de hornblende. Dans la matrice finement microlitique, compacte ou vitreuse, des plagioclases en forme de baguettes sont enchevêtrés en forme de charpente (texture intersectale). Le pyroxène, dominant, devient accidentel.
Se distingue des basaltes d'aspect similaire par sa teneur élevée en foïdes. Contient toujours de la néphéline ou de la leucite, jamais de quartz. Ne se rencontre qu'en formations récentes. Lorsque les téphrites sont soumises à des processus de transformation secondaires, les néoformations les métamorphosent en des roches tout à fait différentes, de sorte qu'on ne peut plus reconnaître la téphrite originelle. Débit en prismes et en plaques comme chez les autres roches volcaniques pauvres en silice. Gisements : Vogelsberg, Rhön, Eifel/Allemagne, Steiermark/Autriche, Auvergne, Vésuve/Italie.
Utilisation limitée du fait de la forte altérabilité des feldspathoïdes (voir ci-après basalte tacheté). Les variétés résistantes à l'altération sont employées comme matériau d'empierrement, comme basalte fondu et pour la fabrication de laine de roche.
Basanite [2] Variété de téphrite riche en olivine. Couleur gris sombre à noire à cause de sa forte teneur en minéraux mafiques. Structure porphyrique, matrice généralement cristalline. Les nombreuses vacuoles sont souvent remplies de zéolites. Provenances : Eifel/Allemagne, Viterba/Italie, îles Canaries, plateau du Tassili/Algérie, Montana/États-Unis. N'est utilisée comme pierre de construction que localement.
Limburgite [3] Variété de téphrite formée de plus de 50 % de verre, contenant plus de 30 % de pyroxène et jusqu'à 10 % environ d'olivine pouvant apparaître sous forme de phénocristaux. Les vacuoles sont fréquemment tapissées de zéolites.
« **Trachyte à meule** » dite aussi **« lave à meules »** [4] Appellation incorrecte désignant une téphrite à leucite et néphéline. Roche de dureté homogène utilisée dans le monde entier pour la fabrication de meules (en particulier de meules servant à la fabrication du papier). Du fait de sa forte porosité, elle reste toujours rugueuse et abrasive même après usage. Provenance : Niedermendig (Eifel), où elle est exploitée à ciel ouvert ou en galeries. L'utilisation de cette roche pour la fabrication de meules remonte à l'âge de la pierre.

Sonnenbrennenbasalt (« basalte brûlé au soleil ») Désignations populaires de téphrites et de néphélinites sujettes à l'altération. La transformation de la néphéline en analcime provoque un accroissement de volume (d'environ 5 %) conduisant à un effritement de la roche faussement attribué à l'influence du soleil (d'où la dénomination populaire allemande). Avant d'être utilisées dans la construction et en technique, des roches aussi sujettes à l'altération devraient être impérativement testées en laboratoire.

1 Téphrite, Kaiserstuhl/Bade/Allemagne
2 Basanite à leucite, Vésuve/Italie
3 Limburgite, Kaiserstuhl/Bade/Allemagne
4 Téphrite à leucite et néphéline (« trachyte à meule »), Niedermendig/Eifel/Allemagne

1

2

3

4

Famille picrite

Cette famille comprend les foïdites et les mafitites.

Feldspathoïdites

Terme général pour toutes les roches volcaniques à très forte proportion de feldspathoïdes. Les plus connues sont la néphélinite et la leucitite.

Minéraux colorés : 5-70 %
Minéraux clairs : 30-95 %, comprenant : 60-100 % de feldspathoïdes et 0-40 % de feldspaths

Les **feldspathoïdites** (foïdites) sont semblables aux basaltes. Leur caractère distinctif essentiel est la présence, généralement très abondante, de feldspathoïdes. La dénomination des différents types de foïdites est fondée sur le feldspathoïde dominant.

Néphélinite [1] Roche de couleur gris clair à gris moyen, ayant comme composants essentiels de la néphéline et du pyroxène. Minéraux accessoires : hornblende, apatite, mélilite, sphène. La proportion d'olivine peut dépasser 20 %. Texture microlitique à compacte, vitreuse, porphyrique. Cette roche se désagrège parfois du fait de la transformation de la néphéline en analcime (voir basalte tacheté p. 250). Mode de gisement : en filons et en stocks peu étendus. Provenances : Eifel, Rhön, Erzgebirge/Allemagne, Auvergne/France.

Leucitite [2] Les leucitites sont très claires lorsqu'elles contiennent une forte proportion de leucite, formant souvent de grands phénocristaux dispersés dans une pâte microlitique à compacte. La roche prend une couleur sombre quand les pyroxènes sont dominants. Provenances : Eifel, Kaiserstuhl/Bade/Allemagne, monts de Bohême/Rép. tchèque, Vésuve/Italie.

Mafitite

Les mafitites sont des roches volcaniques très sombres, car elles contiennent plus de 90 % de minéraux mafiques. Les plus connues sont la mélilitite et la picrite.

Mélilitite Nom donné d'après le composant essentiel, la mélilite, qui doit être présente dans une proportion d'au moins 10 %, mais qui peut également dépasser les 30 %. Les autres composants essentiels sont le diopside et le phlogopite.

Picrite [3 et n° 4, p. 249] Texture microlitique à grain fin à moyen, porphyrique. Les minéraux essentiels sont le pyroxène et l'olivine, ainsi que la hornblende, la biotite et la magnétite. Du fait de la serpentinisation et de la chloritisation de certains minéraux, la picrite, originellement grise à noire, prend des tons plutôt verdâtres. Se rencontre sous forme de corps géologiques peu étendus, rare.

Kimberlite [4]

La kimberlite (nom donné d'après la ville de Kimberley, en Afrique du Sud) est considérée soit comme une péridotite ou une variété de picrite, soit comme une roche filonienne. Texture à grain fin à moyen, également porphyrique, souvent bréchoïde. Couleur verdâtre à gris bleuté. Les minéraux essentiels sont l'olivine, le pyroxène et le phlogopite. Le pyrope, le diopside chromifère et le spinelle constituent les minéraux accessoires, parfois accidentels.

Mode de gisement : en filons ou en cheminées à mise en place explosive, les pipes. Provenances : Afrique du Sud, Rép. démocratique du Congo, Inde, Iakoutie/Russie. Contient parfois du diamant.

Lamproïte Variété de kimberlite tachetée gris verdâtre diamantifère de la mine Argyle, plateau de Kimberley/Australie occidentale.

1 Néphélinite à olivine, Eifel/Rhénanie/Allemagne
2 Leucite à néphéline, Eifel/Rhénanie/Allemagne
3 Picrite, Fichtelgebirge/Bavière/Allemagne
4 Kimberlite, Transvaal/Afrique du Sud

1

2

3

4

Propriétés physiques techniques des roches volcaniques

	Poids brut Densité brute Poids volumique Densité de volume g/cm³	Poids net Densité nette Poids spécifique Densité des grains g/cm³	Porosité réelle Porosité d'ensemble % volume	Capacité d'absorption d'eau % poids	Porosité apparente Porosité utile % volume
porphyre quartzifère, porphyrite, andésite, kératophyre	2,55-2,80	2,58-2,83	0,4-1,8	0,2-0,7	0,4-0,8
basalte, mélaphyre	2,95-3,00	3,00-3,15	0,2-0,9	0,1-0,3	0,2-0,8
lave basaltique	2,20-2,35	3,00-3,15	20-25	4-10	9-24
diabase	2,80-2,90	2,85-2,95	0,3-1,1	0,1-0,4	0,3-1,0
pyroclastite	1,80-2,00	2,62-2,75	20-30	6-15	12-30
rhyolithe, dacite	2,35-2,70	2,58-2,73	0,4-14,5	0,1-4,7	
trachyte	2,42-2,75	2,52-2,78	1,0-10,0	0,3-4,0	
andésite	2,50-2,75	2,58-2,80	0,8-14,0	0,3-4,6	
basalte	2,74-3,20	2,84-3,22	0,3-4,5	0,1-1,7	
phonolite, téphrite	2,37-2,64	2,50-2,67	1,3-12,5	0,3-4,4	
pyroclastites (rhyolitiques, trachytiques)	0,88-2,20	2,50-2,75	20,0-65,0	6,0-25,0	
lave basaltique	2,20-2,45	2,95-3,15	18,0-28,0	4,0-10,0	
diabase	2,5-3,0	2,8-3,0	0,3-1,0		
rhyolithe	2,2-2,7	2,6-2,7	0,4-1,8		
andésite	2,4-2,9	2,6-2,9	0,4-1,8		
trachyte	2,3-2,8	2,5-2,8	0,4-2,0		
basalte	2,6-3,3	2,9-3,3	0,2-0,8		

	Résistance à la compression (écrasement) à l'état sec	Résistance à la flexion	Résistance au choc	Résistance à l'abrasion	Remarques	Sources
	kg/cm^2	kg/cm^2	Nombre de coups jusqu'à la rupture	Perte en cm^3 sur 50 cm^2		
porphyre quartzifère, porphyrite, andésite, kératophyre	1 800-3 000	150-200	11-13	5-8	Valeurs moyennes des fréquences	DIN 52100
basalte, mélaphyre	2 500-4 000	150-250	12-17	5-8,5		
lave basaltique	800-1 500	80-120	4-5	12-15		
diabase	1 800-2 500	150-250	11-16	5-8		
pyroclastite	200-300	20-60				
						Peschel 1983
diabase	1 400-4 000		8-22			Reinsch 1991
rhyolithe	900-3 500		3-10			
andésite	800-3 300		3-13			
trachyte	1 100-2 400		3-12			
basalte	1 600-4 000		7-20			

Au cours du temps, les unités de masse et autres, ainsi que les roches concernées, furent modifiées à plusieurs reprises. Pour la compréhension des données techniques des anciens ouvrages, les notions désuètes ont toutes été insérées en tête de la table.

Carrière de basalte totalement abandonnée du Westerwald, Betzdorf/Rhénanie-Palatinat/Allemagne. Typiques « orgues de basalte » constituées de prismes hexagonaux apparus lors du refroidissement de la coulée basaltique. Aujourd'hui, sorte de pèlerinage auprès d'une prétendue « Pierre des Druides ».

Roches filoniennes

Les roches filoniennes (dites aussi « apophyses magmatiques ») formaient autrefois un troisième groupe distinct parmi les roches magmatiques. On considérait qu'elles occupaient une place intermédiaire, du point de vue de la genèse, de la texture et du mode de gisement, entre les roches plutoniques et les roches volcaniques (voir ill. p. 90). On expliquait leur formation par la séparation de magmas résiduels en corps géologiques de faibles dimensions, les filons.
On tend actuellement à classer les roches filoniennes plutôt parmi les roches plutoniques, ou, pour certaines d'entre elles, parmi les roches volcaniques. La nomenclature a évolué selon les conceptions nouvelles. Autrefois, les noms des roches filoniennes étaient dérivés de ceux des roches plutoniques ou volcaniques parentes, mais aujourd'hui, leur dénomination se base sur le nom de la roche plutonique correspondante, auquel on rajoute le préfixe « micro ». Le terme de microplutonite est, par analogie, l'appellation moderne des roches filoniennes.

Nomenclature des roches filoniennes/microplutonites

	nouvelle nomenclature	ancienne nomenclature
plutonites	microplutonites	roches filoniennes
granite	microgranite	porphyre granitique
granodiorite	microgranodiorite	
syénite	microsyénite	porphyre syénitique
monzonite	micromonzonite	
foyaïte	microfoyaïte	
diorite	microdiorite	porphyre dioritique
gabbro	microgabbro	porphyre gabbroïque
essexite	microessexite	
foïdolite	microfoïdolite	
mafite	micromafite	

Roches filoniennes collectivisées

Les roches filoniennes nommées dans le tableau ci-dessus ont la même composition chimique que leur roche-mère, seule leur texture diffère. De telles roches filoniennes étaient autrefois nommées collectivisées ainsi que par une expression professionnelle peu connue, « aschist » (du grec *a* privatif et *skhistos*, « séparé »).

Le Pfahl est un filon de quartz mis en relief par l'érosion et s'érigeant en muraille, Forêt de Bavière (Allemagne).

1 Porphyre granitique, Hesse/Allemagne
2 Pegmatite graphique, Hitterö/Norvège
3 Pegmatite granitique à cristaux d'orthose, d'albite tabulaire et de quartz fumé, Fichtelgebirge/All.

1

2

3

Porphyre granitique (microgranite) Type de roche le plus connu parmi les roches filoniennes normales (c'est-à-dire non différenciées) présentant une structure porphyrique. De grands phénocristaux de feldspaths et de quartz sont dispersés dans une matrice microgrenue.

Roches filoniennes individualisées

Il arrive que des roches filoniennes aient une composition minéralogique et une structure différentes de celles des roches plutoniques ou volcaniques correspondantes. On parle alors de roches filoniennes individualisées (ou de schizolites filoniennes). Ce sont les pegmatites à grands cristaux, les aplites claires et les lamprophyres sombres. Certaines quartzolites (p. 198) devraient être rattachées à ce groupe.

Pegmatite [n° 3, p. 257] Roche claire grossièrement cristallisée (du grec « roche cohérente »). Peut être rattachée aussi bien aux roches filoniennes qu'aux plutonites. Mode de gisement : en filons, stocks, lentilles ou en bordure de corps plutoniques importants, le plus souvent associée à des roches plutoniques. Nombreux cristaux automorphes, pouvant parfois être géants. Les pegmatites peuvent avoir une importance économique car elles contiennent souvent des minéraux rares. Les pegmatites sont dénommées d'après la roche plutonique correspondante (par exemple pegmatite granitique), ou d'après leurs minéraux utiles (pegmatite à micas, à feldspaths, à gemmes). Le terme de pegmatite ne désigne pas seulement une espèce de roche, mais également l'ensemble du massif pegmatitique.
Pegmatite graphique [n° 2, p. 257] Variété de pegmatite caractérisée par l'interpénétration de feldspath potassique (microcline) et de quartz en bâtonnets. Les quartz gris sombre forment des caractères graphiques (rappelant des lettres arabes) au sein de plages de feldspaths claires, gris-blanc ou brunâtres. Le rapport entre les feldspaths potassiques et le quartz est d'environ 70 à 30 %.

Aplite [1,2] Roche filonienne claire, microgrenue (du grec « roche simple »). Les minéraux sont tous granuleux, xénomorphes, la roche montre une structure saccharoïde. Composition granitique fréquente (aplite granitique), comprenant des feldspaths alcalins et des plagioclases en proportions égales. Il existe également des aplites correspondant à d'autres plutonites (par exemple aplite syénitique, aplite dioritique, aplite essexitique). Couleur blanche, jaunâtre ou rouge. Mode de gisement : en filons ayant jusqu'à plusieurs mètres d'épaisseur. Se rencontre dans presque tous les complexes granitiques, souvent au voisinage de pegmatites.

Lamprophyre [3, 4 et n° 2, p. 249] Roche filonienne sombre (du grec « mélange brillant »), à matrice très finement grenue ou vitreuse, et à structure le plus souvent porphyrique. Les micas produisent un certain éclat sur les surfaces de cassure. La structure et la composition minéralogique sont très variables selon les variétés. Mode de gisement : en filons ne dépassant guère un mètre d'épaisseur. Variétés connues : kersantite, minette, monchiquite, spessartite, vogésite. Pour certains auteurs, la kimberlite (p. 252) est une variété de lamprophyre.
Minette [3] Variété de lamprophyre de composition syénitique. Contient plus de feldspaths potassiques que de plagioclases. Abondance de biotite et de pyroxène.
– À ne pas confondre avec le minerai de fer oolithique appelé minette (p. 294).
Spessartite [4] Variété de lamprophyre de composition dioritique. Contient plus de plagioclases que de feldspaths potassiques. Les minéraux colorés sont l'amphibole et l'augite, ce sont eux qui déterminent la couleur. Il peut y avoir du quartz. Ne pas confondre avec le minéral (p. 80)

---

1 Aplite, Odenwald/Hesse/Allemagne
2 Aplite à tourmaline, Bavière/Allemagne
3 Minette, Vosges/France
4 Spessartite, Haut-Palatinat/Allemagne

1

2

3

4

Roches sédimentaires

Les roches sédimentaires ne représentent que 8 % de la croûte terrestre. Elles se rencontrent principalement à la surface du globe où elles recouvrent, sous forme de roches meubles ou consolidées, 75 % de la surface des continents et une proportion probablement encore plus importante des fonds océaniques.

Genèse

Les roches sédimentaires sont des roches d'origine secondaire. Elles se forment à la surface du globe à partir des produits de l'altération des roches préexistantes, c'est-à-dire des roches magmatiques, métamorphiques ou des roches sédimentaires déjà formées. Les produits d'altération subissent normalement un transport plus ou moins long entre l'emplacement de la roche d'origine et le lieu de dépôt. Durant leur déplacement, assuré par l'eau, la glace, le vent et les forces gravitatives, les éléments détritiques et les composants contenus en solution sont mélangés, séparés ou chimiquement transformés de telle sorte qu'une roche totalement nouvelle prend naissance sur les lieux de dépôt.

Stratification Les roches sédimentaires sont presque toujours litées, ou stratifiées. Elles sont parcourues de surfaces planes délimitant des matériaux géologiques différents. Ces strates se forment du fait d'irrégularités dans le processus de sédimentation, dues au triage des éléments ou à des interruptions temporaires. La stratification est dite concordante lorsque les couches sont parallèles, et discordante lorsqu'elles se rencontrent en formant des angles. La sédimentation en milieu deltaïque, où le matériel se dépose obliquement du fait des déplacements latéraux du cours du fleuve affluent, donne naissance à la stratification entrecroisée. La stratification, critère d'identification caractéristique, n'est pas toujours visible, suivant les cas, sur de petits échantillons. En revanche, dans la nature, les roches sédimentaires sont très facilement reconnaissables lorsqu'elles sont stratifiées à grande échelle. Le plus souvent, les limites des strates sont également des surfaces à bon clivage. L'épaisseur des couches (puissance) varie de quelques fractions de millimètre à plusieurs mètres. Dans le domaine millimétrique, on parle de stratification feuilletée, dans le domaine centimétrique, de stratification en plaquettes, et pour des épaisseurs décimétriques, de stratification en bancs.
Dans certaines roches sédimentaires, les diaclases s'installent avant tout perpendiculairement à la stratification. Sous l'influence de l'altération, cette fissuration provoque, en particulier chez les grès, la disjonction de la roche en parallélépipèdes

Calcaire à stratification concordante.

Stratification entrecroisée montrant des discordances.

Calcaire récifal non stratifié, fortement fissuré, Eichstätt/Bavière/Allemagne.

Cheminées de fées dégagées par l'érosion dans une moraine non stratifiée, Tyrol du Sud/Italie.

(ill. p. 274). Les calcaires en revanche, du fait de leur solubilité relativement aisée donnent naissance à de grandes formes d'érosion d'aspect tourmenté et aux crêtes très découpées (p. 282). Les calcaires récifaux ne sont généralement pas stratifiés. Ces roches prennent naissance sous forme d'atolls ou, comme leur nom l'indique, de récifs frangeants résultant de l'activité d'organismes minuscules, les coraux, qui sécrètent continuellement du calcaire. Dans nos régions, les calcaires coralliens ne se présentent en général que sous forme de bancs isolés au sein de massifs calcaires par ailleurs bien stratifiés. Les moraines, dépôts formés par les glaciers, ne sont, elles non plus, jamais stratifiées. Caractéristiques de la sédimentation glaciaire : éléments non triés, toutes les classes de granulométrie sont représentées, absence d'orientation spatiale des éléments même minces et aplatis, présence de gros blocs dont la taille peut dépasser l'ordre du mètre.

Diagenèse La plupart des roches sédimentaires se déposent d'abord sous forme de matériel non consolidé. Il s'agit alors de roches meubles. Leur induration ne se réalise que progressivement par élimination de l'eau et/ou cimentation (par de l'argile, du calcaire, de la silice). On appelle diagenèse l'ensemble des processus de transformation conduisant à l'induration d'une roche. Certaines roches sédimentaires, telles les tufs calcaires, les calcaires récifaux et les roches salines sont dès leur formation des roches consolidées.

Contenu fossilifère Un critère d'identification essentiel pour les roches sédimentaires est la présence de fossiles, c'est-à-dire de toute substance ou objet liés au monde vivant, comme des parties dures d'animaux, des empreintes de plantes, ainsi que des perforations, des traces de broutage et de locomotion laissées par des organismes minuscules. La plupart des fossiles se trouvent dans les roches sédimentaires, mais celles-ci n'en contiennent pas forcément toujours. Les fossiles ne sont pas non plus restreints uniquement aux roches sédimentaires, on peut en découvrir dans les dépôts de sédiments pyroclastiques. Néanmoins, la présence de fossiles s'ajoutant à la stratification caractéristique est généralement un critère d'identification certain pour les roches sédimentaires.

Sols Les sols sont parfois classés parmi les roches sédimentaires. Dans ce livre, ils ne sont pas traités en groupe particulier. Il est fait mention de tout ce qui concerne les sols au point de vue pétrographique dans la description des roches correspondantes (argile, marne, sable, calcaire, etc.).

Classification des roches sédimentaires

Pour les roches sédimentaires, il n'existe pas de classification à laquelle il est obligatoire de se conformer ou ayant été retenue par un consensus général. C'est pourquoi il n'y a pas de nomenclature uniforme. La classification des principaux groupes se fonde généralement sur leur genèse. On les subdivise suivant différents principes : le chimisme, des mesures techniques, ou à nouveau la genèse.

Principaux groupes des roches sédimentaires

Roches détritiques	Roches néoformées	Roches résiduelles	Roches charbonneuses
préphites psammites pélites	calcaire roches siliceuses roches salines roches phosphatées roches ferrifères	kaolin bauxite	tourbe lignite charbon anthracite

Synonymes

Les roches sédimentaires ont également parfois été appelées roches exogènes, roches litées, roches de dépôts, sédiments.
Seule l'expression « roche sédimentaire » est claire.
Les appellations « roche de dépôt » et « roche exogène » ne sont pas exemptes de confusion, car les tufs volcaniques et les laves isolées sont aussi exogènes et se déposent également par gravité. L'appellation « roche litée » n'est pas une bonne alternative, car si la plupart des roches sédimentaires sont litées, certaines, telles que les moraines ou les calcaires récifaux, ne le sont pas ; en outre, des roches non sédimentaires comme les tufs volcaniques et certaines roches métamorphiques sont litées.
Certains auteurs réservent le terme « sédiment » aux roches sédimentaires meubles ; c'est le cas de Walter Schumann qui nomme « sédimentite » toute roche sédimentaire cohérente.
Nous conservons dans cette édition française l'expression « roche sédimentaire », claire et d'un usage confirmé en France ; le caractère meuble est précisé si nécessaire (cas du sable par exemple).

Critères de reconnaissance des roches sédimentaires

1. Stratification généralement très nette
2. Présence de fossiles souvent abondants
3. Grandes formes d'érosion souvent escarpées et tourmentées
4. Les moraines ne sont jamais stratifiées, leurs éléments ne sont pas « triés »
5. Les calcaires récifaux ne sont presque jamais lités

Phénomènes d'altération météorologique, exemple d'un granite

1 Granite frais, non encore altéré par l'action météorologique.
2 Granite présentant une coloration brunâtre due à la transformation chimique des éléments ferrugineux mis en solution.
3 Les feldspaths sont attaqués par des eaux chargées d'acide carbonique. Altération en profondeur.
4 Sous l'influence conjointe de l'altération chimique et physique, le granite perd sa compacité, la roche est parcourue de fissures.
5 Désagrégation du granite en morceaux relativement grands, très friables.
6 Enfin, le granite est transformé en une fine terre arable contenant des minéraux argileux.

1
2
3
4
5
6

Roches sédimentaires clastiques, ou roches détritiques

Par roches détritiques (du latin *deterere*, « user en frottant »), roches d'altération, roches clastiques (du grec *klastos*, « brisé », « rompu»), roches issues des destructions météorologiques (Verwitterungsrestbildungen) s'entendent des roches, de toutes granulométries, chez lesquelles le matériel d'origine peut encore être identifié.

Genèse

Les roches détritiques se forment principalement à partir de la désagrégation physique des roches préexistantes. La désagrégation purement mécanique des roches se produit sous l'influence des éléments météoriques. Elle dépend dans une forte mesure du climat et est donc plus ou moins active suivant les régions. On distingue la thermoclastie, la gélifraction, l'haloclastie, la fragmentation biologique ou organogène, mais il est évident que dans la nature, ces différents modes de fragmentation interfèrent plus ou moins fortement. Les variations fréquentes de températures, extrêmes dans les régions désertiques, affaiblissent la cohésion de la roche par suite de la dilatation et de la contraction différentielle des minéraux, et provoquent finalement sa désagrégation.
La gélifraction provient de ce que l'eau, en gelant, augmente de volume et exerce une pression qui fait éclater la roche. Ce processus agit le long des fentes et des fissures ou à l'intérieur de pores remplis d'eau, provoquant la fragmentation de la roche. La gélifraction s'observe surtout en haute montagne et dans les régions froides, sous des latitudes élevées. L'haloclastie, limitée aux régions sèches, arides, agit de façon comparable à la gélifraction. Des sels augmentent de volume par absorption d'eau, ce qui provoque des tensions faisant éclater la roche.
La fragmentation biologique résulte surtout de la pression engendrée par la croissance des racines. Ce phénomène ameublit progressivement la roche.

Classification selon la granulométrie

Les roches détritiques sont habituellement classées selon leur granulométrie, mais les principes de subdivision peuvent toutefois varier. Le tableau ci-contre présente des classifications et nomenclatures utilisées en Europe centrale.

Pséphites (du grec *psêphos*, « galet poli par l'eau ») ou rudites (du latin *rudus*, « gravois », « décombres ») Éléments détritiques de plus de 2 mm de diamètre. Selon la morphologie et l'arrondi des grains, on distingue les éléments anguleux (formant les éboulis et les brèches) et les éléments arrondis (formant les cailloutis et les poudingues).

Psammites (du grec *psammos*, « sable », « terre sablonneuse ») ou arénites (du latin *arena* « sable », « désert de sable ») Éléments détritiques de 2-0,02 mm de diamètre. Il s'agit du groupe des sables et des grès. Les subdivisions en différents types se basent sur la composition minéralogique et la nature du liant. La morphologie des grains peut également être prise en considération au cours de recherches très spécialisées.

Pélites (du grec *pêlos*, « boue », « argile ») ou lutites (du latin *lutum*, « boue », « vase ») Comprend les classes de granulométrie de moins de 0,02 mm de diamètre. Il s'agit des argiles et des limons. À la différence des pséphites et des psammites, constituées presque uniquement d'éléments provenant directement de la fragmentation des roches, une partie des minéraux argileux sont des éléments néoformés par suite de l'altération chimique.

Classifications granulométriques

<table>
<tr><th>Principales divisions</th><th colspan="2">Selon Din 4022</th><th>Diamètre en mm</th><th colspan="4">Selon W. Engelhardt, 1953</th></tr>
<tr><td rowspan="5">Rudites ou pséphites</td><td rowspan="2">pierres</td><td rowspan="2">pierres</td><td>> **200**</td><td colspan="4">gros blocs</td></tr>
<tr><td>> **63**</td><td>blocs</td><td rowspan="2">cailloux gros à moyens</td><td></td><td rowspan="4">graviers</td></tr>
<tr><td rowspan="3">cailloutis</td><td>cailloutis grossier</td><td>**63-20**</td><td>cailloutis grossier</td><td rowspan="2">cailloutis</td></tr>
<tr><td>cailloutis moyen</td><td>**20-6,3**</td><td>cailloux moyens à fins</td><td rowspan="2">petits cailloux</td></tr>
<tr><td>cailloutis fin</td><td>**6,3-2,0**</td><td>cailloutis fin</td><td rowspan="2">sables grossiers</td></tr>
<tr><td rowspan="4">Arénites ou psammites</td><td rowspan="3">sable</td><td>sable grossier</td><td>**2,0-0,63**</td><td>sable graveleux</td><td rowspan="2">sables grossiers</td><td rowspan="3">sable</td></tr>
<tr><td>sable moyen</td><td>**0,63-0,2**</td><td>sable moyen à grossier</td><td rowspan="2">sable moyen</td></tr>
<tr><td>sable fin</td><td>**0,2-0,063**</td><td>sable fin à moyen</td><td rowspan="2">sable fin</td></tr>
<tr><td rowspan="3">limon</td><td>limon grossier</td><td>**0,063-0,02**</td><td>sablon</td><td rowspan="3">limon</td><td rowspan="4">argile</td></tr>
<tr><td rowspan="3">Lutites ou pélites</td><td>limon moyen</td><td>**0,02-0,006**</td><td>limon</td><td rowspan="2">argiles grossières (limon)</td></tr>
<tr><td>limon fin</td><td>**0,006-0,002**</td><td></td></tr>
<tr><td>argile</td><td>argile</td><td>< **0,002**</td><td>argile</td><td>argiles fines</td><td></td></tr>
</table>

Échelles et mesures

Une classification basée sur la granulométrie comporte toujours une part d'arbitraire, et chaque limite est contraignante. Afin d'atténuer l'influence personnelle des différents auteurs, les classifications sont souvent établies sur des bases mathématiques.

La classification proposée ci-dessus, de même que ses subdivisions, se base sur une échelle logarithmique de base 10, d'où ces chiffres se terminant par 63, auxquels les non-scientifiques ne sont pas accoutumés. Dans la nature, les classes de granulométries sont toujours mélangées. Afin de permettre une description correcte de la roche, et surtout son utilisation technique, la répartition des différentes classes de granulométries doit être chiffrée. La partie fine d'une roche sédimentaire clastique peut être grossièrement estimée sur place, à la loupe. Une analyse granulométrique précise se fait en laboratoire à l'aide d'appareils et d'instruments plus ou moins importants.

Un tamisage à sec suffit pour les sables et les particules encore plus grossières. Les tamis utilisés ont des grosseurs de maille normalisées selon des données propres à chaque pays.

Les limons et les argiles sont analysés traditionnellement par décantation. Cependant, des analyses granulométriques au laser sont largement répandues maintenant dans les laboratoires modernes, ce qui leur permet un sensible gain de temps.

Famille rudites (eéphites)

Les rudites sont des sédiments grossiers, indurés ou non, dont les grains ont plus de 2 mm de diamètre.

Bloc [3]

La fragmentation des roches produit des éléments anguleux, appelés blocs, s'accumulant en éboulis. Leur situation est peu éloignée de la roche-mère.

Éboulis

Importante accumulation de blocs anguleux, qui ne se trouve qu'à proximité de la roche-mère, sur les versants des montagnes, sous forme d'éboulis de pente.

Galet de rivière, galet marin (« galet roulé ») [1]

Fragment de roche arrondi lors de son transport en milieu fluviatile, ou par les va-et-vient en milieu littoral sous l'action des marées, auxquels s'ajoutent les chocs des galets entre eux. En milieu fluviatile, les grès et les calcaires sont arrondis au bout de 1 à 5 km de transport, les granites et les quartzites(silice), au bout de 10 à 20 km.

Blocaux [4]

Les fragments rocheux transportés par les glaciers acquièrent une forme plate, aux arêtes émoussées, et sont rayés, griffés linéairement par d'autres débris rocheux : ils deviennent des cailloux striés, nommés « blocaux », terme introduit au XIXe siècle d'après l'ancien français « bloquet ».

Les débris de roche transportés par la glace peuvent avoir presque toutes les dimensions. D'énormes blocs atteignant plusieurs mètres cubes, dits « blocs erratiques », ont été transportés sur plus de 1 000 km durant l'époque glaciaire.

Cailloutis

Accumulation de fragments plus ou moins arrondis, comprenant les galets roulés et les éléments morainiques émoussés.

Dans la construction, on appelle gravier et ballast des matériaux anguleux, broyés artificiellement.

Galet à facettes [2]

Issu de la « corrasion » (érosion éolienne) des régions désertiques, détritus rocheux anguleux à faces nettes façonnées par un vent chargé de sable fin.

Galets de rivière imbriqués comme les tuiles d'un toit dans le sens du courant, Haute-Bavière/Allemagne.

1 Galet roulé (calcaire siliceux), Abenrade/Danemark
2 Galet d'origine éolienne (calcaire), Arabie Saoudite
3 Bloc (dolomie), Italie
4 Galet strié, (calcaire), Haute-Bavière/Allemagne

1

2

3

4

Nomenclature des roches détritiques grossières

	Éléments isolés	Éléments en association
	meuble	cohérent
blocs anguleux	débris, éboulis	brèche
galets roulés, morainiques	cailloutis	conglomérat, poudingue

Brèche [1]

Une brèche (de l'ancien allemand *Bruch*, « fracture ») est une roche consolidée, souvent multicolore, formée de lithoclastes anguleux. Selon la région d'ablation, elle peut être composée soit d'une même roche, soit de matériaux divers. En règle générale, pas de granoclassement ni d'orientation des éléments, aucun tri granulométrique, pas de stratification, pas de fossiles. Contient souvent des cavités anguleuses formées par la disparition d'éléments. Le liant peut être de l'argile, du calcaire ou de la silice. Se rencontre sur les flancs de montagnes. Se forme à partir de débris de pente ou d'éboulements. Son utilisation dans la construction dépend de sa composition, de sa compacité, ainsi que de la nature et de la quantité du ciment. La dureté de la roche est à peu près homogène quand les éléments sont solidement scellés. Les brèches calcaires compactes sont susceptibles d'être taillées et polies et sont destinées à l'architecture intérieure. Pour ce qui est des utilisations à l'extérieur, les variétés à ciment calcaire sont très menacées par l'acide carbonique et les composés du soufre contenus dans l'air. De nombreuses variétés commerciales sont proposées sur le marché, souvent sous l'appellation de MARBRE. Provenances : Tyrol du Sud, Toscane, Sicile/Italie, Alpes occidentales, Pyrénées françaises, Portugal, Turquie, Inde, Venezuela.

Brèche tectonique [2] En dehors des brèches sédimentaires, il en existe aussi d'origine pyroclastique et tectonique. Ces dernières se forment ainsi : dans un premier temps, la roche-mère est brisée à cause de phénomènes orogéniques ou sismiques, mais l'ensemble de la roche ne se désolidarise pas complètement. Les zones de fractures sont rapidement ressoudées par des solutions minérales.
Brèche d'impact Brèche résultant du choc d'une météorite, (p. 336).
Terrazzo Roche artificielle formée d'éclats ou de fragments de roches naturelles cimentés en assemblage en allure de brèche. Pour pavages.

Tillite

Matériel morainique consolidé contenant de l'argile à blocaux abondante, formant la matrice, et des galets morainiques peu nombreux. Aucune stratification, pas de fossiles. Les galets sont parfois orientés dans le sens de la progression de la glace. Certains auteurs réservent l'appellation de tillite aux moraines préquaternaires.

Fanglomérats

Les fanglomérats (de l'anglais *fan*, « éventail ») sont des intermédiaires entre brèches et poudingues. Ils sont formés d'éléments anguleux et arrondis, non triés. Stratification presque inexistante, tri granulométrique rare, proportion importante de matériel grossier, matrice fine peu abondante. Formés dans le passé géologique par des torrents de grenats en régions arides : des nappes d'eau torrentielles ont élargi en cône de déjection les gravats érodés accumulés durant de longues périodes de sécheresse.

1 Brèche, cassure brute, Pyrénées espagnoles

2 Brèche calcaire polie, Alpes occidentales/France

1

2

Conglomérat,
dit poudingue,
Vosges/France.

Conglomérat, poudingue [1, 2]

Les poudingues sont des accumulations de galets consolidées. Des galets arrondis sont cimentés par un liant argileux, calcaire ou siliceux. Le rapport entre le matériel fin et grossier est variable. Les éléments grossiers doivent compter plus de 50 % pour que le nom de conglomérat soit applicable. Des éléments isolés peuvent atteindre exceptionnellement la dimension d'une tête. Éléments mal triés, généralement pas de stratification, les galets allongés sont parfois orientés.

La composition du poudingue dépend de la nature de la région d'ablation. Si elle est géologiquement homogène, le poudingue correspondant le sera également. Mais en général, les poudingues sont formés de matériaux variés, ce qui leur donne un aspect coloré et tacheté. Les couleurs dominantes sont grises, bleutées, jaunâtres, voire rougeâtres dans le cas d'un ciment particulièrement riche en fer. Après un long transport, la composition des galets devient plus uniforme. Un certain tri se réalise du fait de la destruction des matériaux plus tendres au profit des plus durs, tels que quartzites, amphibolites, diabases, granites et calcaires siliceux. On observe un bon tri chez les poudingues formés en milieu littoral, appelés conglomérats de plage.

Proviennent d'anciens champs de cailloutis, de cônes et deltas alluviaux, d'emplissages de vallées, généralement dans l'avant-pays de chaînes de montagnes en formation. Provenances : vallée de l'Inn/Haute-Bavière/Allemagne, Basse-Autriche, Valais/Suisse, Dalmatie/Croatie, Sicile/Italie. Les variétés compactes sont utilisées comme pierre de construction et pour la fabrication de monuments. Les ciments siliceux sont les plus résistants, le ciment calcaire étant facilement attaqué par l'acide carbonique et les composés sulfurés. N'est utilisable sous forme de blocs que lorsque les éléments sont bien scellés et que la dureté de la roche est à peu près homogène. Se distingue des roches artificielles similaires par la présence de nombreux trous arrondis et d'interstices vides. Même les variétés susceptibles d'être polies n'ont jamais une surface parfaitement régulière, elles présentent toujours des cavités. Les poudingues peu cohérents servent à l'extraction de gravier et de gravillon.

Nagelfluh Appellation locale (du suisse-allemand *Nagelfels*) synonyme de conglomérat dans le domaine alpin et préalpin.

1 Poudingue, cassure brute, vallée de l'Isar/Haute-Bavière/Allemagne

2 Poudingue poli, vallée de l'Inn/Haute-Bavière/Allemagne

1

2

Placer diamantifère, Oranjemund/Namibie.

Famille arénites (psammites)

Sable

Le sable est un assemblage meuble de minéraux et de fragments de roches, dont 50 % au moins des éléments ont de 0,02 à 2 mm de diamètre. Les minéraux sont le plus souvent du quartz et du feldspath, ainsi que du mica et des minéraux lourds. Il existe aussi des sables sans quartz. Dans les White Sands, un désert de 75 000 hectares au Nouveau-Mexique (États-Unis), les vastes étendues de sable et les immenses dunes mouvantes sont constituées uniquement de petits cristaux de gypse.
Les sables sont le plus souvent fortement hétérométriques. Ils comprennent aussi bien des pséphites grossières que des pélites et des argiles extrêmement fines. Plus la distance de transport est grande, plus ils sont riches en quartz. Du fait de sa résistance chimique, de l'absence de clivage et de sa dureté élevée, le quartz résiste mieux à la destruction que d'autres minéraux. On peut caractériser les sables suivant leur composition minéralogique. La nomenclature n'est pas homogène. Les sables quartzeux doivent contenir au minimum 85 % de quartz.
Utilisations nombreuses et variées dans la construction. Les sables quartzeux servent aussi à la fabrication du verre, au sablage, et de matière première pour des abrasifs.
Placers Les « minéraux lourds » (denses) se concentrent dans les sables par séparation gravimétrique. Lorsque la concentration est économiquement utile, le gîte est nommé placer (p. 97 et ill. ci-dessus).

Grès [1 et n° 1-4, p. 275]

Les grès sont des sables cimentés par de l'argile, du calcaire ou de la silice.
Les grès sont toujours stratifiés. Ils sont généralement affectés d'une fissuration perpendiculaire au litage, ce qui, sous l'action de l'érosion, donne naissance à une disjonction progressive des parois de grès en parallélépipèdes (ill. p. 274).

1 Grès de Linda Vista, Californie/Etats-Unis
2 Quartzite, Rhénanie/Allemagne
3 Grauwacke, Sauerland/Westphalie/Allemagne
4 Arkose, Vosges/France

1

2

3

4

Les couleurs dominantes sont le jaune et le brun, dues à la présence de limonite. L'hématite produit une couleur rougeâtre, le bitume et le charbon, des tons bleus et noirs. Les grès verts doivent leur couleur à un mica, la glauconie.
La dénomination des grès se fonde sur leur composition minéralogique, leur structure, la matrice ou le ciment, sur la couleur ou le degré de la diagenèse, sur leur utilisation, leur répartition ou l'époque de formation. Le nom de la roche peut être complété par des propriétés particulières. La nomenclature n'est pas homogène. Mode de gisement : en masses importantes dans l'avant-pays alpin, dans les terrains du Keuper de la Franconie et de la Thuringe, dans ceux du Buntsandstein à l'est et à l'ouest du cours supérieur du Rhin. Les grès sont exploités comme pierres de construction. Les grès à ciment calcaire sont altérables du fait de leur sensibilité à l'acide carbonique et aux composés sulfurés atmosphériques. Il existe des moyens d'y remédier et des précautions à prendre, mais il n'y a pas de solution miracle. Là où cela est possible, il est recommandé de remplacer ces pierres par des roches résistantes, comme celles de la famille du basalte, par exemple. Les grès bitumineux sont de plus en plus exploités pour l'extraction de pétrole. Mines importantes en Alberta (Canada).

Quartzite gréseuse [2, p. 273] (orthoquartzite, quartzite massive, « quartzite tertiaire ») Grès riche en quartz, à ciment siliceux, contenant au minimum 85 % de quartz ou de fragments lithiques quartzitiques. À ne pas confondre avec le quartzite d'origine métamorphique (voir p. 318). Ne se forme que sous climat chaud et humide, où les feldspaths des sables, très abondants, disparaissent par altération, ne laissant subsister que les grains de quartz. Utilisé sous forme broyée comme ballast.

Arkose [4, p. 273] Grès riche en feldspaths, généralement rougeâtre. Habituellement grossière, mal triée, nombreux fragments lithiques anguleux. Se forme principalement sous climat sec, sans quoi les feldspaths seraient altérés.

Grauwacke [3, p. 273] Grès de couleur grise à gris-vert formé d'au moins 25 % de feldspaths, de fragments lithiques abondants de taille psammitique et de matrice argileuse. Tri mauvais dans l'ensemble. Roche très compacte et solide, du fait de la recristallisation du ciment siliceux. Ne se rencontre qu'associée à des grès paléozoïques. Provenances : Massif schisteux rhénan, Harz/Allemagne, Massif central/France. Utilisée localement comme matériau d'empierrement. En France, « grauwacke » désigne aussi un schiste siliceux fossilifère décalcifié (« grauwackes de Coblence » du Dévonien inférieur.)

Grès calcaire (grès calcareux) Grès à forte proportion de calcaire se présentant sous forme de ciment ou d'éléments détritiques. Des imitations en sont commercialisées sous le même nom !

Altération en parallélépipèdes dans un grès, Externsteine/Teutoburger Wald/Allemagne.

1 Grès du Main taillé (poli à l'unité)
2 Grès glauconieux, surface ébauchée (grossièrement préparée)
3 Grès molassique, surface cannelée (striée, rainurée)
4 Grès bigarrés du Buntsandsteie, surface bouchardée (martelée)

1

2

3

4

Famille lutites (ou pélites)

Roches argileuses meubles ou consolidées. Au point de vue granulométrique, ce groupe inclut aussi bien les fractions argileuses que les silts, plus grossiers.

Argiles et gores [4]

La poudre de roche transportée en suspension dans les cours d'eau forme des eaux troubles. Après son dépôt, on l'appelle vase tant qu'elle est saturée en eau. Les roches sédimentaires détritiques à granulométrie fine sont dites argiles lorsqu'elles sont partiellement déshydratées et plastiques, et argilites lorsqu'elles sont desséchées et indurées. Les composants des argiles sont le quartz, le feldspath et le mica, des résidus d'organismes calcaires et de substances organiques, ainsi que des minéraux des argiles extrêmement petits, néoformés, apparus que lors de la sédimentation étudiables seulement aux rayons X. Les roches argileuses sont donc un stade intermédiaire entre les roches sédimentaires détritiques et les roches sédimentaires d'origine chimique et biologique. Les argiles sont toujours lités. Leur induration est due à la pression des lits supérieurs (compaction) et à une cimentation carbonatée. La coloration est donnée par des corps étrangers. La limonite produit une couleur jaune à brune, l'hématite, une couleur rouge, les matières charbonneuses, le bitume, et les sulfures, des couleurs grises ou bleutées à noires. Les argiles, les roches sédimentaires les plus répandues, se trouvent dans les plaines d'épandage, les anciens bassins lacustres et les vallées fluviatiles. Comme elles retiennent l'eau par capillarité et deviennent imperméables à l'eau de l'extérieur, elles piègent l'eau des nappes aquifères.

Argiles grasses, argiles maigres, gores Les argiles à forte proportion de minéraux des argiles, par conséquent très plastiques, sont dites grasses, les autres, maigres. Les argiles maigres non plastiques d'aspect pierreux (« Tonstein ») sont dites « gores »..

Bentonite Variété d'argilite gris-blanc, formée par l'altération de cendres volcaniques. En raison de sa forte teneur en montmorillonite, la bentonite a une grande capacité de gonflement, d'échanges ioniques et un fort pouvoir absorbant. Utilisée dans la préparation de boues lourdes pour les forages pétroliers (imperméabilisation des parois du forage), comme filtre, comme matériel de dégraissage.

Letten Terme à signification vague désignant des argilites.

Lehm et lehm induré

Variété d'argile ou d'argilite meuble ou consolidée. Ne contient que très peu ou pas du tout de calcaire mais du sable en grande quantité. Les oxydes de fer lui confèrent une couleur jaune. Matière première importante pour les tuileries.

Lehm à blocaux Marne transportée décalcifiée à cailloux glaciaires

Lehm loessique Loess décalcifié, sol argileux lourd.

Argile rubanée. Les couches sombres représentent la sédimentation d'hiver, les couches claires, celle d'été. Les dépôts annuels à deux couches (de 2 à 10 mm) sont appelés « varves ». Uppsala (Suède).

1 Kaolin mélangé à du calcaire, Haut-Palatinat/Bavière/Allemagne
2 Loess, Dadschai/Chine
3 Poupée du loess, Rhénanie/All.
4 Argilite, Uppsala/Suède
5 Marne, Dakota-du-Sud/États-Unis

1

2

3

4

5

Marne, marne indurée [5, p. 277]
Variété d'argilite à forte proportion de carbonate de calcium sous forme de calcite ou de dolomite. Si la roche contient moins de 50 % de calcaire, il est question de marne, au-delà, de calcaire marneux. Matière première pour la fabrication de ciment.
Marne ferrugineuse indurée Marne à forte teneur en carbonate de fer se présentant sous forme de sidérite.
Marne à blocaux Marne contenant de nombreux galets morainiques. Dépôt glaciaire, formé principalement dans la zone des moraines de fond.

Lœss [2, p. 277]
Sédiment induré jaunâtre, à grain très fin. Non lité, poreux, formant des falaises, perméable à l'eau et à l'air. Contient jusqu'à 50 % de quartz, ainsi que des feldspaths, du mica, des minéraux argileux et du calcaire abondant. D'origine éolienne, le lœss se forme par vannage dans les zones sèches des régions steppiques, où les plantes retiennent les poussières et les consolident en produisant des structures calcaires finement capillaires. Principalement en bordure des zones de glaciation pléistocènes.
Poupées du lœss [n° 3, p. 277] Concrétions calcaires formées par concentration de dépôts de calcaire provenant de la décalcification des couches supérieures.

Kaolin [1, p. 277] argile à porcelaine
Le kaolin est une argilite formée principalement de kaolinite, contenant également du quartz et du mica. Roche résiduelle formée par l'altération de roches riches en feldspaths (granite, rhyolite, arkose). Lors de son transport, le kaolin brut subit une décantation naturelle produisant une argile kaolinique formée de kaolinite et de quartz. Blanc de neige à gris jaunâtre. Provenances : Haut-Palatinat, Saxe/Allemagne, Cornouailles/Angleterre, Chine. Utilcoisé comme matière première de la porcelaine et comme charge pour le papier.

Argile schisteuse [1] argilite
Argile indurée par diagenèse. Présente une structure parallèle apparemment schisteuse (mais qui n'est pas une schistosité !) due à l'agencement unidirectionnel des minéraux argileux feuilletés. Il n'existe pas de définition claire pour ce terme.
Schistes argileux et schistes ardoisiers p.p. [2] Argilites ayant subi une diagenèse intense, allant jusqu'à un léger métamorphisme. Le terme de schiste ardoisier désigne également des roches plus fortement métamorphiques (p. 314).
Schistes bitumineux [4] Terme désignant des argiles schisteuses sombres, contenant du bitume. Sont parfois utilisés pour l'extraction du pétrole.
Schistes ampélitiques (schistes cuprifères) Argiles schisteuses bitumineuses, marneuses, fortement enrichies en sulfures, surtout en minéraux cuprifères et pyrite.

Septaria, concrétion de marnes (agrégat minéral bulbeux) à fentes de retrait disposées radialement typiques, partiellement combinées de cristaux par la suite.

1 Argile schisteuse, Siebengebirge/
2 Argile schisteuse, ou schiste argileux, Harz/All.
3 Schiste à halisérites, argile schisteuse à débris végétaux (?), Eifel/Rhénanie/All.
4 Schiste à posidonies, argile schisteuse contenant des ammonites, Holzmaden/ Württemberg/Allemagne

1

2

3

4

Roches sédimentaires d'origine chimico-biologique

Ce groupe comprend les roches sédimentaires formées par des processus chimiques quelconques ou sous l'influence d'organismes.

Genèse

Toutes les roches sédimentaires d'origine chimique et biologique sont des roches néoformées, dont la genèse est nécessairement précédée de processus d'altération chimique. C'est pour cela qu'on ne peut plus reconnaître, à la différence des roches détritiques, les matériaux d'origine chez ces roches.
L'altération chimique aboutit à la destruction de la roche. Elle consiste en ce que les minéraux et les roches réagissent chimiquement avec l'eau, les gaz atmosphériques ou d'autres substances. La résistance à l'altération des minéraux est variable. Lorsque de la matière minérale est attaquée chimiquement, certains éléments sont emportés en solution tandis que d'autres demeurent sur place sous forme de résidus insolubles. Les eaux douces et l'eau de mer se chargent des substances minérales dissoutes, les dispersent, les mélangent ou les séparent. Le dépôt de ces substances se fait par précipitation chimico-physique et/ou sous l'influence d'organismes.

Classification

Ces roches sont classées suivant leur composition chimique et minéralogique (roches carbonatées, siliceuses, salines, phosphatées et ferrifères), selon leur mode de dépôt (par précipités de matière – concrétions –, par dissipation des fluides – évaporites) d'après le domaine de sédimentation ou la proportion de matériaux organogènes.
Biolites Roches sédimentaires résultant de l'activité d'organismes vivants ou formées par des thanatocénoses (dépôts d'organismes morts) (roches carbonatées, siliceuses, charbonneuses).

Famille roches carbonatées

Le terme de roche carbonatée désigne toutes les roches sédimentaires composées principalement de carbonates, quel que soit leur mode de formation. Ce sont les calcaires formés en milieu marin, et les dolomies issues de ceux-ci, les formations continentales que sont les dépôts de sources, appelés concrétions calcaires, et les calcaires lacustres.

Calcaire [ill. p. 281, 283, 285]

Nous entendons ici par le terme de calcaire uniquement les calcaires formés en milieu marin.
Le calcaire est une roche monominérale, formée essentiellement d'une seule espèce minérale, à savoir la calcite, qui peut atteindre des proportions de 95 %. Les minéraux accessoires sont la dolomite, la sidérite, le quartz, le feldspath, le mica et les minéraux argileux ; la coloration des calcaires est fournie par les minéraux accessoires. Les calcaires très purs sont d'un blanc de neige [n° 1, p. 281]. La limonite et la sidérite les colorent en jaune et en brun, l'hématite, en rouge, la glauconie et la chlorite, en vert, le bitume, en gris à noir.

---

1 Craie, Champagne/France
2 Calcaire à Crinoïdes, Crailsheim/Württemberg/Allemagne
3 Calcaire en plaquettes de Solnhofen, Jura franconien/Allemagne
4 Calcaire plaqueté, Walchensee/Haute-Bavière/Allemagne

1

2

3

4

Montagnes calcaires aux versants abrupts et aux crêtes très dentelées (Alpes calcaires).

Genèse Uniquement en milieu marin, à partir de débris de parties dures d'animaux et de végétaux, de vase calcaire précipitée par des processus physiques, et de sécrétions calcaires d'organismes. Le principal apport de substances calcaires est fourni par des organismes, comme les Algues calcaires, les Coraux, les Éponges calcaires, des Foraminifères, des Bryozoaires, les Brachiopodes, les Échinodermes, les Mollusques, les Crustacés, les Ptéropodes. Ces organismes fabriquent à partir du calcaire dissous dans l'eau des squelettes, tests ou coquilles qui, après leur mort, s'accumulent sur le fond en une vase calcaire, soit intacts, soit partiellement ou totalement démembrés. Dans bien des calcaires, on peut reconnaître distinctement ces débris d'organismes [n° 2, p. 281]. Chez certains, les restes de coquilles ont été complètement broyés, ou leurs formes se sont estompées à la suite de recristallisation ou de cimentation diagénétiques.
Les calcaires sont toujours lités, excepté les calcaires récifaux. Leur structure peut être compacte ou poreuse, fine ou grossière.
Suivant la proportion d'éléments autres que le calcaire, il existe toutes les formes de transition vers des roches génétiquement ou minéralogiquement voisines, en particulier vers des roches dolomitiques et des roches détritiques, mais aussi vers des roches siliceuses. La faible dureté des roches calcaires (dureté 3, celle de la calcite) et leur forte réaction à l'acide sont des critères de reconnaissance essentiels. Les roches calcaires réagissent à l'acide chlorhydrique dilué en dégageant du gaz carbonique sous forme d'un bouillonnement caractéristique. Les grandes formes d'altération sont caractérisées par des versants très raides et des crêtes dentelées. La dissolution du calcaire donne naissance au relief karstique.

Nomenclature Il n'existe pas de schéma de classification général pour les types, très variés, de calcaires. On peut les classer d'après leur composition minéralogique, leur structure ou leur mode de formation. Par conséquent, il n'existe pas non plus de nomenclature uniforme. Les noms se basent sur les organismes contenus dans la roche, la situation géographique, la structure, les impuretés, le mode de gisement, l'âge géologique.

1 Calcaire de Soleure, Jura/Suisse
2 Calcaire d'Untersberg, Salzbourg/Autriche
3 Calcaire de Villon, Jura/France
4 Calcaire dit Rouge Allemand, Bavière/Allemagne
5 Calcaire dit Granit de Belgique, Belgique
6 Calcaire dit Rouge de Vérone, Vérone/Italie

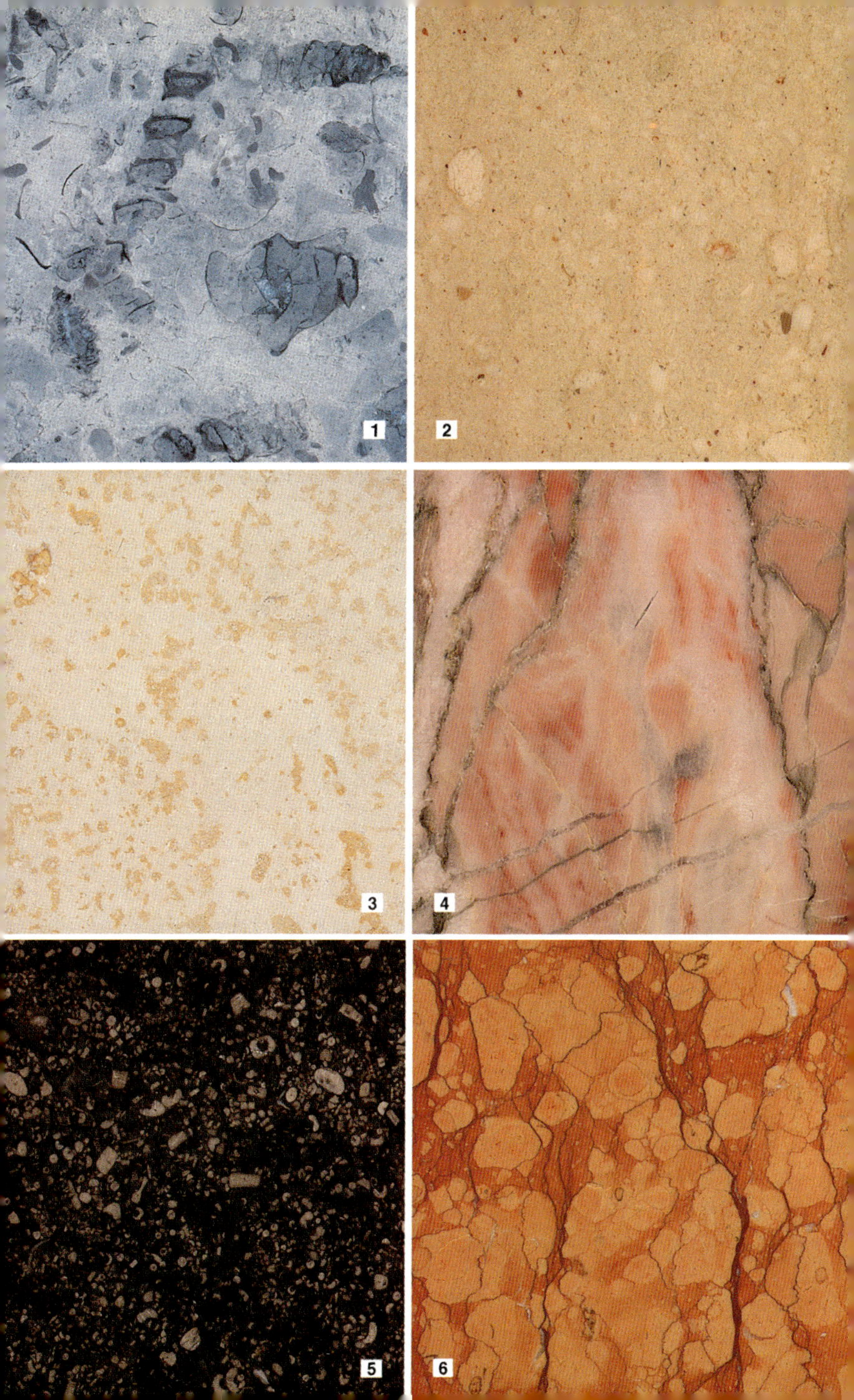
1
2
3
4
5
6

Utilisation Les roches calcaires sont très répandues et constituent des chaînes de montagnes : les Alpes calcaires du Nord et du Sud, le Jura suisse, souabe et franconien. Le calcaire est utilisé en construction, pour l'empierrement des routes, comme gravillons, pour la fabrication de ciment, et comme moellon ; il est employé pour la production du sucre, du verre et de colorants, comme fondant dans le traitement des minerais de fer et comme engrais. Les variétés compactes, résistantes et susceptibles d'être polies sont utilisées comme roches ornementales. Appelées « marbres » dans les métiers de la construction, il ne faut pas les confondre avec les véritables mar-bres qui sont des roches métamorphiques(p. 324). Il est parfois difficile de les différencier, car le passage du calcaire au marbre se fait progressivement. Les roches calcaires sont très sensibles aux gaz industriels. Sur les faces exposées, les pluies chargées d'acide carbonique attaquent le calcaire. Dans les zones abritées, les composés sulfureux transforment le calcaire en gypse, ce qui, du fait de l'augmentation de volume, provoque sa désagrégation en feuillets.

Calcaire crayeux [1, p. 281] (craie, craie à écrire) Calcaire très clair, blanc, parfois gris clair ou jaunâtre, peu consolidé, poreux. Constitué d'éléments squelettiques de microorganismes, principalement d'Algues et de Foraminifères. Agrégat presque pur de calcite. Provenances : Rüggen/Allemagne, Mön/Danemark, Douvres/ Angleterre. Bâtons de craie pour tableau noir, substitut d'albâtre.

Calcaire en plaquettes [3 et 4, p. 281] Calcaire finement stratifié, se débitant en plaques. Toujours très compact et à grain fin. Parfois nommé à tort « schiste ». Les calcaires en plaquettes sont stratifiés, et non pas schisteux.
Calcaire en plaquettes de Solnhofen [n° 3, p. 281] (« schistes de Solnhofen ») Calcaire fin, jaunâtre, très compact. A été rendu célèbre par Aloïs Senefelder, qui l'utilisa pour inventer la lithographie en 1793, d'où le nom de *calcaire lithographique*. Mais ce calcaire doit sa renommée à sa grande richesse en fossiles, et surtout à la découverte en 1861 du premier Archaeopteryx connu (ancêtre des oiseaux).Les arborescences en forme de mousses qui apparaissent à la surface des bancs et à la cassure sont des sécrétions de fer et de manganèse, appelées dendrites. Il ne s'agit pas d'empreintes de plantes. Provenance : Franconie moyenne/Bavière/ Allemagne. Utilisé pour les revêtements de sols et de parois.

Calcaire fossilifère [2, p. 281, 1, p. 283] Calcaire constitué d'au moins 50 % de débris fossilifères reconnaissables. Nom donné d'après les fossiles qui le forment, par exemple le calcaire à Crinoïdes.

Lumachelle *Calcaire coquillier* Calcaire avec accumulation massive de débris de fossiles.

Calcaire oolithique [4] Calcaire formé de petites sphères (oolithes) à structure concentrique formées à partir de microorganismes (œufs de poisson par exemple, voir ill. n° 4). Se forme dans des eaux peu profondes sursaturées en calcaire. Provenances : Harz, Thuringe/Allemagne, Jura suisse, Texas/États-Unis.

Calcaire récifal [2, 3] Calcaire formé par le dépôt continuel de calcaire produit par des organismes récifaux (Algues, Coraux, Bryozoaires, Éponges calcaires). Mode de gisement : en masses importantes non stratifiées. Provenances : Jura franconien/Bavière, Harz, Thuringe/Allemagne, Nouveau-Mexique/États-Unis.

Calcaire massif Calcaire d'aspect massif peu structuré, sans litage ni stratification apparents. Peu abondant.

---

1 Calcaire coquiller, Bavière/Allemagne
2 Calcaire récifal, Oahu/Hawaii
3 Calcaire corallien, Haute-Bavière/Allemagne
4 Pierre de frai, Harz/Basse-Saxe/Allemagne

1
2
3
4

Concrétions calcaires

Nous entendons ici par concrétions calcaires tous les dépôts de sources carbonatés, ainsi que les stalactites et les stalagmites, d'origine similaire.

Tuf calcaire [1,2] (tuf) Roche carbonatée calcitique, très poreuse, peu consolidée. Se constitue sous forme de dépôts calcaires aux griffons des sources ou à leur proximité. La précipitation de calcaire est provoquée par une perte en dioxyde de carbone, qui se trouvait en liaison avec le calcaire dissous dans l'eau. La cause principale du dégagement de dioxyde de carbone est le réchauffement de l'eau, mais l'action des plantes qui, par assimilation, prélèvent le dioxyde de carbone de l'eau, doit aussi y contribuer. Il arrive d'ailleurs que des tiges et des feuilles soient encroûtées de tuf calcaire. Est utilisé comme pierre de construction légère pour l'édification de voûtes, dans la maçonnerie des cloisons en charpente (colombages), et, du fait de sa pureté, pour la fabrication de la chaux vive. Les gisements, peu importants, ont été en maints endroits épuisés. Certains auteurs considèrent le terme de tuf comme synonyme de travertin et de concrétion calcaire. Ne pas confondre les tufs calcaires, appelés également tufs en raccourci, avec les tufs volcaniques (p. 232).

Travertin [3,4] Dépôt de source de nature calcaire, vacuolaire, mais dans l'ensemble très solide. Certaines variétés de travertin semblent être des tufs transformés par diagenèse, dont de nombreux pores ont été comblés par du ciment calcaire. Généralement rubané, blanchâtre, jaune à brun. Provenances : Cannstatt/Württemberg, Ehringsdorf/Thuringe/Allemagne, monts Sabins/Italie centrale. Utilisé pour le revêtement de sols et de façades. Se laisse facilement polir.
Travertin romain [3] Travertin le plus connu, à couleurs claires et à zonations délicates. Nom tiré de la localité d'origine.

Stalactites et stalagmites Concrétions calcaires formées dans les grottes, ayant l'aspect de colonnes posées sur le sol ou suspendues à la voûte (ill. p. 288). Ces concrétions, d'origine chimique, sont déposées par des eaux suintant goutte à goutte de roches calcaires. Par suite de l'abaissement de la température ou de l'évaporation, la solubilité du carbonate dissous dans ces eaux diminue, et il précipite sous forme calcaire. Généralement constituées de calcite, les stalactites et les stalagmites peuvent être également en dolomite, mais seulement dans les massifs dolomitiques. Occasionnellement, de l'aragonite peut alterner avec la calcite. Ces dépôts se forment sur des saillies, le long d'arêtes ou en tout autre endroit d'où l'eau peut suinter. Selon la direction de croissance, il est question de stalactites qui croissent depuis les voûtes des grottes, et les stalagmites qui s'élèvent depuis le sol. Elles peuvent prendre les formes les plus fantaisistes par suite de la croissance groupée de formes de petite taille, ou de variations du débit de l'eau ou de l'importance du dépôt.

« **Marbre-onyx** » (« onyx calcaire ») Désignation commerciale abusive pour des concrétions calcaires translucides de couleur blanche, jaune, brune ou verdâtre. Toujours festonné. Se forme soit comme concrétion stalactiforme dans les grottes, soit comme dépôt de sources chaudes. Constitué de calcite ou d'aragonite. Provenances : ancienne Yougoslavie, Turquie, Iran, Argentine, Mexique, États-Unis. Utilisé pour la fabrication d'objets d'art, pour des bijoux de mode. À ne pas confondre avec le véritable onyx, une calcédoine (p. 180). L'appellation « onyx » tout court sans qualificatif peut induire en erreur. Le marbre-onyx est parfois vendu sous l'appellation fallacieuse d'albâtre, parfois d'« albâtre calcaire » chez les commerçants peu scrupuleux.

---

1 Tuf calcaire à débris de bois, Californie/États-Unis
2 Tuf calcaire à vernis désertique, Arabie Saoudite
3 Travertin poli, monts Sabins/Italie
4 Travertin poli, Slovaquie/Rép. tchèque

1

2

3

4

Pierres de sources thermales [1] Concrétions carbonatées formées d'aragonite, déposées par des sources chaudes. Structure festonnée, avec des alternances de festons diversement colorés par la présence de fer. Couleurs jaunâtres, brunes ou rougeâtres. Souvent présentés comme « marbre-onyx » ou « onyx calcaire », ce qui crée la confusion avec les véritables onyx, des agates (voir p. 178-180). Utilisés pour la fabrication d'objets d'art. Provenances : Karlsbad/Rép. tchèque, Argentine, Mexique.

Calcaire pisolithique [2] Accumulation de petites sphères carbonatées (pisolithes) constituées d'aragonite. Se forme dans les sources thermales par dépôt de couches concentriques autour d'un corps étranger en suspension. Leur poids augmentant petit à petit, les pisolithes finissent par tomber en formant de petits agrégats sédimentaires. Provenances : Karlsbad/ Rép. tchèque, Basse-Autriche, Suisse, France.

Calcaires lacustres Calcaires limniques. Se forment par précipitation à la suite d'une sursaturation due à un apport d'eau ou provoquée par l'activité des plantes, qui consomment, par assimilation, le dioxyde de carbone dissous dans l'eau du lac.

Craie lacustre [3] Calcaire lacustre très fin, de couleur blanchâtre à grise, se déposant en couches dans un marais. Les variétés très pures sont utilisées pour la fabrication du verre et dans l'industrie chimique.

Calcaire d'eau douce [4] Calcaire lacustre fin contenant des fragments grossiers de fossiles. Ce terme est aussi utilisé comme synonyme de calcaire lacustre, voire pour toutes les formations calcaires continentales sous climat humide.

Grottes à formations stalactiformes, Carlsbad Caverns/Nouveau-Mexique/États-Unis.

1 Calcaire festonné issu de source thermale, Karlsbad/Rép. tchèque.
2 Calcaire pisolithique, Karlsbad/Rép. tchèque
3 Craie lacustre, Rosenheim/Bavière/Allemagne
4 Calcaire d'eau douce, Steinheim/Württemberg/Allemagne

1

2

3

4

Dolomie [1-3]

La dolomie est une roche monominérale constituée de dolomite (dans une proportion d'au moins 50 %). Suivant la proportion de calcaire ou d'argile, il existe toutes les transitions vers les calcaires ou vers les marnes. Les cristaux bien formés produisent une structure saccharoïde. La dolomie est rugueuse au toucher. Elle peut prendre toutes les couleurs. Se rencontre presque uniquement sous forme de roche sédimentaire d'origine marine, associée à du calcaire. Lorsqu'elle se trouve stratifiée en alternance avec du calcaire, elle fait saillie sous forme de tablettes ou de barres du fait de sa meilleure résistance à l'altération. Provenances : Jura souabe et franconien, Massif schisteux rhénan, Dachstein/Autriche, Dolomites/Italie, Angleterre moyenne, Arkansas, Iowa/États-Unis.
Est utilisée dans la construction, mais nettement moins que le calcaire. Sert de matériau pour l'empierrement des routes, parfois de pierre de taille. Est importante pour la fabrication de pierres réfractaires destinées au revêtement des hauts fourneaux, comme fondant dans le traitement du fer, comme amendement magnésien, et, depuis peu, pour l'extraction du magnésium. Étant donné sa porosité élevée, la dolomie est très souvent une roche-réservoir de pétrole.

Dolomitisation Les conditions de formation de la dolomie n'ont encore jamais été expliquées très clairement. Elle se forme vraisemblablement essentiellement à partir de calcaires ou de roches contenant du calcaire. Ce processus diagénétique est appelé dolomitisation. On distingue deux stades de dolomitisation, la dolomitisation précoce et la dolomitisation tardive.
La dolomitisation précoce est le processus de transformation de la calcite en dolomite (contenant du magnésium) sous l'influence de l'eau de mer dans un sédiment calcaire non encore consolidé. Les structures du calcaire, telles que la stratification et les fossiles, demeurent largement inchangées. Les cristaux de dolomite atteignent à peine 0,02 mm de diamètre. L'infiltration de solutions salines favorise manifestement une transformation diagénétique du fait de la concentration de magnésium. Les dolomites se rencontrent souvent en alternance avec des roches salines. La dolomitisation tardive a lieu hors du milieu marin, dans des roches calcaires consolidées. Elle est liée à la circulation d'eaux magnésiennes dans les pores de la roche. La dolomite se substitue par métasomatose aux cristaux de calcite. Les structures originelles de la roche sont estompées ou complètement supprimées. C'est ainsi que les roches dolomitiques de ce genre sont dépourvues de stratification fine et de fossiles. Elles ont une structure compacte et à gros grains caractéristiques. La taille des cristaux de dolomite dépasse habituellement 0,02 mm. Porosité élevée. Plus la dolomitisation est intense, plus le volume des pores est important.

Différences entre la dolomie et le calcaire La dolomie et le calcaire sont très semblables et souvent difficiles à différencier à l'œil nu. Un critère important est la réaction à l'acide chlorhydrique dilué : le calcaire fait effervescence, tandis que la dolomie ne réagit que lorsqu'elle est pulvérisée. Le test à l'acide n'est pas forcément fiable pour des roches carbonatées impures ou s'il y a alternance de calcaire et de dolomie. Le scientifique utilise dans ces cas des méthodes de coloration.
La dureté et la densité sont sensiblement plus élevées chez la dolomite (3,5-4 et 2,85-2, 95) que chez la calcite (3 et 2,6-2,8).

Cargneule [4] (cornieule) Variété de dolomie alvéolaire à caverneuse. Les cavités sont dues à la dissolution de blocs de gypse ou de calcaire.

---

1 Dolomie calcareuse, Tyrol du Sud/Italie
2 Dolomie marneuse, Californie/États-Unis
3 Dolomie polie, Jura franconien/Allemagne
4 Cargneule, Oahu/Hawaii

1
2
3
4

Famille roches siliceuses

Cette famille comprend les roches sédimentaires non détritiques formées d'au moins 50 % de silice. Formation par accumulation de débris d'organismes siliceux, sous forme de dépôts de source ou par précipitation chimique de silice. Noms donnés suivant les organismes concernés, le mode de formation ou l'apparence de la roche.

Diatomite

Terme général pour les roches constituées de diatomées : boues à diatomées déposées en milieu marin, « kieselguhr », tripoli. Les diatomées sont des algues unicellulaires planctoniques, possédant un test siliceux (frustule) ayant une taille de l'ordre de quelques fractions de millimètre, vivant en mer et en eau douce.
Kieselguhr [1] (farine fossile, terre d'infusoires, randanite) Roche siliceuse constituée de frustules de Diatomées, essentiellement sous forme d'opale. Porosité élevée, masse volumique inférieure à 1 g/cm^3, ce qui lui permet de flotter sur l'eau. Les variétés pures sont blanches. Les impuretés lui confèrent des couleurs jaunâtres et brunes, verdâtres, grises à presque noires. Ne se forme qu'en eau douce. Provenances : Lüneburger Heide/Basse-Saxe, Halle/Allemagne, Italie centrale, Californie/États-Unis. Du fait de son fort pouvoir absorbant, de sa résistance chimique et de sa porosité élevée, le kieselguhr est utilisé comme isolant, comme charge pour le papier et les explosifs (dynamite), comme matériel filtrant et de polissage.
Tripoli [2] (pierre à polir) Variété de diatomite plus fortement indurée. Happe à la langue à cause de sa forte porosité. Utilisé comme matériel de polissage et comme charge. Nom donné d'après la ville de Tripoli (Libye).
Porcellanite Roche sédimentaire riche en diatomées, à l'aspect de porcelaine. Provenance : Rép. tchèque.

Radioliarite [3]

Roche siliceuse composée de tests de radiolaires. Les radiolaires sont des protistes unicellulaires planctoniques exclusivement marins. Ils ont habituellement des dimensions de l'ordre de quelques fractions de millimètre, mais peuvent atteindre parfois 3 mm de diamètre. Les radiolarites ont une structure compacte, se brisent en éclats à arêtes vives, cassure conchoïdale. Couleur grise, brunâtre, également verte et rougeâtre. Provenances : Bohême/Rép. tchèque, Hohe Tauern/Autriche, Corse/France, Australie orientale, Rocky Mountains/États-Unis.

Jaspe [4]

Roche siliceuse litée (mais non schisteuse) quasiment sans fossile. Il existe plusieurs théories concernant sa formation : floculation de la silice dans l'eau de mer, dépôts de sources thermales sous-marines ou boues à radiolaires transformées diagénétiquement. Assemblage très compact, roche dure et cassante, souvent fortement fissurée. Brun rougeâtre ou verdâtre. Provenances : Frankenwald/Bavière, Harz, Massif schisteux rhénan/Allemagne, Bohême/Rép. tchèque, Thuringe/Allemagne, Écosse.
Lydienne [5] (lydite) Variété de jaspe colorée en noir par des matières charbonneuses. Pour certains auteurs, le terme de lydienne est synonyme de jaspe, pour d'autres, la lydienne est une radiolarite fortement transformée par diagenèse, et le plus souvent paléozoïque.
Utilisation par les bijoutiers comme « pierre de touche ».

---

1 Kieselguhr, Lüneburger Heide/Allemagne
2 Tripoli, Massif central/France
3 Radiolarite, galet fluviatile, Isar/Bavière/All.
4 Jaspe, Harz central/Allemagne
5 Lydienne, variété de jaspe, Frankenwald/Bavière/Allemagne

1
2
3
4
5

Concrétions siliceuses

Roches siliceuses formées par précipitation dans les sources chaudes ou à proximité, des algues jouant parfois un rôle. Dépôts poreux ou en croûtes cohérentes, microcristallins ou sous forme d'opale. Blanches, prenant des teintes variées suivant la présence d'impuretés. Provenances : Islande, Nouvelle-Zélande, Wyoming/États-Unis.
Geysérite Variété de concrétion siliceuse déposée par un geyser.

Silex [1]

Terme désignant des roches siliceuses compactes d'aspect corné, aux formes irrégulières, noduleuses. On appelle rognons de silex les agrégats noduleux arrondis. La formation de ces nodules cornés n'est pas totalement expliquée. Des solutions très siliceuses en circulation ont vraisemblablement provoqué la métasomatose de carbonates en formant des dépôts de type concrétion. Ces nodules peuvent atteindre une taille de plusieurs décimètres. Gris, jaunes, bruns à rougeâtres. Se rencontrent accumulés dans des bancs de calcaire. Provenances : Alpes calcaires/Suisse, Jura franconien/Bavière/Allemagne, Kent/Angleterre, Colombie-Britannique/Canada.

Rognon de silex [2] silex de la craie, pierre à fusil, pierre à feu

Dépôt noduleux de silex calcédonieux dépassant rarement 10 cm de diamètre. Couleur gris clair à presque noire, rarement brunâtre ou verdâtre. Les teintes sombres sont fournies par de la matière organique. Sont recouverts d'une croûte blanche formée par déshydratation. Structure très compacte, cassure conchoïdale. On observe souvent des restes d'éponges siliceuses accumulés vers le centre. Formation : voir silex. Mode de gisement : accumulés dans des couches de craie, en particulier dans la craie du Crétacé supérieur. Provenances : Rügen/Allemagne, Mön/Danemark, Douvres/Angleterre, Bassin parisien. Utilisés à l'âge de pierre comme matériau pour la confection d'armes, d'outils et d'ustensiles. Employés au XVIIe siècle dans les fusils à pierre pour provoquer par leur choc sur l'acier les étincelles destinées à en enflammer la poudre.

Famille roches phosphatées

Les roches phosphatées sont les matières premières de l'acide phosphorique. Les variétés principales sont des excréments d'oiseaux, le guano, des brèches osseuses ou bone beds, et les phosphorites [3] grises, brunâtres, terreuses ou compactes. Les roches phosphatées sont des matières premières importantes pour la fabrication d'engrais et l'industrie chimique. Gisements au Maroc, en Algérie, en Tunisie.

Famille roches ferrifères

Nous entendons ici par roches ferrifères des minerais de fer sédimentaires ayant une teneur en fer d'au moins 15 %.
Minette [4] Minerai de fer finement oolithique. Matrice silicatée ou carbonatée. Plus les oolithes sont nombreuses, plus elle est riche en fer. Formation : voir p. 98. À ne pas confondre avec la minette variété de lamprophyre (voir p. 258).
Minerais de fer rubanés (taconite, itabirite) Des couches riches en fer alternent avec des couches siliceuses. Gisements de fer importants, datant du Précambrien.
Minerai de fer détritique Poudingue riche en fer (teneur d'environ 30 %), à ciment calcaire. Gisements : districts de Salzgitter et de Peine/Basse-Saxe/Allemagne.

1 Silex, Abenrade/Danemark
2 Rognon de silex, Rügen/Allemagne
3 Phosphorite, Haute-Autriche
4 Minette (minerai de fer oolitique), Luxembourg

1

2

3

4

Famille roches salines (évaporites)

Les roches salines (appelées également évaporites) se forment par précipitation à partir de l'eau de mer lorsque les apports et les pluies ne parviennent pas à compenser l'évaporation, donc sous climat chaud et aride. La plupart des gisements de sels, et les plus importants économiquement, sont d'origine marine. Parmi les formations continentales, seuls les gisements de salpêtre du Chili ont une importance dépassant des limites régionales. La sédimentation a lieu dans les lagunes ou des golfes non complètement coupés de la haute mer. Des masses importantes d'évaporites se forment lorsque les eaux océaniques pénètrent continuellement dans ces baies non complètement isolées, sans que les saumures, toujours plus concentrées en raison du fort taux d'évaporation sous climat sec, puissent s'écouler ou refluer. La précipitation des sels à partir des saumures se fait dans l'ordre inverse de leur solubilité. Le calcaire et la dolomie se forment en premier. Ensuite viennent le gypse et l'anydrite, le sel gemme, et enfin, les sels de potassium et de magnésium. Ces derniers, très solubles, font défaut dans la plupart des gisements de sels. Un phénomène de dilution causé par l'apport d'eau douce et l'écoulement des saumures dans la mer empêchent souvent le développement complet de toute la série des dépôts de sels.

Sel gemme [1] halitite

Le sel gemme est une roche sédimentaire monominérale constituée principalement d'halite. Les minéraux accessoires sont l'anhydrite, la carnalite, la kiesérite, la polyhalite ; il contient en outre fréquemment des impuretés argileuses. Des incorporations de fer, de bitume ou de matières argileuses confèrent au sel gemme, à l'origine incolore ou blanc, des teintes bleutées, brunes ou rouges. L'alternance cyclique de couches de sel gemme et de strates argileuses ou sulfatées produit une zonation caractéristique. Le sel gemme est exploité depuis déjà 3 000 ans. Aujourd'hui, on ne l'abat que s'il est très pur. Le sel gemme très impur est extrait à l'état de solution, c'est-à-dire dissous dans de l'eau injectée dans le gisement, puis étuvé en surface et enfin purifié à chaud, d'où son nom de « sel raffiné ». Dans les régions sèches ou à fortes chaleurs estivales, le sel gemme est obtenu par évaporation naturelle de l'eau de mer dans ce qu'on appelle les salins. Utilisations et gisements : voir p. 64 sous halite.

Haselgebirge (« montagne de noisettes », expression minière autrichienne) Mélange bréchique de sel gemme, de gypse et d'anhydrite ainsi que de matières argileuses.

Gypse [3,4]

Roche sédimentaire monominérale formée essentiellement de gypse, fréquemment mélangée à de l'anhydrite, du sel gemme, ainsi qu'à du calcaire et de la dolomite. Se forme par précipitation lors de l'évaporation de l'eau de mer ou par hydratation de l'anhydrite.

Texture saccharoïde à compacte, finement litée ou rubanée produite par l'alternance de lits contenant des impuretés. Couleur blanche, souvent colorée en gris, jaunâtre, rougeâtre ou presque noir par des impuretés. Se rencontre en association avec d'autres évaporites. Provenances : Harz, Thuringe, Bavière/Allemagne, Salzbourg et Carinthie/Autriche.

---

1 Sel gemme, Grasleben/Basse-Saxe/Allemagne
2 Albâtre, Toscane/Italie
3 Gypse, Osterode/Harz/Allemagne
4 Gypse fibreux, Perm/Russie

1

2

3

4

Utilisé comme enduit et liant, pour le plâtre à carreler et pour confectionner du stuc. À cet effet, une partie de l'eau structurale du gypse (incluse dans la maille cristalline) est chassée par chauffage ; lorsqu'on rajoute de l'eau à ce gypse brûlé, il la fixe avec augmentation de volume. Utilisé en outre comme additif pour le ciment et pour les matériaux légers destinés à l'architecture intérieure.

Gypse convoluté (« gypse-serpent ») Gypse fortement plissé. Se forme par hydratation (et donc augmentation de volume) d'anhydrite.

Gypse fibreux [4, p. 297] Se forme comme remplissage de petits filons. La longueur des fibres est limitée car elles se développent perpendiculairement aux parois du filon.

Chapeau de sel Amas de gypse coiffant des gisements de sels. Se forme comme roche résiduelle lorsque les parties supérieures du gisement sont dissoutes par des eaux souterraines.

Albâtre [2, p. 297] Roches gypseuses compactes ou à grains fins, blanches ou de belles couleurs, utilisées en tabletterie et ornementation. Utilisé dans l'Antiquité pour confectionner des flacons à parfum sans anse d'où son nom (du grec *a* privatif et *labê, ês*, « anse »). Terme fallacieux désignant aussi des marbres (p. 286).

Anhydrite [2]

Roche monominérale constituée d'anhydrite (du grec *a* privatif et *udôr*, « eau », c'est-à-dire « sans eau »). Les composants accessoires sont le gypse, la calcite, la dolomite, des minéraux argileux et du bitume. Se forme par précipitation à partir de l'eau de mer, ou par diagenèse à partir de gypse, sous l'influence de températures élevées et de pressions exercées par une surcharge importante. Texture finement litée ou homogène, compacte ou granuleuse. Couleur blanchâtre, grise, bleuâtre, rouge. Associée à d'autres roches salines. Gisements : Basse-Saxe, Haute-Bavière/Allemagne, Valais/Suisse, Carinthie/Autriche. Matière première pour la fabrication d'engrais et d'acide sulfurique, pour l'industrie des matériaux de construction.

Sels de potasse

Terme désignant les sels précipitant en dernier lieu lors de l'évaporation de l'eau de mer. Ce sont des sels de potassium et de magnésium : sylvine, carnallite, kainite. Autrefois négligés car considérés comme sans valeur (« sels déliquescents » allemands), ils constituent aujourd'hui des matières premières appréciées pour la fabrication d'engrais (« sels nobles » allemands). Étant donné leur grande solubilité, on ne les trouve que dans un petit nombre de gisements salifères. Provenances : Stassfurt/Allemagne, Canada, Nouveau-Mexique/États-Unis.

Sylvinitite [1] Roche saline formée surtout de sylvine et d'halite. Minéraux accessoires : anhydrite, kiesérite et matières argileuses. Présente généralement un bon litage dû à des alternances de dépôt. Le plus souvent rouge. Sel important.

Carnallitite [3] Roche saline dont les minéraux essentiels sont la carnallite et l'halite, les minéraux accessoires l'anhydrite, la kiesérite, la sylvine et des matières argileuses. Les minéraux se présentent en couches alternées. Couleur principalement rouge, rarement blanche ou verte.

Kainitite [4] Roche saline constituée de kainite [$KMg(SO_4)Cl3H_2O$] et d'halite. Texture fibreuse (lentilles rappelant des fibres musculaires), en bancs ou massive (non litée). Couleur orange à rougeâtre, jaune, rarement blanche. Dépourvue d'éclat.

Sel dur Roche saline avec, pour minéraux essentiels, la sylvine et l'halite et, pour minéraux accessoires, l'anhydrite, la kiesérite, la polyhalite et la matière argileuse. Aspect lenticulaire, rarement bien lité. Couleur rouge. Ancienne expression minière.

1 Sylvine, Philippsthal/Hesse/Allemagne
2 Anhydrite, Tettenborn/Harz méridional/All.
3 Carnallite, Philippsthal/Hesse/Allemagne
4 Kainite, Philippstahl/Hesse/Allemagne

1

2

3

4

Famille roches résiduelles (d'altération)

Les roches résiduelles sont considérées comme des roches sédimentaires, bien que leur formation n'ait pas nécessité un transport de matières. Elles se forment à partir d'éléments résiduels produits par l'altération chimique de roches préexistantes, sur les lieux mêmes de la destruction de ces roches. Ce groupe de roches représente une masse peu importante, mais joue un grand rôle en économie. Les données essentielles sur les différentes espèces de roches résiduelles sont présentées dans d'autres contextes : kaolin p. 278, bauxite p. 148, bentonite p. 276.

Roches combustibles

Les roches combustibles (dites anthacides) sont des roches résiduelles, mais en raison de leur origine organique, elles sont considérées comme un groupe particulier.

Carbonification

Les roches charbonneuses proviennent de l'accumulation de masses végétales qui, par suite de déshydratation, n'ont pas pu se putréfier, mais se sont carbonifiées. La carbonification est un enrichissement relatif en carbone lié à un appauvrissement en oxygène. Ce sont la pression et l'élévation de la température lors de processus orogéniques ou volcaniques qui provoquent ces transformations diagénétiques ou métamorphiques. Les roches charbonneuses anciennes sont normalement plus fortement carbonifiées que les formations plus récentes.

Degré de carbonification	% C	% H	% O	% N
Bois (sec)	50	6	43	1
Tourbe	60	6	33	1
Lignite	73	6	19	1
Houille	83	5	10	1
Anthracite	94	3	2	1
Graphite	100	–	–	–

Tourbe [1] Restes de plantes reconnaissables. Brune, terne ; densité 1,0.
Lignite [2] Les restes de plantes ne sont plus reconnaissables que par fragments. Couleur brun-noir, éclat mat ; densité 1,2. Trait brun. Se désagrège facilement.
Xylite [3] Reliquat de bois peu transformés inclus dans une couche de lignite (= fossile).
Charbon ou **houille s.l.** Roche charbonneuse de formation récente, fortement carbonifiée par des processus tectoniques, presque autant que la houille s. str. Éclat poisseux.
Houille s. str. [4] Empreintes végétales reconnaissables très rares. Couleur noire, éclat gras ; densité 1,3. Trait noir, structure zonée courante.
Cannelcoal [5] Variété de houille formée surtout de spores et de pollens. Généralement mat, prend un fort éclat par polissage. Parfois utilisé pour de petits objets décoratifs. Semblable à une variété bitumineuse de lignite, le jais, ou jayet.
Anthracite Sans restes végétaux reconnaissables, ressemble à la houille. Éclat plus fort, métallique ; densité 1,5, cassure conchoïdale. Difficilement inflammable.
Graphite A subi un fort métamorphisme, cristallin, non combustible (p. 88).

1 Tourbe à sphaignes finement feuilletée d'une tourbière haute, /Basse-Saxe/All.
2 Lignite, Ville/Rhénanie/Allemagne
3 Xylite, Ville/Rhénanie/Allemagne
4 Houille, Essen/région de la Ruhr/Allemagne
5 Cannelcoal, Duisburg/région de la Ruhr/All.

1
2
3
4
5

Propriétés techniques des roches sédimentaires

	Poids brut Densité brute Poids volumique Densité de volume g/cm³	Poids net Densité nette Poids spécifique Densité des grains g/cm³	Porosité réelle Porosité d'ensemble Volume des vides % volume	Capacité d'absorption d'eau % poids	Porosité apparente Porosité utile % volume
quartzite, grauwacke	2,60-2,65	2,64-2,68	0,4-2,0	0,2-0,5	0,4-1,3
grès quartzitiques	2,60-2,65	2,64-2,68	0,4-2,0	0,2-0,5	0,4-1,3
grès quartzeux	2,00-2,65	2,64-2,72	0,5-25	0,2-9	0,5-24
calcaires, dolomie (compacts, bien consolidés)	2,65-2,85	2,70-2,90	0,5-2,0	0,2-0,6	0,4-1,8
calcaire) (peu consolidé	1,70-2,60	2,70-2,74	0,5-30	0,2-10	0,5-25
travertin	2,40-2,50	2,69-2,72	5-12	2-5	4-10
grès	1,95-2,70	2,60-2,72	0,5-35,0	0,2-13,0	
grawacke, arkose	2,58-2,73	2,62-2,77	0,4-6,6	0,1-2,3	
dolomie	2,05-2,84	2,68-2,86	0,4-27,5	0,1-10,0	
calcaire	1,75-2,75	2,64-2,80	0,6-31,0	0,2-12,0	
travertin, tuf calcaire	2,18-2,56	2,69-2,73	5,0-19,0	2,0-5,0	
gypse	2,05-2,28	2,28-2,32	1,0-8,0	0,4-3,6	
calcaire	1,9-2,8	2,7-2,8	0,5-25		
grès	2,0-2,6	2,5-2,7	0,5-24		
travertin	1,6-2,5	2,7-2,8	4-10		

	Résistance à la compression (écrasement) à l'état sec	Résistance à la flexion	Résistance au choc	Résistance à l'abrasion	Remarques	Sources
	kg/cm^2	kg/cm^2	Nombre de coups jusqu'à la rupture	Perte en cm^2 sur 50 cm^3		
quartzite, grauwacke	1 500-3 000	130-250	10-15	7-8	Valeurs moyennes des fréquences	DIN 52 100
grès quartzitique	1 200-2 000	120-200	8-10	7-8		
grès quartzeux	300-1 800	30-150	5-10	10-14		
calcaire, dolomie (compacts, bien consolidés)	800-1 800	60-150	8-10	15-40		
calcaire (peu consolidé)	200-900	50-80				
travertin	200-600	40-100				
						Peschel 1983
calcaire	800-2 400		0,3-4			Reinsch 1991
grès	900-3 000		0,2-11			
travertin	200-1 300		1-4			

Au cours du temps, les unités de masse et autres, ainsi que les roches concernées, furent modifiées à plusieurs reprises. Pour la compréhension des données techniques des anciens ouvrages, les notions désuètes ont toutes été insérées en tête de la table.

Carrière de calcaire dans le Jura franconien, Solnhofen/Bavière/Allemagne. Les minces plaques calcaires disposées en lits sont riches en fossiles.

Roches métamorphiques

Genèse

Les roches métamorphiques résultent de la transformation (ou métamorphisme) de roches préexistantes, quelle que soit la nature de celles-ci, magmatique, sédimentaire ou déjà métamorphique. Cette transformation se produit sous l'influence de hautes pressions et de températures élevées, dépassant ainsi le domaine de la diagenèse. La limite entre la diagenèse et le métamorphisme se situe vers environ 200-300 °C.

Durant tous les processus métamorphiques, les roches demeurent dans l'ensemble à l'état solide. Seul un métamorphisme très élevé, à partir de 650-700 °C, peut aboutir à une fusion partielle (nommée anatexie). La fusion complète (palingenèse) se produit au-dessus de 800 °C. On distingue deux types de métamorphisme suivant leur portée, le métamorphisme de contact et le métamorphisme régional.

Métamorphisme de contact Lors de l'intrusion de matériel magmatique (sous forme de pluton ou de lave) dans des zones de la croûte terrestre, les roches encaissantes sont transformées sous l'influence des températures élevées, exceptionnellement sous celle des gaz également, et dans une moindre mesure, sous celle de la pression. Le métamorphisme est le plus intense dans la zone immédiatement contiguë au magma. L'auréole de contact, c'est-à-dire le domaine touché par la transformation métamorphique, n'atteint qu'une épaisseur de deux à trois kilomètres seulement. Les schistes noduleux, éclogites à grenat ,les cornéennes et certains marbres sont les roches typiques issues du métamorphisme de contact.

Métamorphisme régional (ou général) Lorsque des parties de l'écorce terrestre, du fait d'un enfoncement graduel sous d'épaisses séries ou de mouvements tectoniques de grande envergure, entrent dans le domaine des températures et des pressions élevées, le métamorphisme affecte des complexes géologiques importants, s'étendant parfois sur des milliers de kilomètres carrés. L'intensité du métamorphisme dépend de la température et de la pression, tous deux augmentant avec la profondeur. Se basant sur ces données, on a cru pouvoir faire dépendre l'intensité du métamorphisme régional de la profondeur d'enfouissement de la masse rocheuse. Suivant l'intensité du métamorphisme, on distinguait l'épizone, la mésozone et la catazone.

Zonalité du métamorphisme régional selon l'ancienne conception

Zones	Profondeur en km	Température en °C	Pression en kbar
Épizone	8-10	300-400	3
Mésozone	18-20	500-600	5
Catazone	30-35	700-800	9

La zonation du métamorphisme basée sur la profondeur telle que la présente le tableau ci-dessus est certes scientifiquement dépassée de nos jours, mais elle permet aux non-spécialistes de se représenter, de façon très simplifiée, les effets du métamorphisme régional.

Les processus réels de transformation des roches sont beaucoup plus complexes. Le métamorphisme ne dépend pas seulement de températures élevées et de fortes pressions, mais des rapports de ces deux facteurs entre eux, et particulièrement de la vitesse d'enfouissement de la roche. Cela est présenté de façon simplifiée à la p. 306.

Déroulement du métamorphisme L'effet du métamorphisme se traduit par une transformation de la structure, une recristallisation, et par un apport ou un départ de certains éléments. De ce fait les fossiles sont généralement détruits. Une pression orientée dans une direction (stress) entraîne l'orientation des minéraux feuilletés ou columnaires (comme les micas, la chlorite) selon cette même direction, ce qui confère à la roche une structure parallèle, appelée schistosité, qui est un critère de détermination pour de nombreuses roches métamorphiques (voir ill. p. 308 et 314). Le métamorphisme de contact ne produit pas de schistosité. Une autre forme de modification de la structure est la recristallisation, qui conduit à la formation de cristaux plus grands. Les constituants de petite taille, principalement chez les roches monominérales (comme le quartzite et le marbre) sont ainsi effacés et la roche acquiert une structure à gros grains. Les espèces minérales demeurent inchangées. Le métamorphisme produit parfois des minéraux totalement nouveaux, soit par transformation de minéraux préexistants, soit par apport de substances étrangères.

Schistosité caractéristique des schistes ardoisiers, Valais/Suisse (lég. p. 305).

Synonymes

Les roches métamorphiques sont souvent appelées roches cristallophylliennes, ou schistes cristallins. Cette dernière appellation devrait être évitée, car les roches métamorphiques ne sont pas toutes schisteuses. D'ailleurs, cette expression n'est parfois utilisée que pour des roches métamorphiques effectivement schisteuses.

Classification et nomenclature

Aucun groupe de roches n'est aussi difficile à saisir dans son ensemble que celui des roches métamorphiques. Il n'existe pas de classification à portée générale et, par conséquent, pas non plus de terminologie uniforme. Il est possible de classer les roches métamorphiques selon leur aspect (structure, composition minéralogique) ou leur genèse (roche d'origine, type et intensité du métamorphisme). La dénomination se fait suivant la structure, les minéraux caractéristiques ou la roche d'origine. On ajoute parfois le préfixe « méta » au nom de la roche de départ.

Ortho-, para- D'après la roche parente, on distingue les roches métamorphiques d'origine « ortho », issues de roches magmatiques, et celles d'origine « para » correspondant à d'anciens sédiments. Il n'est pas toujours possible, à la simple vue de l'échantillon, de préciser de façon sûre l'origine d'une roche métamorphique, du fait que les mêmes produits finals peuvent être l'aboutissement de diverses formes de métamorphisme.

Nouvelle classification scientifique Les tentatives de classification des roches métamorphiques vont toujours en direction de la genèse. Il a été démontré que des associations de minéraux bien définies (appelées paragenèses) peuvent servir d'indicateurs pour tous les facteurs conduisant au métamorphisme. Suivant la roche d'origine, ces paragenèses produisent des roches métamorphiques d'aspect certes différent, mais pourtant parentes au point de vue génétique.
Un tel groupe de roches métamorphiques, caractérisé par une association minérale du fait de conditions de température et de pression définies, est appelé faciès métamorphique. La classification scientifique actuelle est basée sur ces faciès (voir schéma ci-dessous).

Classification simplifiée pour non-spécialistes La classification scientifique des roches métamorphiques n'est guère accessible pour les gens des métiers de la pierre ou ceux du vaste champ des sciences voisines de la pétrologie, car elle implique des connaissances scientifiques que seuls les spécialistes maîtrisent. C'est pourquoi nous divisons dans ce livre les roches métamorphiques suivant des caractéristiques extérieures facilement reconnaissables, c'est-à-dire en gneiss, en schistes et en roches métamorphiques massives non schisteuses.

Classification des roches métamorphiques selon leurs caractéristiques

	Famille des gneiss	Famille des schistes	Famille des roches non litées
Forme des minéraux	grains moyens à grossiers	minces et allongés	grains fins à grossiers
Schistosité	peu prononcée à bien marquée	très nettement marquée	aucune
Plaques délitées	moyennes à épaisses	minces	aucune
Minéraux majeurs	feldspaths, quartz	micas, minéraux argileux	nombreux minéraux

Diagramme schématique de la répartition de la pression et de la température des différents types de métamorphisme (d'après plusieurs auteurs).

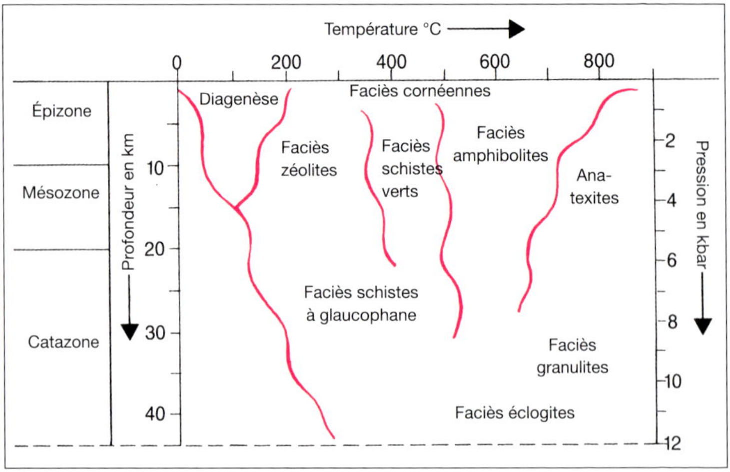

Roches métamorphiques (liste non exhaustive, C = métamorphisme de contact)

Faciès métamorphique	Roche originelle		Roche métamorphique
	roche magmatique	roche sédimentaire	
Faciès cornéenne		argile	schiste tacheté
		argile	cornéenne C
		calcaire, dolomie	roches calcosilicatées C
		calcaire	marbre C
		grès	quarzite C
Faciès zéolite		grauwacke	métagrauwacke
	pyroclastite		métapyroclastite
	périodotite, picrite	dolomie	serpentinite
		calcaire	marbre
Faciès schiste vert	roches basiques	marne	schiste vert
		argile schisteuse	schiste argileux
	tuf rhyolithique	pélite	schiste phylliteux
	pyroclastite	argile schisteuse	micaschiste
	péridotide, pyroxénolite	marne	talcschiste
	pyroclastite		chloritoschiste
		calcaire siliceux	schiste calcosilicaté
	péridotite, pyroxénolite	dolomie	serpentinite
		calcaire	marbre
		grès, radiolarite	quartzite
Faciès amphibolite		pélite	micaschiste
		calcaire siliceux	schiste calcosilicaté
	roches basiques	marne	amphibolite
		calcaire	marbre
	granite		orthogneiss
		grès, radiolarite	quartzite
Facès granulite		grès, radiolarite	quartzite
	granite		orthogneiss
	roches basiques		granulite
		calcaire	marbre
Faciès schiste à glaucophane	pyroclastite		chloritoschiste
	diabase		schiste à glaucophane
	péridotite, picrite		serpentinite
Faciès éclogite	roches basiques	marne	éclogite

Critères de reconnaissance des roches métamorphiques

1. Holocristallines, la masse est totalement cristallisée
2. Cristaux de grande taille, reconnaissables à l'œil nu
3. Éclat soyeux fréquent
4. Structure parallèle, schistosité
5. Très compactes, pas de cavités
6. En général, pas de fossiles
7. Les plans de séparation n'ont pas une surface lisse
8. Grandes formes d'altération molles et onduleuses

Gneiss

Les gneiss ont en commun une structure grossièrement grenue, une schistosité peu marquée à nette, et une proportion de feldspaths supérieure à 20 %.

Structure La schistosité est due en particulier à la disposition des cristaux de biotite qui, lorsque la roche est soumise à une pression unilatérale (stress), s'arrangent perpendiculairement à cette direction (voir schéma ci-dessous). Le gneiss se clive en plaques épaisses (de l'ordre centimétrique à décimétrique) parallèlement aux plans de schistosité. Lorsque la proportion de micas est importante, le gneiss peut parfois se cliver en plaques très minces. Les minéraux à habitus granuleux prédominent.

Composition minéralogique La composition minéralogique des gneiss comprend des minéraux très variés. Les composants essentiels sont les feldspaths et le quartz, les feldspaths étant nettement dominants. Les minéraux accessoires sont la biotite, la muscovite, l'amphibole, la cordiérite, le grenat, la sillimanite. Teneur en silice élevée. Couleurs claires, grises, verdâtres, brunâtres, rougeâtres.

Provenances Les roches originelles peuvent être aussi bien des roches magmatiques que des roches sédimentaires, comme des granites, des vulcanites acides, des grauwackes, des arkoses, des grès, des argiles schisteuses gréseuses ou pures. Les gneiss issus de roches magmatiques sont appelés orthogneiss, et ceux qui correspondent à d'anciennes roches sédimentaires, paragneiss. Il n'est guère possible de reconnaître des orthogneiss et des paragneiss en petits échantillons, mais cela peut se faire sur le terrain, lorsque des passages vers la roche d'origine ou des structures sédimentaires à grande échelle sont encore identifiables. La composition minéralogique des orthogneiss est peu modifiée par rapport à celle de la roche d'origine. Affleurements : Alpes centrales, Forêt bavaroise, Forêt de Bohême et Erzgebirge/Allemagne, Piémont/Italie, Vosges, Massif central et Bretagne/France, Scandinavie, Georgie et Vermont/États-Unis.

Utilisation Dans la construction, comme matériau d'empierrement ; les variétés se débitant en plaques minces sont utilisées pour des revêtements muraux, elles servaient autrefois à recouvrir les toits. Les gneiss à lits de micas continus sont mécaniquement moins résistants et sensibles au gel.

Nomenclature Les gneiss sont dénommés d'après la roche originelle (gneiss granitique, syénitique, conglomératique), des composants (gneiss à biotite, à muscovite, à augite, à grenat), la structure (gneiss œillé, glanduleux, plaqueté, rubané), le type de métamorphisme (épigneiss), la couleur (gneiss gris, rouge).

Schistosité : les minéraux foliacés s'orientent perpendiculairement à la direction de la pression et constituent une structure parallèle.

1 Gneiss granitique, Ukraine/Russie
2 Granulite à riébeckite, Basse-Autriche
3 Gneiss œillé, Grisons/Suisse
4 Migmatite, Fichtelgebirge/Bavière/Allemagne

1

2

3

4

Gneiss œillé [n° 3, p. 309] Variété de gneiss à structure lenticulaire déterminée par des feldspaths développés en forme d'yeux.
Gneiss schisteux (micaschiste gneissique) Cette variété de gneiss est une forme de passage vers les schistes phylliteux. Contient au minimum 50 % de minéraux feuilletés (surtout du mica), disposés en lits continus, ce qui permet à la roche de se débiter en plaques fines.
Leptite Variété de gneiss clair à grain fin, d'âge précambrien, en provenance de la Scandinavie et de la Finlande.
Hälleflinta (« silex sonore ») Gneiss pauvre en micas, finement grenu à compact, de Suède et Finlande. Très solide, cassure conchoïdale semblable à celle du silex.
Kinzigite Appellation locale d'un gneiss à grenat contenant de la cordiérite, Forêt-Noire/Allemagne.
Appellations commerciales incorrectes Le terme de gneiss est peu utilisé dans le commerce, et est généralement remplacé par GRANIT et QUARTZITE.

Granulite [2, p. 309]

La granulite est considérée comme un gneiss dépourvu de mica. Les minéraux essentiels sont des feldspaths et du quartz grossièrement cristallisé sous forme de plaquettes ; les minéraux accessoires sont le pyroxène, le grenat, le disthène et la sillimanite. Structure grossièrement schisteuse à presque massive, souvent rubanée, à grain fin à moyen. Couleur claire, parfois presque blanche. Provenances : Forêt-Noire, Saxe/Allemagne, Basse-Autriche, Rép. tchèque, Slovaquie, Finlande. Utilisée sous forme broyée comme matériau d'empierrement. Très résistante à la pression et à l'altération météorique.

Charnockite Est considérée comme une variété de granulite si l'on se réfère aux conditions présumées de sa formation, ou comme une roche magmatique si l'on se base sur sa structure. Ne contient jamais de grenat, à la différence des granulites. Le quartz n'a pas non plus l'habitus en plaquettes typique des granulites. Composant caractéristique : hypersthène. Couleur jaune-vert à vert foncé. Provenances : Suède, Inde, Brésil.

Migmatite [4, p. 309]

Les migmatites, du grec *migas*, *ados*, « mêlé » soit « roches emmêlées » sont constituées de deux types de roches différentes nettement reconnaissables, s'interpénétrant en conservant des limites franches. La roche-hôte toujours plus ancienne et plus sombre est une roche métamorphique gneissique ; la roche pénétrante, toujours plus claire, est une roche magmatique granitique. Leur formation peut être liée à une fusion partielle (anatexie) et recristallisation granitique du matériel fondu, ou bien à une sorte d'injection de matériel fondu dans le complexe des roches métamorphiques, et peut-être aussi à un échange métasomatique de substances minérales. Mode de gisement : dans des zones de métamorphisme très intense. Provenances : Forêt-Noire, Forêt de Bavière, Alpes centrales/Allemagne, Auvergne, Scandinavie. Utilisée comme matériau d'empierrement, pour la fabrication de plaques décoratives et de monuments. Certains auteurs considèrent les migmatites comme un groupe particulier, à côté des roches magmatiques, métamorphiques et sédimentaires.

Anatexite

Pas de définition bien établie (du grec *ana*, « à travers », « au milieu de », et *texis*, *eôs*, « enfantement », soit « formation au milieu d'une autre roche ») : roches dont la formation est liée à des processus de fusion hautement métamorphiques.

1 Gneiss à chlorite Verde Spriana, poli, Italie
2 Paragneiss Verde Verzasca, Suisse
3 Orthogneiss Nystad Grey, poli, Finlande
4 Orthogneiss de Vanga, poli, Suède

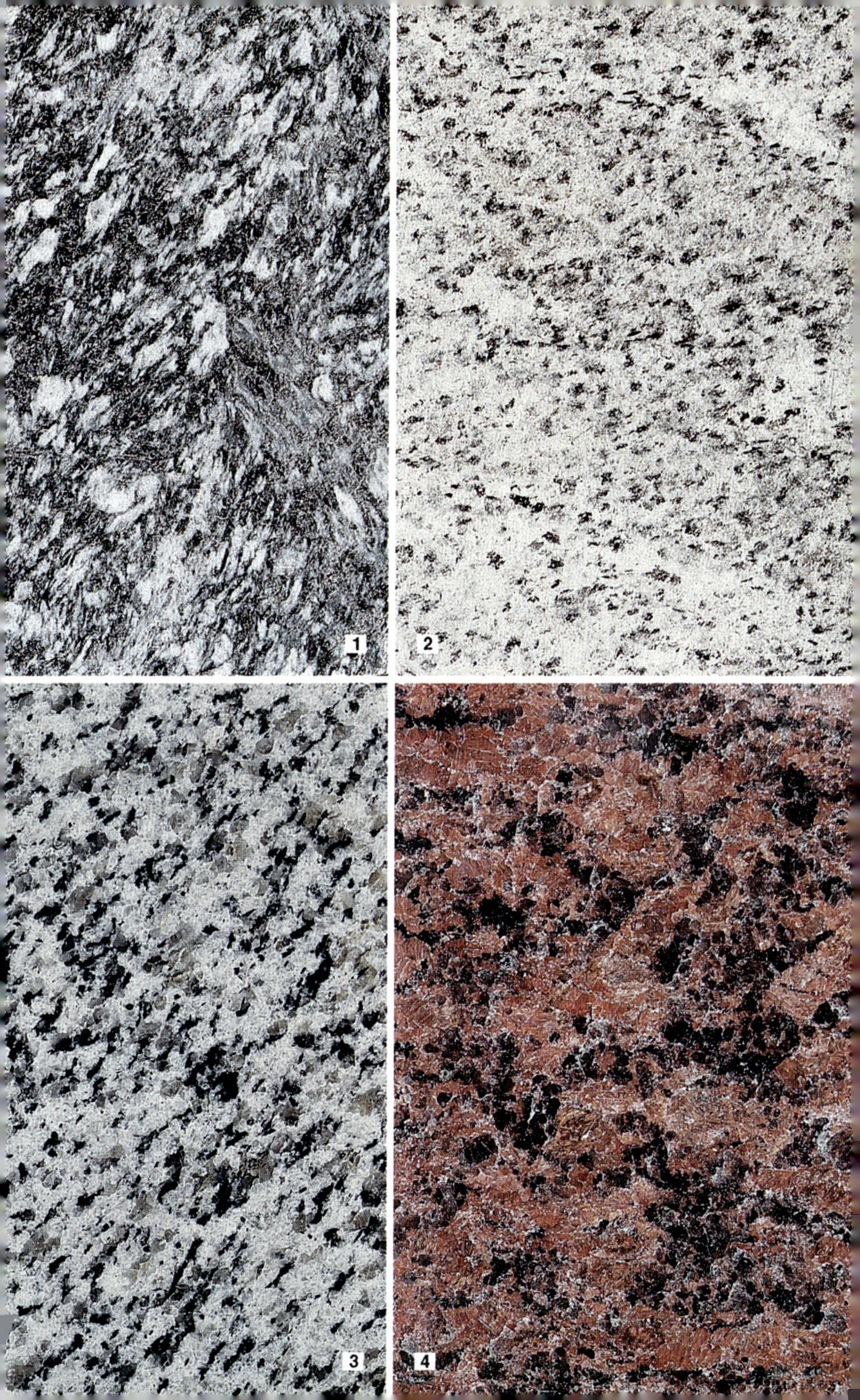
1
2
3
4

Schistes

Les schistes ont en commun une structure à grain fin à moyen, une schistosité très nette et une proportion de feldspaths inférieure à 20 %.

Schistosité

La structure parallèle très nette, rappelant la stratification des roches sédimentaires, constitue le principal critère de reconnaissance de ces roches. Mais tandis que la stratification implique des surfaces continues et planes délimitant des couches, les roches schisteuses ne présentent jamais de plans de clivage réguliers, car les minéraux feuilletés ne sont pas les uns derrière les autres mais imbriqués les uns à côté des autres (voir ill. p. 314 et 308). On appelle souvent « schistes » les roches sédimentaires se débitant en fines plaquettes, alors que ce terme devrait être réservé aux seules roches métamorphiques, la schistosité étant précisément une de leurs caractéristiques.

Nomenclature Le nombre des variétés est très important. Leur dénomination se base sur des caractéristiques ou des minéraux particuliers, ou sur la couleur.

Schistes phylliteux [1,2] phyllades

Les schistes phylliteux, ou phyllades, (du grec *phyllon*, *oy*, « feuille ») sont des schistes très finement écailleux, avec un éclat soyeux très net sur les plans de schistosité. Composants essentiels : séricite (variété de muscovite atteignant 0,2 mm de diamètre au maximum), quartz ; minéraux accessoires : biotite, feldspaths, chlorite, pyrophyllite, graphite, grenats, épidote. Se débitent en feuillets très fins (jusqu'à 0,1 mm d'épaisseur). Le volume de quelques cristaux isolés (porphyroblastes), plus grossiers que le reste de la matrice, contraint les cristaux de mica à prendre des formes arquées : les schistes phylliteux ont une allure onduleuse sur la tranche. Couleur gris argenté et verdâtre. Sensibles au gel. Utilisation : couverture des toits. Provenances : Forêt de Bavière, Fichtelgebirge, Erzgebirge, Harz, Alpes centrales/Allemagne, Vosges, Cornouailles/ Angleterre, Scandinavie.

Schistes ardoisiers Phyllades compactes utilisées pour la couverture des toits.

Phyllade quartzifère Phyllade dont le quartz domine les autres composants majeurs, micas et aux autres minéraux feuilletés.

Séricitoschiste (schiste sériciteux) Phyllade formée essentiellement de séricite et quartz, presque sans minéraux accessoires. Terme parfois utilisé comme synonyme de schiste phylliteux.

Micaschiste [3,4]

Le micaschiste est le type même de la roche schisteuse. La structure est plus grossièrement écailleuse que chez les schistes phylliteux. Les feuillets de micas ont une taille supérieure à 0,2 mm et sont ainsi reconnaissables à l'œil nu. Le micaschiste se débite en plaquettes d'épaisseur millimétrique à centimētrique, à surfaces presque planes lorsque la proportion de mica est importante. Les minéraux essentiels sont le quartz et la muscovite, et les accessoires, la biotite, le disthène, la chlorite, le graphite. Les grenats, la staurotide et la sillimanite apparaissent souvent sous forme de porphyroblastes. Couleur claire et légèrement verdâtre. Provenances : Fichtelgebirge, Forêt-Noire, Erzgebirge, Alpes centrales/Allemagne. Utilisé comme pierre de construction en forme de plaques. Résiste mieux à l'altération que les schistes phylliteux. Le terme de micaschiste est souvent abrégé en « schiste » pour désigner des variétés.

---

1 Schiste phylliteux, Tyrol/Autriche.
2 Schiste sériciteux, Erzgebirge/Allemagne.
3 Micaschiste à grenat, Tessin/Suisse.
4 Micaschiste, Tyrol oriental/Autriche.

1

2

3

4

Schistes argileux [1] schistes argileux cristallins

Du point de vue de la genèse, les schistes argileux se situent entre les argiles schisteuses et les schistes phylliteux. Certains auteurs les rangent parmi les roches sédimentaires, bien qu'ils soient indubitablement d'origine métamorphique. Ils sont nettement reconnaissables à la schistosité et au litage se recoupant obliquement (textures développées à l'extrême dans les schistes ardoisiers). La limite entre les roches argileuses sédimentaires et métamorphiques est atteinte lorsque la roche ne gonfle plus en présence d'eau. Les argiles schisteuses gonflent, les schistes argileux, non. Ces derniers sont plus durs, ils ne contiennent pas de fossiles, ou sinon très déformés, et ne dégagent pas une odeur terreuse lorsqu'ils sont humides. Texture micro- à crypto-cristallisée, schistosité très nette, se débitant en plaques. Possibilité de plan de séparation selon la schistosité. Les composants essentiels sont le quartz et des micas (principalement la muscovite) formés à partir des minéraux argileux. Le bitume et le graphite leur confèrent des couleurs grises ou noires, la limonite, des teintes brunes, l'hématite, des teintes rouges, et la chlorite, des tons verdâtres. Il existe aussi des types bigarrés, rubanés ou tachetés. Provenances : Fichtelgebirge, Thuringe/Allemagne, Ardennes/France, pays de Galles et Lancashire/Grande-Bretagne. Utilisés pour le revêtement des toitures ou des parois (ardoises), pour les tableaux d'isolation et de commande électrique, parfois les tableaux d'école.

Schistes de métamorphisme de contact [2,3]

Anciennes argiles transformées. Les minéraux ont un habitus granuleux ou columnaire. Composants essentiels : mica, quartz, andalousite et cordiérite.

Schistes tachetés Formation de taches dues à la présence de bitume ou de charbon.
Schistes noduleux Présentant des plages de mica en forme de petites boules résultant de l'accroissement de la taille des grains.
Schistes granuleux [3] Néoformation d'andalousite ou de cordiérite sous une forme granuleuse, d'aspect analogue à celui de grains de blé.
Schistes à chiastolite [2] Néoformation de chiastolites (variété d'andalousite) formant des gerbes, des buissons dans un schiste ardoisier.

Schistes à hornblende [4]

Minéraux essentiels : hornblende, quartz, biotite ; accessoires : pyroxène, muscovite, grenat, plagioclase. Provenances : Tyrol/Autriche, Tyrol du Sud/Italie, massif du Saint-Gothard/Suisse.

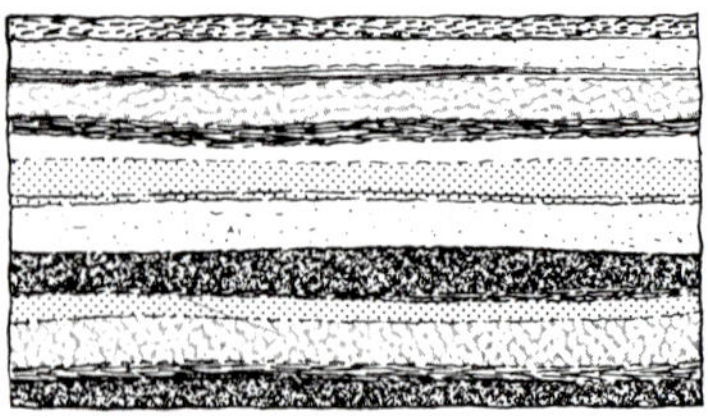

Schistosité : tracé des limites des couches (surface de sciage polie).

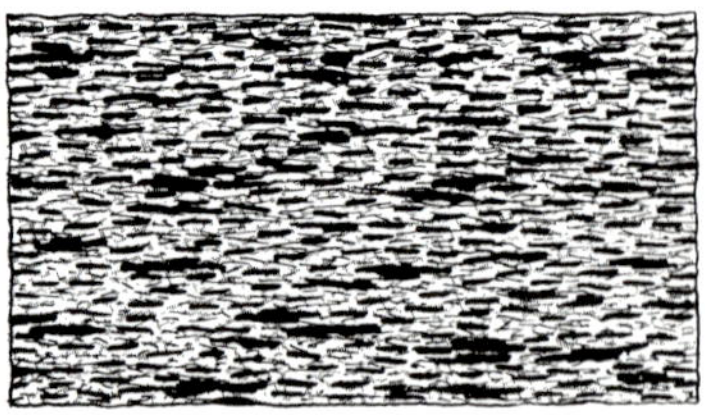

Schistosité : minéraux disposés parallèlement (surface de sciage non polie).

1 Schiste ardoisier, Thuringe/Allemagne
2 Schiste à andalousite, Fichtelgebirge/Bavière/Allemagne
3 Schiste fruité, Saxe/Allemagne
4 Schiste à hornblende, Tyrol du Sud/Italie

1

2

3

4

Schistes verts

Terme général désignant des schistes à grain fin d'aspect verdâtre. Les minéraux essentiels sont la chlorite, l'épidote, l'actinote, le talc, la glaucophane et l'albite. La muscovite et le quartz font défaut ou ne sont présents qu'en petite quantité. Leur nomenclature est basée sur le minéral vert dominant. Les principaux types des schistes verts proprement dits sont les schistes à amphibole, les schistes à chlorite, les schistes à épidote et les prasinites. Les talcschistes et les schistes à glaucophane ne font partie des schistes verts que dans l'acception élargie du terme, étant donné leur genèse quelque peu différente.

Schistes à actinote [4] Variété de schiste à amphibole ayant comme composant essentiel l'actinote. Provenances : Erzgebirge de Bohême et de Saxe, Harz, Fichtelgebirge/Allemagne Hohe Tauern/Autriche, Alpes occidentales.
Chloritoschiste [3] Schiste vert ayant comme composant essentiel la chlorite. Les variétés présentant de belles couleurs sont utilisées comme roches ornementales, pour les revêtements de sols et de parois. Provenances : Niedere Tauern/Autriche, Tyrol du Sud, Lombardie, Piémont/Italie.
Prasinite Schiste vert à grain fin. Des concentrations par zones des différents composants essentiels (chlorite, actinote, albite et épidote) lui confèrent un aspect rubané, vaguement schisteux. Est exploitée localement pour l'empierrement des routes. Les variétés ayant de belles couleurs sont utilisées comme roches ornementales. Provenances : Zillertal/Autriche, Tessin/Suisse, Italie du Nord.
Le terme prasinite est parfois utilisé comme synonyme de schiste vert.
Talcschiste [1] Variété de schiste vert tendre, fissile, formée principalement de talc. Les minéraux accessoires sont la magnésite, la magnétite, la calcite, la dolomite, le quartz. Couleur gris-blanc, tachetée de vert. Onctueux au toucher.
Provenances : Carinthie, Zillertal/Autriche, Grisons/Suisse, Transvaal/Afrique du Sud, New York/États-Unis. Les variétés pures sont utilisées pour l'extraction industrielle du talc.
Stéatite [2] (pierre de lard, pierre de savon, saponite, pierre ollaire) Variété massive de talcschiste contenant des impuretés en faibles quantités. Couleur gris très clair, dureté très faible. Est utilisée depuis des siècles pour la fabrication de bijoux, de statuettes, de récipients très variés (*ollix*, *ixo*s, « coupe ou vase » en grec). En raison de sa grande résistance à la chaleur et aux acides, la stéatite est également très diversement utilisée en technique et dans l'industrie, principalement pour la fabrication de récipients destinés à contenir des produits chimiques et pour la production de céramique réfractaire. Cette roche devient très dure par chauffage. En technique, stéatite désigne du talc chauffé. Provenances : Fichtelgebirge/Allemagne, Inde, Virginie/ États-Unis. Les termes cités comme synonymes (voir ci-dessus) peuvent parfois avoir des acceptions légèrement différentes.
Schistes à glaucophane (schistes bleus) Schistes verdâtres à tons bleuâtres ou légèrement violets, généralement grossièrement schisteux. L'unique composant essentiel est la glaucophane, une amphibole bleue. Minéraux accessoires : épidote, calcite, quartz, grenat, albite, ainsi que le talc, la zoïsite et la jadéite. Relativement rares. Provenances : Calabre, Toscane, Val d'Aoste/Italie, Spitzberg/Norvège, îles Anglo-Normandes, Alpes occidentales. Jouent un rôle important en prospection minière, car ils sont associés à des gisements de cuivre ou de nickel.
Glaucophanite Roche à glaucophane, schisteuse ou non.

1 Talcschiste, Haute-Franconie/Bavière/Allemagne
2 Stéatite, Fichtelgebirge/Bavière/Allemagne
3 Chloritoschiste, Tyrol/Autriche
4 Schiste à actinote, Tessin/Suisse.

1

2

3

4

Roches non litées

Les roches appartenant à cette catégorie ont une structure massive, non orientée.

Quartzite [1,2] métaquartzite
En pétrologie, le terme de quartzite désigne aussi bien un quartzite sédimentaire (p. 274) qu'un quartzite métamorphique. On utilise également le terme de métaquartzite pour les quartzites métamorphiques. Le quartzite est généralement massif, non schisteux, mais forme des bancs souvent épais. Lorsque la muscovite est très abondante, une légère schistosité se développe ; la surface des plans de clivage donne alors l'impression d'une teneur en mica bien supérieure à la réalité, du fait que la roche se débite justement le long des lits de muscovite.
Le composant essentiel est le quartz, dans une proportion d'au minimum 80 %. Tous les minéraux constitutifs des roches peuvent apparaître comme minéraux accessoires. Ce sont principalement le feldspath, le mica, la chlorite, la magnétite, l'hématite, le grenat, le graphite. Les grains de quartz sont intimement engrenés du fait de la recristallisation du ciment originel sous l'influence du métamorphisme. Chez les quartzites sédimentaires, le ciment n'est par contre pas recristallisé. Couleur blanche ; des impuretés peuvent lui conférer des teintes grises, brunes, rougeâtres. Provenances : Taunus, Harz, Forêt du Haut-Palatinat/Allemagne, Erzgebirge de Bohême et de Saxe, Steiermark/Autriche, Valais/Suisse, Tyrol du Sud, Norvège, Suède.
Du fait de sa grande solidité et de sa résistance à l'altération météorique, le quartzite est broyé pour être utilisé comme matériau d'empierrement. Les variétés fissiles (les quartzites à mica) sont employées comme roches ornementales, pour le revêtement des sols et des façades. Les quartzites purs servent de matière première pour la fabrication du verre et de pierres réfractaires, les quartzites minéralisés sont utilisés pour l'extraction de minerais.

Variétés La dénomination des variétés se fait en fonction des minéraux accessoires (par exemple quartzite à mica) ou du minéral le plus important économiquement (par exemple quartzite à magnétite). Il existe de nombreuses appellations commerciales pour les variétés ornementales.

Roches calcosilicatées [3]
Roches métamorphiques formées de minéraux calcosilicatés, à structure massive, compactes à grossièrement grenues. Des concentrations de minéraux leur donnent parfois un aspect zoné. Couleur vert clair, grise, brunâtre. Leur composition minérale est très variée. Les minéraux essentiels peuvent être la calcite, la vésuviane, la wollastonite, le diospside, les variétés de grenats grossulaire et andradite. Tous les minéraux des roches métamorphiques peuvent apparaître comme minéraux accessoires. On observe fréquemment des cristaux isolés de grande taille. Provenances : Fichtelgebirge, Tessin/Suisse, Bohême/Rép. tchèque, Slovaquie, Trente/Italie, Californie/États-Unis. Ces roches sont dans l'ensemble très rares. Les variétés présentant des belles colorations sont utilisées en construction, sous le nom de MARBRE, pour le revêtement de sols et de parois.

Skarn [4] Roche calcosilicatée minéralisée. Utilisé pour l'extraction du fer et de métaux lourds non ferreux. Provenances : Suède centrale, île d'Elbe/Italie, Trepča/Yougoslavie, Banat/Roumanie, Arkansas/États-Unis.

---

1 Quartzite, Maroc
2 Quartzite à séricite, Valais/Suisse
3 Roche calcosilicatée, Fichtelgebirge/Bavière/Allemagne
4 Skarn, Gällivara/Suède

1

2

3

4

Amphibolite [1,3]

Roche métamorphique finement à grossièrement grenue, à structure massive. Il existe quelques rares variétés schisteuses, qui représentent des formes de passage vers des roches voisines comme le gneiss, la granulite, l'éclogite et les schistes verts. Les minéraux essentiels sont la hornblende, une variété d'amphibole, et des plagioclases. Minéraux accessoires : entre autres, la biotite, la chlorite, le grenat, l'épidote, la zoïsite. Couleur grise, gris-vert à gris foncé et gris-noir. Provenances : Fichtelgebirge, Spessart, Forêt-Noire, Erzgebirge de Bohême et de Saxe, Forêt de Thuringe/Allemagne, Hohe Tauern/Autriche, massif du Saint-Gothard/Suisse, Scandinavie. Très solides et résistantes à l'altération météorique, les amphibolites sont utilisées comme matériau d'empierrement hautement résistant. Les variétés fissiles sont employées comme plaques. Le nombre de variétés est très élevé du fait du large éventail de minéraux essentiels et de minéraux accessoires. Leur dénomination se fait d'après le minéral accessoire caractéristique (p. ex. amphibolite à épidote, quartz et grenat).

Éclogite [4]

L'éclogite est une roche métamorphique ayant comme minéraux essentiels des grenats (le pyrope, de couleur rouge, et l'almandin) et des pyroxènes (généralement l'omphacite, de couleur vert clair). Les minéraux accessoires sont le disthène, le rutile, l'amphibole, la zoïsite, les plagioclases et le quartz. Avec une densité de 3,2-3,6, l'éclogite est la roche silicatée la plus dense. Texture massive, parfois grossièrement schisteuse. De grands grenats arrondis sont dispersés dans une masse finement à grossièrement grenue. Mode de gisement : rare et seulement en masses peu étendues. Se présente en lentilles au sein de gneiss migmatitiques ou de granites pegmatitiques. Provenances : Fichtelgebirge, Forêt-Noire/Allemagne, Hohe Tauern/Autriche, Norvège, Californie/États-Unis. L'éclogite est très tenace et résistante à l'altération, mais n'est guère utilisée du fait de sa répartition limitée. Employée de façon locale comme matériau d'empierrement et comme plaques décoratives.

Cornéenne [2]

Terme désignant des roches métamorphiques massives, dures, compactes à finement grenues, à cassure conchoïdale typique. Une odeur de corne brûlée se perçoit parfois lors d'une prise d'échantillon au marteau à l'affleurement. « Cornéenne » ne désigne que des roches provenant de métamorphisme de contact, jamais une roche provenant de métamorphisme régional. Ne pas confondre cornéenne et silex corné (p. 294).
Parfois légèrement porphyroblastiques. Texture granoblastique ou mosaïque caractéristique observable au microscope. Les arêtes minces ont un aspect corné, translucide. Composition minéralogique très variable selon la roche originelle. Minéraux majeurs fréquents : andalousite, biotite, cordiérite, grenat, hypersthène, sillimanite. Bien que la plupart des minéraux constitutifs des cornéennes soient des minéraux clairs, leur mélange donne souvent une couleur sombre, grise à noire, verdâtre ; rarement presque blanche. Affleurements : Fichtelgebirge, Harz, Eifel/Allemagne, île d'Elbe/Italie, Vosges, Norvège méridionale. Les cornéennes sont très solides et résistantes à l'altération météorique, mais ne sont utilisées que localement comme matériau d'empierrement du fait de leur répartition limitée. Nombreuses variétés, nommées selon la roche originelle (par exemple cornéenne de schiste ardoisier) ou selon leur composition minéralogique (par exemple cornéenne à andalousite).

Adinole Variété de cornéenne dense formée dans l'auréole de contact de diabases.

1 Amphibolite à grenat, Tauern/Autriche

2 Cornéenne de schiste ardoisier, Angleterre

3 Amphibolite, Kinzigtal/Forêt-Noire/Bade/Allemagne

4 Éclogite, Fichtelgebirge/Bavière/Allemagne

1

2

3

4

Serpentinite [2-4] serpentine

Roche métamorphique plus ou moins verte, constituée principalement de serpentine. Son nom (du lat. « serpent ») se réfère à son aspect tacheté ou peut-être également à un soi-disant effet antivenimeux.

Les minéraux essentiels sont le chrysotile ou l'antigorite. Les minéraux accessoires peuvent être très nombreux, ce sont, entre autres, l'olivine, le pyroxène, le grenat, l'amphibole, la chromite et la magnétite. La calcite est presque toujours présente. Structure compacte, parfois fibreuse ou feuilletée, presque toujours massive, occasionnellement en bancs épais. Montre parfois une schistosité naissante. Coloration habituellement irrégulière, tachetée, rubanée, flammée, veinée, due à des variations de proportion des composants et à leur répartition inégale. Les couleurs vont d'un gris-vert clair à un vert-noir. Présente parfois des tons bleutés, bruns ou rougeâtres.

Roche issue du métamorphisme régional, formée à partir de roches magmatiques ultrabasiques (péridotites, pyroxénolites, picrites) par transformation en serpentine (serpentinisation) de l'olivine, et, plus rarement, des pyroxènes, des amphiboles et de la chlorite. Les composés du fer libérés lors de cette transformation peuvent donner naissance à des gisements métallifères. Il arrive que des roches dolomitiques soient également à la base de la formation de serpentinite.

Provenances : Fichtelgebirge, Forêt-Noire, Erzgebirge/Allemagne, Salzbourg, Tyrol, Carinthie, Waldviertel/Basse-Autriche, Grisons/Suisse, Pyrénées, Vosges/ France, Ligurie/Italie, Cornouailles/Angleterre.

En raison de sa faible dureté, de sa faculté à se laisser polir facilement et de son aspect décoratif, la serpentinite est utilisée depuis l'Antiquité pour la fabrication de bijoux et d'objets d'art. Elle ne résiste généralement pas aux intempéries, c'est pourquoi elle est employée surtout pour l'architecture intérieure.

Dans le commerce et l'industrie de la pierre naturelle, la serpentinite est généralement appelée serpentine, comme le minéral. De nombreuses serpentinites recèlent une teneur exploitable en minerai ou sont très étroitement liées avec des gisements contenant, entre autres, du fer, du chrome, de la magnésite, du talc et de l'asbeste. Les variétés sont dénommées d'après des minéraux accessoires particuliers (serpentinite à bronzite, à grenat) ou suivant la roche originelle (serpentinite de harzburgite). Les noms des variétés commerciales évoquent souvent la couleur verte de la serpentinite ; elles sont aussi fréquemment abusivement appelées commercialement MARBRE.

Cipolin [1]

Roche métamorphique, transition entre serpentinite, marbre et ophicalcite. Constitué de calcite traversée d'une matrice de veines et de traînées, évoquant des pelures d'oignon, formées de mica, feldspath, minéraux argileux, chlorite ou serpentine. Teneur en quartz souvent notable. Ainsi nommée (de l'italien cipolla, oignon) par allusion à son aspect. Matrice blanche ou jaunâtre, veines généralement verdâtres. Provenances : Toscane, Piémont/Italie, Eubée/Grèce. Roche ornementale appréciée, appelée MARBRE dans le commerce.

Ophiolite

Terme général désignant des roches basiques et ultrabasiques de couleur verte et génétiquement apparentées (serpentinite, péridotite, gabbro, basalte, etc.).

---

1 Cipolin VERSILIA, Toscane/Italie.
2 Serpentinite VERDE VARZEA, Alentejo/Portugal.
3 Serpentinite VERDE GIADA, Val d'Aoste/Italie.
4 Brèche à serpentinite VERDE ANTICO, Larissa/Grèce.

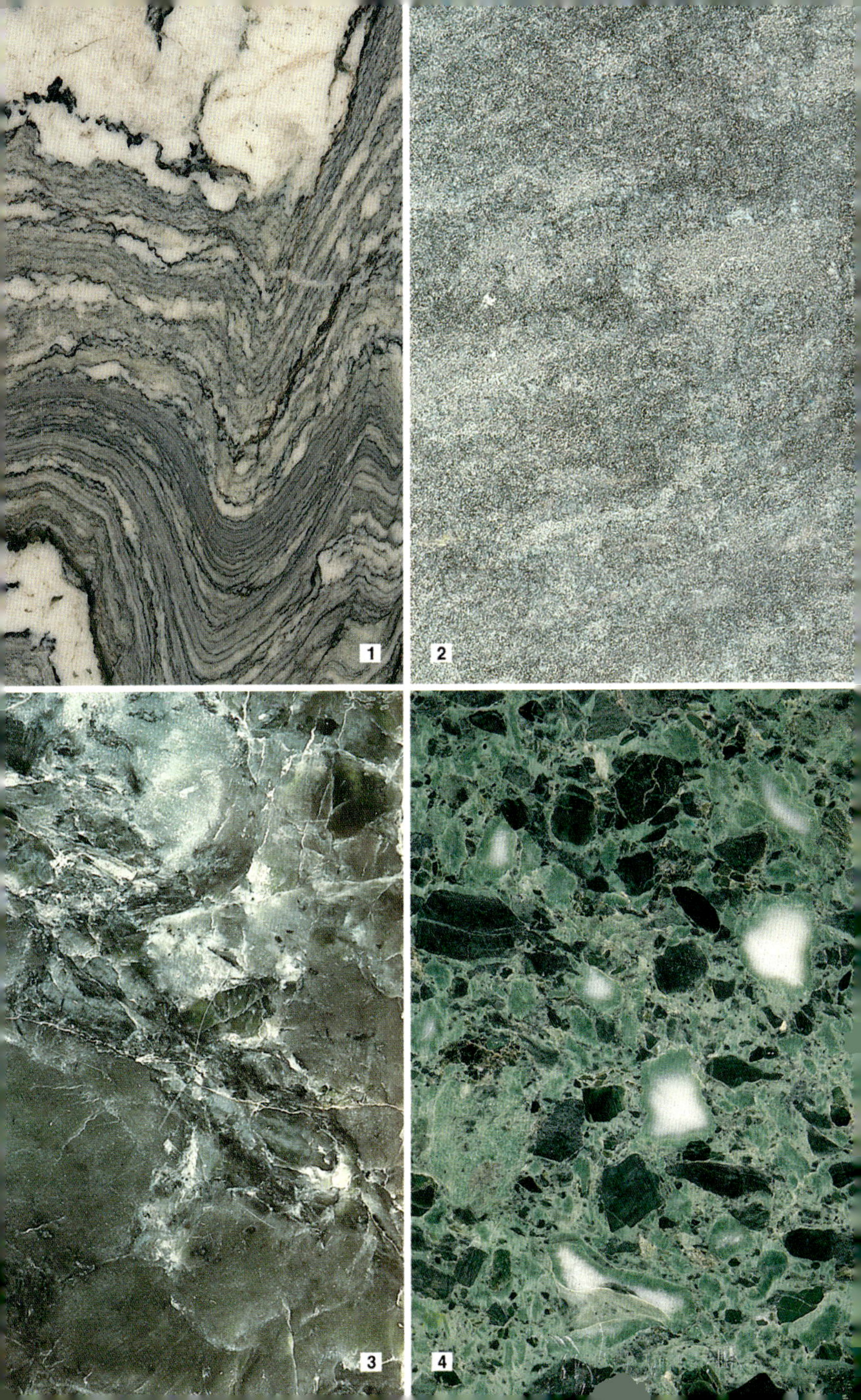
1
2
3
4

Marbre [1 et 4, ainsi que 1-3, p. 327]

Le terme marbre (du grec *marmaros,* « pierre dure et brillante ») recouvre diverses acceptions. En pétrologie, on entend par marbre une roche métamorphique calcique. C'est le « vrai » marbre, le marbre cristallin.
Parfois, le terme marbre comprend aussi les marbres calcaires et dolomitiques, de sorte que l'on peut parler de marbre au sens large et de marbre au sens strict.
Dans l'industrie du bâtiment, dans le commerce et dans le langage courant, chaque calcaire compact et susceptible d'être poli est désigné sous le nom de marbre. Même des roches non calcaires, comme les serpentinites, sont alors parfois appelées marbres. Tous ces groupes ont un trait commun : les marbrures, aspect de surface particulier.

Composition et texture Le véritable marbre est issu de calcaire affecté par le métamorphisme de contact ou le métamorphisme régional. Il est massif, à grain moyen à fin et, comme le calcaire, est monominéral (jusqu'à 99 % de calcite). Certains cristaux se sont accrus aux dépens d'autres durant le métamorphisme, de sorte qu'ils sont visibles à l'œil nu, et presque équigranulaires. Les minéraux accessoires peuvent être très variés, ce sont entre autres l'amphibole, la chlorite, l'épidote, le mica, le grenat, le graphite, l'hématite, la limonite, le plagioclase, la pyrite, le pyroxène, le quartz, la serpentine, la vésuvianite, la wollastonite. Du fait de sa texture granulaire, le marbre est extrêmement compact : le volume des pores est inférieur à 1 %. Il peut être translucide sur une épaisseur allant jusqu'à 30 cm. La pénétration profonde des rayons lumineux lui donne son aspect miroitant typique.

Couleur Le marbre est rarement d'un blanc pur. En fonction du matériau d'origine ou par suite d'incorporation de substances étrangères lors du métamorphisme, le marbre présente habituellement un aspect rubané ou veiné, flammé, tacheté, madré. Tous les tons et toutes les nuances sont possibles.

Différences entre marbre et calcaire La distinction entre les marbres et les calcaires marmoréens est mal définie. Quelques caractéristiques permettent de différencier marbre et calcaire, d'aspects souvent très proches.

Marbre cristallin	Calcaire
grossièrement cristallin à cristaux	finement cristallin, cristaux
cristaux reconnaissables à l'œil nu	cristaux non reconnaissables à l'œil nu
cristaux visibles et brillants sur la cassure	fins cristaux non visibles sur la cassure
arêtes translucides	arêtes non translucides
pas de cavités	cavités éventuelles
pas de fossiles	fossiles fréquents

Provenances Les marbres sont très répandus. Mais les couches sont le plus souvent diaclasées à la suite de contraintes tectoniques, de sorte que leur exploitation n'est pas rentable. – Fichtelgebirge/Tyrol/Allemagne, Carinthie/Autriche, Tessin et Valais/Suisse, Toscane et Laas/Tyrol méridional/Italie, France, Espagne, Grèce, Devonshire/Angleterre.

Utilisation Revêtement de façades, architecture intérieure, plaques pour des tables, décoration, fabrication de tableaux de commande électrique. Se laisse facilement polir, mais devient rapidement mat à l'air libre.

1 Marbre, Fichtelgebirge/Bavière/Allemagne
2 Marbre dolomitique, Steiermark/Autriche
3 Ophicalcite, Valais/Suisse
4 Marbre, Alentejo/Portugal

1

2

3

4

Variétés commerciales Alors qu'en pétrologie les marbres sont nommés d'après leurs composants caractéristiques, la dénomination des marbres en usage dans le commerce se rapporte à la couleur, au dessin, à la structure ou au gisement. Elle peut être également purement fantaisiste.
Marbre de Carrare [1] Ce terme désigne l'ensemble des marbres exploités dans les environs de la ville de Carrare en Toscane. Les lieux d'exploitation se situent dans les Alpes apuanes (Apennins), dans une chaîne montagneuse de 60 km de long sur 20 à 25 km de large. Quatre vallées principales mènent de Carrare aux nombreuses carrières. Le marbre blanc de neige affleure jusque vers les sommets. Près de Carrare se trouvent les gisements de marbre blanc cristallin les plus importants qui soient au monde, aussi bien du point de vue de la qualité que de la quantité. Les carrières étaient déjà en activité du temps des Romains. Elles tombèrent plus tard dans l'oubli, pour être à nouveau exploitées durant le haut Moyen Âge et à l'époque de la Renaissance. Les gisements semblent inépuisables. À l'exception de quelques variétés de marbre aux teintes variées, le type général est celui connu sous le nom de Bianco chiaro (« Blanc clair »). Le fond est de teinte blanc laiteux à blanc légèrement bleuâtre. Les variétés parfaitement blanches sont très recherchées pour la sculpture. Michel-Ange a trouvé pour ses œuvres d'art ce matériau au Monte Altissimo. De tels marbres se composent jusqu'à 98 % de carbonate de calcium pur. Le plus souvent, les marbres blancs sont ombrés ou veinés. Il existe différentes appellations commerciales suivant leur dessin.
Marbre-onyx Désignation commerciale fallacieuse de concrétions calcaires (voir p. 286).

Marbre dolomitique [n° 2, p. 325]

Marbre issu par métamorphisme d'une dolomie. La dolomite est, avec la calcite, l'élément dominant. La structure est en général plus fine que celle des marbres calcaires, les zones de cassure montrent un aspect saccharoïde. Il est difficile sinon de le différencier à l'œil nu d'un marbre calcaire. Peut cependant être facilement identifié par la réaction à l'acide (p. 290). Provenances : Fichtelgebirge/Allemagne, Steiermark/Autriche, Tyrol du Sud/Italie, Norvège, Suède, Carélie/Russie, Utah/États-Unis. Les marbres dolomitiques ne sont pas aussi répandus que les marbres calcaires. Ils sont utilisés de la même façon que ces derniers. Lorsqu'on parle de marbre sans préciser, on entend par là normalement le marbre calcaire.

Ophicalcite [4 et 3, p. 325]

Roche métamorphique formée essentiellement de calcite et de minéraux silicatés (jusqu'à 20 %), qui sont principalement la serpentine, la forstérite et le talc, accompagnés d'amphibole, de mica, de feldspath, de pyroxène et de quartz. Ce terme d'ophicalcite, ayant la même signification que marbre-serpentine, traduit la parenté étroite de ce type de roche avec à la fois les marbres et les serpentinites. Texture massive, non orientée, structure granuleuse, cristalline. Mode de gisement : semblable à celui des marbres. Provenances : Fichtelgebirge/Allemagne, Valais/Suisse, Alpes occidentales/France, Piémont/Italie, Estremadura/Portugal, Espagne.

Urkalk (« calcaire primordial »)

Terme allemand désignant autrefois des marbres cristallins, considérés comme étant les roches calcaires les plus anciennes. Nous savons maintenant que le marbre peut se former à toutes les époques géologiques. Expression désuète allemande à oublier totalement.

1 Marbre de Carrare, Toscane/Italie
2 Marbre Calacatta d'Oro, Toscane/Italie
3 Marbre Pacha, Turquie occidentale
4 Ophicalcite du Connemara, County Galway/Irlande

1

2

3

4

Propriétés physiques techniques des roches métamorphiques

	Poids brut Densité brute Poids volumique Densité de volume g/cm³	Poids net Densité nette Poids spécifique Densité des grains g/cm³	Porosité réelle Porosité d'ensemble % volume	Capacité d'absorption d'eau Volume des vides % poids	Porosité apparente Porosité utile % volume
gneiss, granulite	2,65-3,00	2,67-3,05	0,4-2,0	0,1-0,6	0,3-1,8
amphibolite	2,70-3,10	2,75-3,15	0,4-2,0	0,1-0,4	0,3-1,2
serpentinite	2,60-2,75	2,62-2,78	0,3-2,0	0,1-0,7	0,3-1,8
schiste ardoisier	2,70-2,80	2,82-2,90	1,6-2,5	0,5-0,6	1,4-1,8
marbre	2,65-2,85	2,70-2,90	0,5-2,0	0,2-0,6	0,4-1,8
schiste ardoisier	2,60-2,80	2,71-2,86	0,4-4,5	0,1-1,7	
gneiss micaschiste	2,60-2,97	2,64-3,05	0,4-5,5	0,1-1,9	
granulite	2,64-3,12	2,67-3,20	0,4-7,8	0,1-1,4	
quartzite	2,60-2,65	2,64-2,70	0,4-3,9	0,1-1,4	
marbre ophicalcite	2,60-2,76	2,70-2,78	0,4-4,0	0,1-1,5	
serpentinite	2,41-2,95	2,63-3,00	0,3-10,5	0,1-3,8	
serpentinite	2,6-2,8	2,7-2,9	0,3-2,0		
gneiss	2,6-3,0	2,8-3,0	0,3-1,8		

	Résistance à la compression (écrasement)	Résistance à la flexion	Résistance au choc	Résistance à l'abrasion	Remarques	Sources
	kg/cm²	kg/cm²	Nombre de coups jusqu'à la rupture	Perte en cm² sur 50 cm³		
gneiss granulite	1 600-2 800	6,12	4-10		Valeurs moyennes des fréquences	DIN 52 100
amphibolite	1 700-2 800		10-16	6-12		
serpentinite	1 400-2 500		6-15	8-18		
schiste ardoisier	500-800					
marbre	800-1 800	60-150	8-10	15-40		
						Peschel 1983
serpentinite	500-2 500		5-15			Reinsch 1991
gneiss	700-2 800		3-11			

Au cours du temps, les unités de masse et autres, ainsi que les roches concernées, furent modifiées à plusieurs reprises. Pour la compréhension des données techniques des anciens ouvrages, les notions désuètes ont toutes été insérées en tête de la table.

Carrière de marbre dans les Alpes apuanes, Carrara/Toscane/Italie. Ces importants bancs de marbre sont exploités depuis l'Antiquité.

Pierres
issues
de l’univers

Pierres issues de l'univers

Sont considérées toutes les pierres qui, directement ou indirectement, résultent d'une influence extra-terrestre. Parmi elles se comptent les météorites venant de l'espace, mais aussi les impactites et les tectites provenant du choc provoqué par des chutes de météorites. Les pierres fondues autour d'une frappe de la foudre, les fulgurites, sont également rangées ici, car elles proviennent finalement de sources extra-terrestres. La nomenclature des événements extraterrestres et de leurs produits n'est pas toujours uniforme, mais elle est standardisée pour la plupart des scientifiques.

Astéroïde Petite planète d'un diamètre supérieur à 1 km.
Météoroïde Petite planète d'un diamètre inférieur à 1 km.
Météorite Astéroïde ou météoroïde circulant à proximité de la surface terrestre.
Météore Partie, incandescente dans l'atmosphère terrestre, d'un solide issu de l'espace ainsi muni d'une queue de feu, dit « étoile filante » en langage commun.

Météorites

Les météorites (du grec *météôros*, « phénomènes célestes »), appelées également aérolithes (du grec *aïrô*, poétiquement *aeirô*, « je soulève », et *lithos*, « pierre », c'est-à-dire « pierre dans le ciel »), sont des fragments rocheux solides menés de l'espace vers la terre. Elles peuvent ainsi être qualifiées de pierres extra-terrestres.
La plupart des météorites sont de minuscules sphérules noires, simplement un morceau cassé d'un millimètre de grosseur. Elles tombent constamment sur la terre. L'accroissement de masse terrestre annuel dû à de telles poussières cosmiques se chiffre par milliers de tonnes.
Les météorites de grande taille sont rares. La plus grande que l'on ait trouvée est tombée à l'époque de la préhistoire près de l'actuelle ferme Hoba, non loin de Grootfontein, en Namibie. Son volume est de 9 m^3 et elle pèse environ 50 tonnes (ill. p. 334).
Les météorites peuvent être trouvées partout sur terre. Dans les régions glacées de l'arctique, et surtout de l'antarctique, les météoriques sont « charriées en commun » vers les barrières glacières. Il en a été trouvé là plus de dix mille durant les quarante dernières années.

Classification des météorites

Sidérites *(météorites métalliques)*	Hexaédrites Octaédrites Ataxites	**Sidérolites** *(météorites mixtes)*	Lodranites (sidérophyres) Pallasite Mésosidérite	**Aérolithes** *(météorites pierreuses)*	Chondrites Achondrites

Le nombre de chutes de météorites est évidemment plus faible que celui des trouvailles de météorites, car plusieurs météorites peuvent provenir de la même chute. Environ 1 000 chutes de météorites sont constatées sur l'ensemble de la Terre.
Par comparaison avec les échantillons de Lune rapportés par les astronautes de la surface lunaire, Les météorites originaires de la Lune peuvent être identifiées avec certitude. Une grande probabilité existe aussi quant aux météorites issues de Mars. La plupart des météorites proviennent certainement de la ceinture d'astéroïdes située entre les orbites de Mars et de Jupiter.

Grosse météorite se précipitant sur la Terre suivie d'une traînée lumineuse spectaculaire (montagne photographique).

Sidérites [1,2,5] Météorites métalliques

Les sidérites sont des alliages cristallins de fer natif avec 4 à 40 % de nickel et une faible teneur en cobalt et cuivre. Cette composition ne se rencontre pas parmi les minerais de la croûte terrestre. Ne pas confondre avec le minéral sidérite (p.106)

Hexaédrite Sidérite à 6-7 % de nickel, formée de cristaux cubiques se laissant cliver suivant les faces du cube (hexaèdre). Les faces polies et attaquées à l'acide nitrique montrent une fine striation parallèle ou entrecroisée, les lignes de Neumann.

Octaédrite [1] Sidérite contenant jusqu'à 40 % de nickel. Cristallisée en forme octaédrique. Sciée, polie et attaquée à l'acide nitrique, cette variété fait apparaître un système de lamelles dénommées figures de Widmannstätten (ou Widmannstetter. Jusqu'à présent, un tel système de lamelles n'a pas encore été produit artificiellement. Trois espèces ou types minéraux les forment : la Kamacite, la taennite et la plessite.

Kamacite («fer en poutres ») Alliage gris sombre de fer et nickel, contenant 6-7 % de nickel, en forme de larges poutrelles.

Taennite (« fer rubanné ») Alliage de fer et de nickel d'éclat argenté , contenant environ 30 % de nickel, entourant la Kamacite.

Plessite (« fer entier ») Masse gris-noir de minuscules cristaux de Kamacite et de taennite emplissant les interstices du système lamellaire.

Ataxites Sidérites finement cristallisées, riches en nickel, dépourvues de texture géométrique. Probablement issues d'octaédrites sous l'action de la chaleur.

Aérolithes [3,4] météorites pierreuses

Les aérolithes ressemblent aux roches terrestres. Leur composition minérale correspond sensiblement à celle des péridotites ou des gabbros. En outre, elles ne contiennent que de faibles quantités de fer nickélifère. Plus fréquentes que les sidérites (70% des chutes étudiées, contre 27% pour les sidérites).

Chondrite [3] Météorite pierreuse formée de sphérules (chondres) isolées, au mieux de la taille d'un petit pois, comportant des minéraux silicatés (tels bronzite, diopside, olivine et plagioclase) et exceptionnellement chromite, graphite, magnétite et spinelle, ou verre. La matrice est constituée des mêmes minéraux ou de verre. Couleur habituellement gris sombre, parfois noire.

Achondrite [4] Météorite pierreuse dépourvue de chondres. Possède généralement une croûte de fusion noire brillante. Plus rare que les chondrites (7% des aérolites contre 93% pour les chondrites).

Sidérolites météorites mixtes

Par leur composition, termes intermédiaires entre les aérolites et les sidérites. Contiennent des minéraux silicatés et du fer nickélifère en proportions égales, et représentent 3 % des météorites étudiées.

Lodranites (sidérophyres) Variété à teneur élevée en fer nickélifère et à forte proportion de bronzite disséminée dans une texture réticulée avec présence de tridymite.

Pallasite Variété de météorite à grands cristaux d'olivine dispersés dans une matrice de fer nickélifère cristallisée sous une forme octaédrique. Les plaques de pallasite sont appréciées en joaillerie.

Mésosidérite Variété de météorite à fer nickélifère irrégulièrement réparti dans une matrice silicatée de bronzite, olivine et plagioclase.

---

1 Sidérite (octaédrite) avec figures de Widmanstaetten, tombée il y a 40 000 ans, Toluka/Mexique

2 Sidérite tombée il y a 30 000 ans, Barringer Crater/Arizona/États-Unis

3 Aérolithe avec chondres, tombée le 8 février 1969, Allende/Mexique

4 Aérolithe tombée le 8 février 1969, Allende/Mexique

5 Sidérite tombée il y a plus de 30 000 ans, Barringer Crater/États-Unis

1
2
3
4
5

Météorite Hoba 1979, la plus grande météorite jamais trouvée tombée dans la ferme de Hoba en Namibie. Lieu aménagé aujourd'hui en site touristique.

Tectites [1-4] Verre cosmique

Les tectites (du verbe grec *tiktô*, « produire », « occasionner » c'est-à-dire « pierre provoquée ») étaient autrefois considérées comme des météorites non cristallisées, d'où leur dénomination erronée de « météorite vitreuse ». Aujourd'hui, les tectites sont considérées comme des roches d'origine terrestre dont la formation est liée à l'impact de météorites. Elles se condensent à partir de vapeurs d'impact (p. 336) qui se déploient suite à la dissipation du puissant choc d'une météorite géante sur la terre, par création de gouttes amorphes de nature vitreuse. Des tectites se trouvent d'ailleurs dans la zone de dispersion des cratères météoriques. Les tectites ont une couleur verte à noire, rarement jaunâtre, et une surface d'aspect plus ou moins grumeleux. À peine plus grosses qu'une noisette. Pas de croûte de fusion.
Dénomination d'après la région de provenance, comme australite (Australie), géorgiaïte (Géorgie/États-Unis), thaïlandite (Thaïlande).
Verre du désert [3] Tectite claire constituée de verre de silice quasiment pur. À nouveau considéré comme ayant une origine de tectite.
Moldavite [1] (verre de météore)
Tectite de couleur sombre à vert-noir provenant des pays de la Moldau (Bohême), à surface fortement crevassée ou arrondie polie. Les variétés transparentes vert bouteille sont utilisées en bijouterie, et imitées par du verre artificiel !

Fulgurites

Les fulgurites (du latin *fulgur*, « foudre ») proviennent de roches fondues par l'impact d'un éclair, et présentent donc des formes tubulaires liées à la fusion, ayant au plus quelques centimètres de large, et parfois quelques mètres de long. Elles proviennent habituellement de sables fondus, et sont soutenues par le sable non fondu qui les entoure.

1 Moldavite, Bohême/Rép. tchèque
2 Tectite à surface grumeleuse (thaïlandite), Thaïlande
3 Verre du désert, Libye
4 Fulgurite, Sahara/Libye. Sable fondu ; l'échantillon est long de 14 cm
5 Tectite à surface grumeleuse (thaïlandite),Thaïlande

1
2
3
4
5

Impactites

Les lourdes météorites ne peuvent atterrir doucement. Elles sont à peine freinées, et atteignent le sol à une vitesse cosmique de 15 à 170 kilomètres par seconde. Il en résulte une température de quelques dizaines de milliers de degrés centigrades, et une onde de choc de plusieurs millions de bars.
Suite à un tel impact, il se creuse un grand cratère, cratère météoritique ou astroblème (du grec *astron*, « astre » et *blêma*, « coup », « jet ») ; la météorite elle-même et les roches situées à son contact volent en éclats, surfondues ou volatilisées. Les pierres ainsi transformées, c'est-à-dire nouvellement apparues, sont nommées impactites. Les minéraux siliceux de haute pression coesite et stishovite sont un signe sûr de ce phénomène.
Plus de 160 astroblèmes d'impact ont été constatés sur terre à ce jour. Parmi eux, se comptent le Nördlinger Ries (Jura souabo-franconien) large de 25 km, l'astroblème Siljan en Suède, l'astroblème Vredefort en Afrique du Sud (l'un des plus anciens cratères météoritiques, particulièrement bien étudié), l'astroblème Sudbury en Ontario (Canada), les astroblèmes les plus inventoriés Meteor Crater et Barringer Crater en Arizona (États-Unis), Chicxulub Crater au Yukatan (Mexique).
Au cours du temps, de nombreux cratères d'astroblèmes initialement profondément creux s'emplissent, s'affaissent, s'érodent, si bien qu'ils n'apparaissent plus morphologiquement comme des cratères d'impact, et ne peuvent être encore reconnus que par des structures d'impact.
Par reconsolidation des débris de pierres mélangés, de nouvelles textures se forment, telles des brèches d'impact (ill. ci-dessous). Elles détruisent fréquemment les nets rejets de roches vitreuses formées par condensation de la vapeur d'impact. La suévite du Nördlinger Ries aux allures de tuf volcanique appartient à cette catégorie. Ses propriétés physico-chimiques en ont fait pendant des siècles une pierre de construction recherchée. Elle est utilisée aujourd'hui comme charge pour améliorer les ciments hydrauliques.
Les tectites (p. 334) comptent aussi parmi les phénomènes postérieurs à l'impact.

Suévite avec passées de rejets vitreux, Nördlinger Ries, agrandissement 1/10.

Conseils aux collectionneurs

Tout collectionneur devrait tenir compte des quelques indications ci-après, afin de garantir sa sécurité personnelle et celle d'autrui, d'augmenter ses chances de succès et de rendre durables les joies de sa collection.

Permis et interdit

Collectionner des minéraux et des pierres dans la nature est une expérience particulière. Quelle joie lorsqu'on peut augmenter sa collection d'une pièce trouvée personnellement !

Mais attention ! collectionner n'est pas permis partout : c'est souvent expressément interdit. En outre, les conditions régissant les collectes de minéraux deviennent toujours plus restrictives.

Les pénalités à l'encontre d'un commerce prohibé sont draconiennes : confiscation du matériel ramassé et des instruments utilisés, y compris l'automobile ; risque d'amende et même de prison.

Il va de soi que **rien ne doit être prélevé sans autorisation** dans une propriété privée, dans une exploitation minière, dans un chantier de travaux routiers. Y pénétrer doit déjà faire l'objet d'une autorisation.

Même dans le cas où le consentement de collecter sur un terrain privé a été obtenu, cela ne signifie pas que les autorités de l'État permettent l'exportation : de rigoureuses règles douanières peuvent s'y opposer.

Parfois, l'autorisation de collecter est fournie contre redevance, par exemple dans certaines régions d'Autriche, de Suisse et en Italie. Habituellement, **seul est alors permis l'usage d'instruments à main**, tels le marteau, le ciseau (burin), le « strahlstock » (p. 341). L'utilisation d'outils motorisés ou celle de dynamite est presque exclusivement réservée aux habitants et aux « cristalliers » (qui sont quasiment des chercheurs de minéraux professionnels)

Dans les parcs nationaux et les zones naturelles protégées, toute collecte minérale ou autre est par principe interdite.

Par ailleurs, il existe en de nombreuses contrées des lieux réservés à la collecte. L'amateur minéralogiste peut, parfois contre une petite redevance, y faire la chasse aux minéraux, aux pierres ou aux fossiles. De tels endroits peuvent être des carrières abandonnées, mais aussi des carrières qui ne sont ouvertes que temporairement aux collectionneurs.

Réservations de druses

L'ouverture d'une druse tapissée de cristaux est souvent si pénible qu'un mois d'exploitation du site sans danger doit être scindé sur plusieurs années, en raison de la courte saison estivale en montagne.

Selon l'usage traditionnel observé dans les Alpes, un outil est déposé près du « four » (terme local désignant une fente alpine couverte de cristaux ou une druse importante), afin de prévenir que son inventeur reviendra ultérieurement en extraire le contenu résiduel. On dit que le « four » est « réservé ».

Malheureusement, il se trouve toujours un brigand qui, non content de voler l'outil marqueur, s'approprie aussi le contenu du four déjà ouvert.

Vers 1970, à la demande du pouvoir fédéral suisse, il a été décidé qu'une druse devait être réservée durant deux années à son inventeur, pour lui permettre d'en sauver le contenu. Qui contrevient à cette décision est coupable de vol.

Minéraux traités

Lors de l'achat d'un minéral, il faut prendre certaines précautions, car des leurres persistent toujours chez certains vendeurs. Non seulement des indications erronées sont données quant à la dénomination du minéral ou sa provenance, mais certains minéraux sont traités, c'est-à-dire ont subi des modifications de leurs qualités intrinsèques afin de majorer leur prix. Si un tel minéral est déclaré « traité », ou, à la rigueur, « amélioré », il n'y a rien à dire. En revanche, c'est une première malhonnêteté si l'on tait, ou si l'on conteste, la modification apportée au minéral.
Les traitements, parfois abusivement qualifiés d'améliorations (les Anglo-Saxons parlent de « *enhanced mineral* »), peuvent être pratiqués par collages, introduction d'huile, de cire ou de résine, ainsi que par teinture, chauffage, irradiations.

Traitements par collages Lors de l'extraction d'un groupe de minéraux (plaques, clusters, etc.), de même que lors d'un transport, certains minéraux peuvent être ébréchés, ce qui diminue très sensiblement la valeur de l'échantillon. Aussi est-il alors tenté de remédier à cet accident en refixant la partie détachée au moyen de colle. Des pièces mal collées sont détectables à l'œil nu, mais l'aide d'une loupe est souvent nécessaire. La mise en évidence de ce traitement est particulièrement difficile lorsque la partie cassée du cristal recollé est recouverte d'esquilles de sa roche mère.
La fluorescence (p. 348) aide parfois à mettre en évidence l'endroit collé, car les ciments et autres substances analogues fluorescent ou s'illuminent différemment de la pierre originale. Seul un professionnel peut constater l'existence d'un collage parfaitement exécuté.

Traitements par introduction de cire, huile et résine Pour emplir un givre ouvert (fissure), « stabiliser » une pierre poreuse, augmenter la transparence ou l'éclat, mais aussi améliorer l'intensité de la couleur, les gemmes, plus particulièrement, sont emplies, ou imprégnées d'huile, de cire ou de résine. Reconnaître de tels traitements est presque impossible pour le non-professionnel. Cependant, une aiguille chauffée au rouge lui permet parfois de provoquer au point de contact avec la pierre ainsi traitée une auréole de fusion ou de changement de couleur. Toutefois, il vaut mieux laisser au professionnel le soin de dépister de telles manipulations.

Les bourses de minéraux offrent aussi souvent l'occasion d'échanger quelques découvertes.

Teintures Alors qu'une pierre compacte ne se laisse teindre que superficiellement, un minéral poreux peut l'être profondément, voire même à cœur. Par exemple, la couleur de l'agate, dont l'apparence originelle est le plus souvent grise, peut être durablement modifiée grâce à des techniques de teinture particulières. Les agates proposées dans le commerce sont pour la plupart artificiellement teintes. Depuis les années 1920, le centre mondial de teinture des agates est Idar-Oberstein/Rhénanie-Palatinat/Allemagne.

Traitement thermique Par chauffage à plusieurs centaines de degrés centigrades, un minéral peut changer de couleur, de transparence, et améliorer ainsi son apparence primitive. Cette technique est largement utilisée pour « embellir » les minéraux employés en bijouterie joaillerie. Le non-professionnel ne peut généralement pas reconnaître une telle manipulation, il faut être vigilant lors de l'achat d'une pierre chère ! Le traitement thermique des pierres s'effectue fréquemment près de leur lieu d'extraction. Attention aux achats dans un pays producteur !

Irradiations Depuis peu de temps, des changements de couleur sont aussi obtenus par irradiation aux rayons X, rayons gamma, et même par bombardement avec des particules élémentaires (neutrons, électrons). Il est possible que certaines pierres ainsi traitées fanent avec le temps. Du fait des techniques employées, ces manipulations ne s'opèrent que dans des pays industrialisés. Rarement signalées, elles sont indétectables par l'amateur minéralogiste, Certaines pierres ainsi traitées peuvent présenter une radioactivité résiduelle non négligeable (cas des topazes bleu soutenu).

CIBJO Afin de promouvoir un comportement mondial unique dans le commerce des bijoux et des gemmes, la CIBJO (Confédération internationale de la bijouterie joaillerie orfèvrerie, des diamants, pierres précieuses, perles et des industries qui s'y rattachent), héritière du BIBOA (Bureau international de la bijouterie, orfèvrerie, argenterie) fondé vers 1925 au moment de la grande commercialisation des perles de culture, édicte des règles les concernant. Selon l'édition 2006, les mesures concernant les indications à fournir lors de la commercialisation se sont durcies. Sauf quelques exceptions (agates teintes, huilages notamment), les modifications apportées artificiellement aux gemmes doivent être signalées spontanément et sans équivoque.

Achat de minéraux Une recommandation importante : *ne jamais acquérir des minéraux ou des gemmes au coin d'une rue ou sur une plage (ou autre lieu) touristique.* Dans les foires ou les bourses aux minéraux, actuellement organisées dans presque toutes les grandes villes, il n'y a pas seulement un choix de minéraux, mais aussi la possibilité de comparer l'évolution des prix. Malheureusement, une foire aux minéraux n'offre pas toujours la garantie d'une information honnête et d'un prix convenable. C'est pourquoi les négociants allemands se sont rassemblés en 1985 dans une association, la DMF (Verband des Deutschen Mineralien- und Fossilien-Fachhandels, « Association des marchands professionnels allemands en minéraux et fossiles »), et se sont soumis à un code d'honneur pour la droiture professionnelle et la sincère vérité des informations. Des négociants d'autres pays européens les ont rejoints, si bien qu'aujourd'hui DMF International peut dire le droit. Là où est affiché le logo « DMF International » (ci-contre) se trouve un partenaire qualifié du commerce professionnel, qui informe honnêtement, et en qui on peut se fier.

Le Logo DMF ci-contre garantit prix correct et honnêtes informations de la part d'un vendeur de minéraux.

Équipement du prospecteur

Un équipement convenable fait partie d'une bonne préparation à une expédition de collecte. Il sera différent pour une prospection en montagne et pour une recherche de minéraux sur une halde ou dans une galerie de mine.

Protection corporelle

Une protection corporelle est de la plus grande importance. Là où existe un risque de chute de pierre (après la période de gel hivernal et peu après le lever du soleil, ou suite à une explosion, il est indispensable de porter un **casque** de protection, lequel doit avoir un réglage interne afin de pouvoir s'adapter à toutes les grosseurs de tête. Il faut porter des **vêtements résistants**, qui protègent des petits éclats de pierre. Évitez d'avoir des parties du corps non couvertes. Un pantalon long est obligatoire.
De **bonnes chaussures** sont absolument nécessaires. Des chaussures de montagne à bouts ferrés donnent le meilleur service. En montagne, dans les carrières, sur les haldes, les guêtres sont recommandées comme protection supplémentaire contre les minuscules pierres. Les bottes de caoutchouc ne sont pas indiquées ici. Elles ne sont en revanche pas superflues dans une mine argileuse.
Lors de l'utilisation du ciseau (burin), il faut notamment porter d'épais **gants de cuir** qui amortissent les coups et fournissent une certaine protection contre un marteau qui a glissé, un ciseau à tige entièrement lisse et à tête acérée.
Indispensable est la protection des yeux. Lors de toute frappe au marteau et au ciseau, il faut impérativement porter des **lunettes à verres résistants** et à protection latérale pour se protéger des esquilles. Ceux qui portent des lunettes correctives utiliseront des lunettes enveloppantes, qui les recouvriront, ou des lunettes de ski. Elles offrent une meilleure sécurité que les « verres de sécurité » qui s'adaptent sur les lunettes correctives. Une visière amovible adaptable sur le casque (ill. p. 343) offre une totale protection du visage, mais s'avère quelque peu encombrante sur le terrain. La nécessité de porter des lunettes de protection est illustrée par les nombreuses égratignures dues à des atteintes d'esquilles de pierre à la vitesse d'un projectile lancé par une fronde,
En dépit d'un bon équipement, le souci d'une urgence sur le terrain doit être envisagé. Blessures et autres maux ne doivent jamais être exclus. C'est pourquoi le bagage d'un collecteur de pierres doit aussi comprendre une **trousse pharmaceutique** de voyage et ses accessoires. Vous devez aussi prévoir par ailleurs les dangers liés au pays et à son climat : une vue d'ensemble vous en sera donnée par un pharmacien.

Bon outillage et protection corporelle sont toujours indispensables lors d'un échantillonnage sur un affleurement.

Instruments

Les instruments les plus importants du prospecteur-amateur sont le marteau et le ciseau (burin).

Marteau Le prospecteur amateur utilise des outils de frappe en acier particulièrement durci usinés à son intention, les marteaux de géologue. Autrefois, les marteaux à manche en bois, exclusivement utilisés, avaient une tête qui pesait de 200 à 500 g et un manche long de 30 à 45 cm, permettant une frappe puissante. Aujourd'hui, les marteaux sont tout en acier, long de 30 à 40 cm et pesant de 50 à 900 g. Grâce à une prise tout en caoutchouc, plastique ou cuir qui atténue simultanément le choc ressenti, de marteau tient bien en main et rend possible une frappe bien dirigée et puissante. La tête du marteau comporte d'un côté une surface plane et de l'autre une pointe ou un tranchant en forme de coin, transversal ou longitudinal. Des marteaux plus lourds, dits « masses », sont utilisés pour une frappe très puissante. D'un poids de 1 à 2 kg, une masse, courtement emmanchée et pourvue de deux surfaces de frappe, est nettement plus lourde qu'un marteau de géologue. Pour des frappes encore plus fortes, par exemple pour réduire d'énormes blocs de pierre, il existe des marteaux de 3 à 5 kg, dits « marteaux de première frappe ». Ils comportent d'un côté une surface de frappe plane et de l'autre un coin transversal ou longitudinal. Un manche en fibre de verre amortit les vibrations subies par l'utilisateur.

Ciseau (burin) Pour diviser un échantillon de pierre, fendre une pierre schisteuse, ou ouvrir une géode, il faut utiliser un ciseau de 20 à 60 cm de long, à extrémité soit plane, soit pointue, soit à large tranchant, soit en croix aux bras en forme de coins acérés. Pour amoindrir les commotions subies par la main, certains ciseaux ont leur tige entourée de plastique, etc. Contre une possible déviation de la frappe du marteau, il est très recommandé au débutant de porter une protection solidaire de la main.

Strahlstock (« bâton de cristallier ») Outil universel pour les professionnels comme pour les amateurs. Barre d'acier de 50 à 130 cm de long, pointue à une extrémité, pliée à angle droit à l'autre pour former un burin tranchant. En quelque sorte une canne dont la poignée est une tête de marteau. Utilisé comme marteau, ciseau et piolet.

Divers types de marteaux, utilisés par des chercheurs de pierres aussi bien sur le terrain que chez eux.

Ciseau (burin), outils à fendre et Strahlstock (à droite) pour des travaux importants, principalement sur le terrain.

Outillage

Lors de la recherche de minéraux et surtout lors de la récupération de pierres, un outillage technique peut se révéler fort précieux. Ce que l'on devait autrefois se procurer à la main devient aujourd'hui plus facile, plus rapide, et surtout moins destructeur, grâce à l'utilisation des techniques modernes. Quel dur effort fallait-il pour ouvrir seul une druse ! Le dégagement d'un monocristal, ou d'un groupe de cristaux, pesant chacune plusieurs centaines de kilogrammes, se fait en à peine une fois et sans dommage.

Outillage de recherche de traces métalliques Les détecteurs de métaux sont glissés au-dessus du sol à l'aide d'un long manche, de sorte que lors de la recherche de mines dans les zones de combat, celles-ci soient repérées de loin. En Europe, ces outils de recherche des métaux sont très peu utilisés pour la recherche de minéraux. En Amérique et en Australie au contraire, les amateurs les emploient méthodiquement pour détecter des pépites d'or, voire des lingots.

Compteur Geiger Pour la mise en évidence de rayonnements radioactifs, on se sert de compteurs Geiger. Le commerce en propose divers modèles (ill. p. 351). La plupart de ces appareils tiennent dans la main et sont parfaits sur le terrain pour la collecte de minéraux. Les haldes minières conviennent particulièrement comme lieu de collecte, car, dans ce matériel pierreux meuble, il est facile d'échantillonner. Il est recommandé d'examiner dans un premier temps si des minéraux radioactifs peuvent être attendus de telle ou telle halde. Pour de plus amples développements sur la protection et les dangers de la radioactivité, voir p. 350-351.

Marteaux pneumatiques L'utilisation de compresseurs et de marteaux pneumatiques est impossible en haute montagne ou en d'autres lieux difficiles : l'absence de connexion électrique et le poids important d'un compresseur en empêchent l'usage. Les techniques modernes offrent de nouvelles possibilités de récupérations avec le développement de foreuses et marteaux-piqueurs portables. Le plus léger de ces marteaux fonctionnant à l'essence pèse à peine 7 kg. Il peut être transporté dans un sac à dos, et utilisé aussi bien comme marteau-piqueur que comme perceuse. Dans les trous ainsi percés sans difficulté, on introduit des coins pour détacher un bloc, de manière analogue à l'exploitation des blocs granitiques (p. 210) ; les explosifs ne sont pas nécessaires. L'utilisation de ces machines est naturellement subordonnée à l'obtention de l'accord du propriétaire du terrain, de la commune, ou de toute autre autorité compétente : les conditions doivent être demandées sur place.

Marteau-piqueur portatif en activité ; fonctionnement à l'essence, poids de 7 kg seulement.

Présentation d'une collection

Habituellement, on expose les minéraux récoltés sur le terrain dans une vitrine ou une bibliothèque afin d'en profiter. La plupart des échantillons doivent cependant être d'abord nettoyés, et parfois aussi être préparés de diverses façons, c'est-à-dire apprêtés pour une bonne exposition.

Nettoyage mécanique

Ce que préconise le profane, c'est-à-dire tout laver à l'eau, pourrait aussi s'appliquer au nettoyage des minéraux. Ce serait toutefois une grave erreur, car de nombreux minéraux sont solubles dans l'eau, ou sensibles à l'eau d'une manière ou d'une autre Quand un minéral n'est pas encore défini, c'est-à-dire que l'on ne connaît pas son comportement vis-à-vis de l'eau, il faut d'abord en tester la réaction sur un petit morceau. On peut ensuite commencer un nettoyage à sec.

Nettoyage à sec Les gros cristaux et les groupements cristallins stables peuvent être nettoyés par des méthodes classiques. Brosse et pinceau sont alors les outils les plus importants. Brucelles, aiguilles, spatules et autres instruments de curage métalliques sont à employer aux endroits inaccessibles, même pour des minéraux de dureté supérieure à 6. Sur des minéraux tendres, il ne faut utiliser si possible que des aiguilles en bois ou en plastique. Les micromounts requièrent une grande attention du fait de leur petitesse. Souvent la poussière située dans une cavité peut être enlevée par un simple souffle. Les encroûtements sur un cristal sont facilement ôtés avec une fraise domestique manuelle ; comme abrasif, utilisez une brosse ronde à filaments de laiton, et non en acier si possible.

Comme des esquilles de pierre et de métal se détachent durant le fonctionnement de ces machines, une protection complète du visage (ill. ci-dessous) est nécessaire. Des lunettes correctives normales sont insuffisantes. Portez un masque respiratoire lors de sciages dans une pièce ou ailleurs.

Nettoyage en milieu liquide Un nettoyage sous l'eau est possible sur la plupart des minéraux. Ôtez déjà les plus grosses saletés à proximité du lieu de collecte, peut-être dans le lit d'un ruisseau ou dans un seau en plastique. Il est possible éventuellement d'utiliser un produit de lavage du commerce, qui se dilue dans l'eau et élimine les argiles et les petites esquilles, mais **jamais de savon.**

Les minéraux solubles dans l'eau peuvent être nettoyés dans l'alcool. White Spirite ou essence sont également possibles. **Testez auparavant un petit morceau**.

Nettoyage aux ultrasons Le nettoyage dans un bain à ultrasons est le plus complet et le moins dangereux pour maints minéraux : les ondes engendrées détachent très rapidement les saletés adhérentes au minéral, lesquelles tombent au fond du bain. Les solutions spéciales recommandées dans le commerce sont particulièrement actives. Le nettoyage ne dure que quelques secondes. Tous les minéraux ne supportent pas les ultrasons. Ils sont particulièrement dangereux pour les minéraux fissurés ou finement fibreux, et pour les gouttes de mercure.

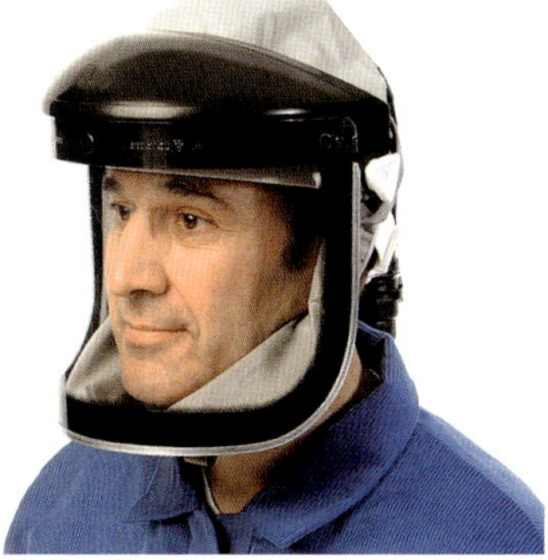

Lors du sciage des minéraux ou lors d'autres travaux dangereux, il faut toujours porter une protection totale du visage.

Nettoyage chimique

Lorsque le nettoyage mécanique échoue ou n'est pas possible, le nettoyage chimique est en général tenté. Une grande attention doit présider à l'emploi de produits chimiques, exercé nécessairement avec soin. Les jeunes ne doivent entreprendre ce type de nettoyage des minéraux que sous la surveillance d'un collectionneur expérimenté ou d'une personne assurée en chimie.
Portez lors de toute manipulation chimique des gants de caoutchouc et des lunettes protectrices. Lors de l'utilisation d'acides, n'employez que des récipients en verre ou en plastique, jamais d'ustensile en fer. Utilisez des pinces en bois ou en plastique pour introduire l'objet à nettoyer dans la solution chimique, et pour le retirer. Tenez compte des symboles de danger (p. 345) sur les flacons et emballages des produits chimiques et de leurs dérivés, et comportez-vous en conséquence. Divers minéraux, tels les agrégats cristallins, ne doivent être nettoyés qu'avec prudence, d'autres ne peuvent guère être nettoyés chimiquement, car ils s'endommagent ou se désagrègent. Pour chaque cas, testez auparavant le comportement d'un petit morceau de l'échantillon.
Toute une série de minéraux sont sensibles aux acides (tableau p. 346). Cela ne signifie pas une dissolution de tout le minéral : souvent, il n'y a que de petits dommages, comme le ternissement ou la corrosion de la surface. Mais cela entraîne cependant une diminution de valeur non négligeable.
Élimination des rouilles et noirs ferreux. Tous les dépôts colorés attribués au fer que sont la rouille ou les plaquages bruns à noirs peuvent être supprimés avec l'acide oxalique ou le dithionate de sodium. Ceci est notamment valable pour les dépôts limoniteux sur la pyrite et la marcassite.
Tout est plus rapide avec l'acide oxalique, mais cet acide s'avère aussi plus dangereux que le dithionate de sodium. L'acide oxalique est en effet très toxique ! Le nettoyage peut durer de plusieurs heures à quelques jours. Dès que la calcite est associée à l'objet à nettoyer, et doit y rester associée, le nettoyage doit se faire avec le dithionate de sodium et non avec de l'acide oxalique. En outre, le dithionate de sodium est préférable, car il est peu dangereux et non toxique.

Instruments, produits chimiques et autres matériaux servant au nettoyage chimique des minéraux en laboratoire ou à la maison.

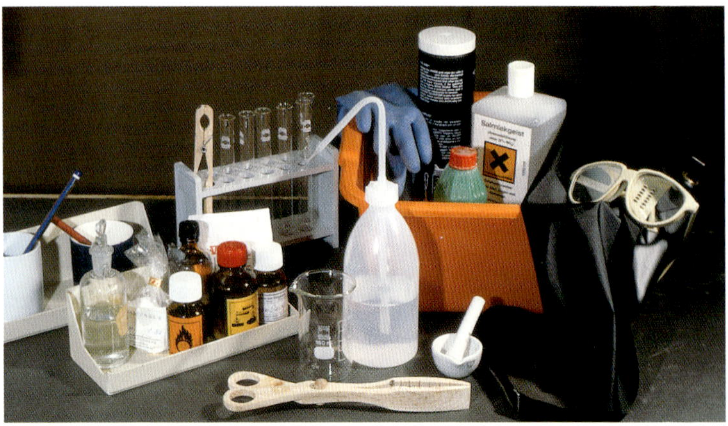

Élimination des dépôts organiques Les parties organiques, comme les algues, les lichens, les mousses ou les petites racines, sont supprimées par l'eau de Javel ou l'ammoniac. L'eau de Javel détruit totalement la partie végétale, tandis que l'ammoniac laisse une masse muqueuse qui peut toutefois s'éliminer facilement avec de l'eau courante et une brosse. L'eau de Javel laisse toujours échapper quelques vapeurs de chlore, l'ammoniac de fortes odeurs piquantes de vapeur d'ammoniac ; aussi ces nettoyages doivent-ils être conduits à l'air libre, ou du moins avec des fenêtres grandes ouvertes.

Élimination des croûtes calcaires Le calcaire est supprimé par l'acide chlorhydrique ou l'acide acétique. L'acide chlorhydrique agit plus vite, mais est aussi plus dangereux. Les vapeurs émanant de l'acide chlorhydrique concentré (fumant) sont très toxiques, aussi l'acide chlorhydrique dilué suffit-il. Son action se perçoit par l'effervescence du liquide. Pour l'acide acétique aussi, la solution diluée à 20 % suffit. Selon l'épaisseur de la croûte calcaire, le nettoyage à l'acide chlorhydrique ou acétique peut durer de quelques heures à quelques jours. Il n'est pas nécessaire d'opérer à l'air libre ni avec les fenêtres ouvertes.

Élimination des dépôts noirs d'argent Nous savons que l'argent noircit au cours du temps, par sulfuration. Il en est de même pour les minéraux argentifères : ils noircissent insensiblement.

Les produits de nettoyage liquides proposés dans le commerce pour l'argenterie sont valables pour les minéraux argentifères. Les groupes d'argent, souvent très finement organisés, paraissent ciselés : un tel groupe délicat et fragile est placé dans une petite corbeille, laquelle est plongée dans le récipient contenant la liqueur de nettoyage. Quelques bains de nettoyage d'argent contiennent également un produit de protection contre le noircissement et peuvent être utilisés pour les minéraux argentifères.

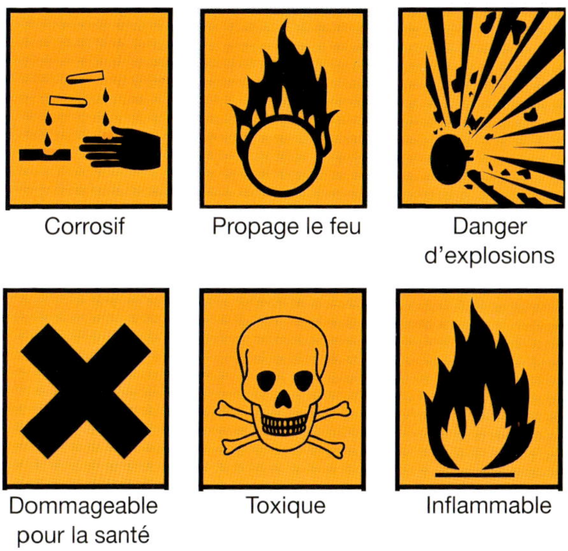

Symboles de danger des produits chimiques et autres matières dangereuses que le collectionneur peut rencontrer dans le commerce.

Quelques minéraux sensibles aux principaux produits de nettoyage

(d'après E. Sury et d'autres auteurs)

	Acide oxalique	Acide chlorhydrique	Acide acétique	Ammoniac
Adamine	X	X	X	
Alunogène	X	X	X	X
Anglésite		X		X
Anhydrite		X		X
Apatite	X	X		
Aragonite	X	X	X	
Argentite		X		X
Aurichalcite	X	X	X	X
Azurite	X	X	X	X
Boracite	X	X	X	X
Bornite		X		X
Calcite	X	X	X	
Carnalite	X	X	X	X
Cerusite		X	X	
Chloanthite		X		X
Covellite		X		X
Cuprite		X		X
Gypse	X	X	X	X
Halite	X	X	X	X
Kainite	X	X	X	X
Kernite	X	X	X	X
Kiésérite	X	X	X	X
Crocoïte		X		X
Cuivre		X		X
Linarite		X		X
Magnésite	X	X	X	
Malachite	X	X	X	X
Mottramite		X		X
Olivénite	X	X		X
Phosgénite	X	X	X	
Rhodochrosite	X	X	X	
Scheelite		X		X
Sénarmontite	X	X	X	X
Serpiérite		X		X
Sidérite	X	X	X	
Smithsonite	X	X	X	X
Natron	X	X	X	X
Strontianite	X	X	X	
Sylvite	X	X	X	X
Ténorite		X		X
Thénardite	X	X	X	X
Turquoise		X		X
Ulexite	X	X	X	X
Variscite	X	X	X	X
Withérite	X	X	X	

Formatage

La présentation d'une collection devient largement plus agréable si ses échantillons sont d'un format bien choisi, et autant que possible de taille similaire.

Ne formatez (c'est-à-dire donnez une forme) que si l'échantillon améliore son charme et sa présence par cette intervention, et surtout s'il n'en subit aucun dommage. La taille des échantillons d'agrégats minéraux massifs et de roches peut être arbitrairement fixée, et les échantillons formatés en conséquence.

Si la collection comporte plusieurs échantillons de même provenance et d'aspect similaire, vous pouvez sans problème en formater un, car vous en auriez un autre pour le remplacer en cas de cassure involontaire.

Formatage par frappe Un échantillon parallélépipédique se réduit bien au marteau ; la tête angulaire du marteau de géologue est alors l'outil adéquat. Avant l'essai, étudiez comment se divise ou se clive la pierre. Travaillez l'échantillon de sorte que n'apparaissent aucune trace de frappe, aucune étoile d'écrasement. Après chaque frappe, la pierre doit sembler naturellement divisée et présenter une cassure fraîche. Suite au coup porté, maintes pierres ne se divisent par comme prévu. C'est pourquoi il est plus sûr de séparer une seule partie par écrasement.

Formatage par écrasement Le négoce commercialise un outillage avec lequel il est possible, sans peine ni gros effort, de couper et formater une pierre presque sans commotion. Ces « presses à pierres » sont si peu encombrantes qu'elles peuvent être transportées et utilisées directement sur l'affleurement. Les roches compactes se divisent souvent sous cette presse avec un bruyant craquement, et des éclats de pierre sifflent tout autour. Le port de lunettes protectrices est donc indispensable. Pour les roches poreuses ou tendres, une pince coupante à grande ouverture et longs bras est un bon outil de formatage.

Formatage par sciage et meulage Les roches fragiles doivent être tranchées, sciées. Le sciage est la meilleure méthode, voire même la seule permettant de couper comme souhaité une argile dure, des roches métamorphiques fortement schisteuses, des druses et des géodes.

Une multitude d'installations pratiques de sciage électrique sont commercialisées. Le collectionneur amateur, qui n'a que peu souvent le besoin de trancher une pierre, a probablement intérêt à s'adresser à un tailleur de pierres pour trancher ses échantillons.

Le meulage d'un échantillon modifie vraiment sa forme ; la raison valable d'un tel traitement est la possibilité d'obtenir au final une surface plane.

Presse à pierres avec sa pompe hydraulique.

Pince coupante à longs bras pour formatage.

Minéraux fluorescents

De nombreux minéraux exhibent un effet lumineux fascinant, dit « fluorescence », lorsqu'ils sont soumis à un rayonnement de lumière ultraviolette (UV) (ill. p. 29). Le terme « fluorescence » provient du minéral fluorite, à partir duquel cet effet fut correctement interprété pour la première fois au milieu du XIXe siècle.

La structure cristallochimique des minéraux et le type de la source lumineuse expliquent la luminescence par éclairement de minéraux demeurant sinon inertes.

La lumière ultraviolette, dont les longueurs d'onde sont inférieures à 380 nanomètres, est invisible pour nous. Lorsque cette lumière tombe sur certains minéraux (dits fluorescents), ils apparaissent blancs ou brillent dans des couleurs du spectre visible. Par suite de divers accidents dans leur structure cristallochimique (présence d'ions étrangers, lacunes dans leur réseau cristallin), ces minéraux fluorescents ont l'aptitude de transformer les rayons ultraviolets invisibles en lumière de plus grande longueur d'onde, alors visible. La plupart des minéraux fluorescents le sont sous des rayons ultraviolets de courte longueur d'onde (254 nm). De nombreux minéraux ne réagissent qu'aux rayons ultraviolets courts (UVC), d'autres seulement aux rayons ultraviolets de longue longueur d'onde (366 nm), dits ultraviolets longs (UVL), et d'autres encore aux deux types d'ultraviolets (tableau p. 349).

Pour tester la fascinante action fluorescente des minéraux, une source lumineuse adéquate est nécessaire. Il est recommandé d'utiliser une lampe à deux sources lumineuses, l'une d'ultraviolets longs, l'autre d'ultraviolets courts, qui peuvent être basculées de l'une sur l'autre. Le rayonnement ultraviolet, principalement en ondes courtes, est dommageable pour la peau, particulièrement pour les yeux. Aussi faut-il s'assurer que la lampe à ultraviolets n'envoie aucun rayon vers les yeux, directement ou indirectement. Portez impérativement des lunettes de protection anti-ultraviolets ; les lunettes de soleil courantes sont inefficaces. Les vitrines d'exposition en lumière ultraviolette des bourses de minéraux ne sont pas dangereuses pour le spectateur, car leur vitre absorbe les rayons ultraviolets.

La fluorescence n'est pas un critère de détermination des minéraux, car de nombreux minéraux fluorescent en couleurs très variables. Par ailleurs, certaines variétés ne fluorescent pas habituellement. Occasionnellement, la fluorescence est typique d'un gisement et devient alors un moyen de déterminer une localité ou un gîte.

La fluorescence a une certaine signification quant au dépistage des falsifications. Par exemple, le ciment d'un groupe de minéraux réassemblés est parfois la seule matière fluorescente, ou bien il fluoresce d'une autre façon que la pierre initiale.

Ces lunettes à l'apparence normale sont en réalité des lunettes spéciales pour la protection des yeux contre les rayons ultraviolets.

Diverses lampes à rayons ultraviolets fixes et portables ; chacune peut émettre des rayons ultraviolets longs ou des rayons ultraviolets courts, selon la position du commutateur.

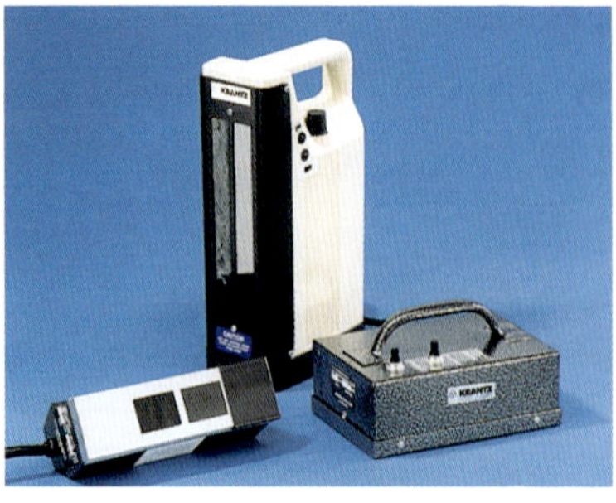

Quelques minéraux fluorescents

Couleur de fluorescence	Violet	Bleu	Vert	Jaune	Orange	Rouge/ Rose	Blanc
Anglésite				C L			C
Anhydrite					L	C L	
Anthophyllite			C			L	L
Apatite			C	L			
Aragonite			C L	C L	C L	C L	C L
Autunite			C L				
Barite (barytine)		C	C L		C L		C L
Bénitoïte		C				L	
Brucite			C L				C L
Calcite		C	C	C	C	C L	C L
Cérussite				C L		L	C
Calcédoine			C	C			
Célestine	C	C L			L	L	C L
Colémanite		C L		C L			C L
Dolomite			C	C	C	C	L
Fluorite (fluorine)	C L	C L	C L			C	C L
Gypsum (gyse)			C	L	C L	C L	L
Halite (sel gemme)					C	C	
Haüyne					L	L	
Kyanite (cyanite, disthène)						C L	L
Opale		C L	C L				L
Pectolite				C	C	C	
Pétalite		L					C L
Pyromorphite				L	L		
Rubis				C L	C L	C L	
Saphir	C				C		
Scheelite		C		C			
Scapolite	L			C L		C	
Smithsonite			L	L			L
Sphalérite (blende)					C L	C L	L
Spinelle		L				C L	
Spodumène					C L	C L	
Strontianite		L	C			L	
Topaze			C	C		L	
Trémolite			C		C L	C L	C
Tugtupite					L	C L	
Willemite			C	C			
Withérite		C L	C L				C L
Wollastonite				C L	C L	C L	
Hydrozincite		C					C L
Zircon				C L	C L		

C : fluorescence sous les rayons ultraviolets courts (UVC, 254 nm)
L : fluorescence sous les rayons ultraviolets longs (UVL, 366 nm)

Minéraux radioactifs

Les minéraux radioactifs ne devraient en aucun cas être collectionnés, du fait du danger d'irradiation qu'ils représentent. Mais c'est justement cette particularité et leur attrait qui poussent à les collectionner.

La propriété d'émettre un rayonnement sans apport d'énergie se nomme radioactivité. Trois rayonnements sont produits : le rayonnement alpha, le rayonnement bêta et le rayonnement gamma. Le rayonnement alpha est le plus faible : il s'affaiblit rapidement. Le rayonnement bêta est un peu plus fort : sa portée et son pouvoir de pénétration sont relativement faibles. Le rayonnement gamma est très intense : il peut traverser le fer et des murs épais, ce qui le fait parfois appeler « rayonnement dur ».

Mesure des rayonnements Le rayonnement radioactif invisible peut être mesuré avec un compteur Geiger (plus exactement un compteur Geiger-Müller). Le commerce en offre divers modèles (ill. p. 351). Les appareils à réponse digitale et signal acoustique sont recommandés : à l'approche d'une source radioactive, le signal unique se concentre en un bruit de crécelle. Un étui de ceinture et des batteries de longue durée permettent un certain confort d'emploi sur le terrain.

Protection contre les rayonnements Un court trajet avec des minéraux radioactifs n'expose absolument pas à un danger de mort. En revanche, en cas de longues recherches et pour la conservation de ces minéraux, d'importantes précautions doivent être prises.

- Ne pas respirer la poussière des haldes où se trouvent des minéraux radioactifs.
- Ne jamais entreposer de minéraux radioactifs (et évidemment leurs minerais et leurs associations), même en petite quantité, dans une salle de travail, une chambre à coucher ou un salon.
- Les tenir éloignés des aliments et du matériel photographique.
- Lors d'un examen à l'œil nu, ne pas les placer près de minéraux utiles.
- Aérer fréquemment la salle d'exposition, dont l'atmosphère s'enrichit de radon, émetteur de rayons alpha.
- Se laver à fond les mains après avoir manipulé des minéraux radioactifs.
- Changer de vêtements s'ils ont été en contact avec des roches radioactives ou des poussières radioactives, et les laver à fond.
- Conserver impérativement dans une armoire garnie de plusieurs centimètres de plomb les matériaux fortement radioactifs.

Les prescriptions de protection contre les rayonnements exigent que tout matériel radioactif soit caractérisé par ce logo.

- Signaler clairement les matériaux radioactifs (voir le logo ci-contre).
- Ne jamais laisser un minéral radioactif parvenir dans la main d'un enfant.
- Les enfants ne doivent jamais participer à la recherche de minéraux radioactifs.
- Pour une bonne protection contre le danger des radiations, ne conserver que de petits échantillons radioactifs.

Dans cet ouvrage, les minéraux radioactifs décrits sont signalés par le signe , s'ils s'ils sont faiblement ou seulement occasionnellement radioactifs, par le signe s'ils le sont fortement, c'est-à-dire durablement émetteurs de rayonnements.

L'Euratom, organisme européen de l'énergie atomique, réglemente sévèrement les rapports avec le matériel radioactif. Certains pays non européens manquent considérablement de règles.

Quelques minéraux radioactifs

	Occasionnellement- ou légèrement- radioactif	Durablement ou fortement radioactif		Occasionnellement ou légèrement radioactif	Durablement ou fortement radioactif
Aeschynite	X		Monazite	X	
Allanite	X		Pérowskite	X	
Apatite	X		Pyrochlore	X	
Autunite		X	Samarskite	X	
Barite (barytine)	X		Thorianite		X
Bétafite		X	Thorite		X
Brannérite		X	Thortveitite	X	
Carnotite		X	Torbernite		X
Columbites	X		Uraninite		X
Davidite		X	Uranoircite		X
Euxénite	X		Uranophane		X
Fergusonite	X		Yttrotantalite	X	
Fluorite (fluorine)	X		Zeunérite		X
Gadolinite	X		Zircon	X	

Les appareils de mesure de rayonnement (compteurs Geiger) proposés dans le commerce aux collectionneurs de minéraux servent en premier lieu d'instruments de localisation des gîtes de minéraux radioactifs. Ils offrent en outre indirectement une indication de la protection à prévoir contre les préjudices radioactifs, c'est-à-dire qu'ils préviennent de la présence de fortes radiations dangereuses. Toutefois, les compteurs Geiger, tel le modèle illustré ci-dessous, ne sont pas à proprement parler des instruments de prévention antirayonnements, ce qui serait souhaitable en médecine et en recherche atomique.

Le compteur Geiger peut mesurer par commutation les rayonnements alpha, bêta et gamma. Le résultat est donné en becquerels, ou en impulsions associées à un signal acoustique. Des mesures en continu sont possibles. Les mesures sont enregistrées en interne. Graphique d'ordinateur.

Poids : 150 g
Mesures : 163 x 72 x 30 mm

Tableaux de détermination des minéraux

Trait blanc + incolore

Les chiffres suivant les noms des minéraux

dureté Mohs	éclat résineux	éclat nacré	éclat adamantin
1	natron 1,42-1,47 carnallite 1,60 pyrophyllite 2,66-2,90	pyrophyllite 2,66-2,90 talc 2,7-2,8	calomel 6,4-6,5
1½	natron 1,42-1,47 carnallite 1,60 halotrichite 1,73-1,79 sylvine 1,99 gypse 2,2-2,4 vivianite 2,6-2,7 pyrophyllite 2,66-2,90	halotrichite 1,73-1,79 alunogène 1,77 gypse 2,2-2,4 vivianite 2,6-2,7 pyrophyllite 2,66-2,90	chlorargyrite 5,5-5,6 calomel 6,4-6,5
2	ambre 1,05-1,30 carnallite 1,60 épsomite 1,68 borax 1,7-1,8 ulexite 1,96 sylvine 1,99 soufre 2,0-2,1 chrysocolle 2,0-2,2 halite 2,1-2,2 gypse 2,2-2,4 pharmacolite 2,6 vivianite 2,6-2,7 muscovite 2,78-2,88 lépidolite 2,80-2,90 zinnwaldite 2,90-3,20 annabergite 3,0-3,1	alunogène 1,77 ulexite 1,96 gypse 2,2-2,4 vivianite 2,6-2,7 phlogopite 2,75-2,97 muscovite 2,78-2,88 lépidolite 2,80-2,90 fuchsite 2,85 zinnwaldite 2,90-3,20 annabergite 3,0-3,1 hydrozincite 3,5-3,8	soufre 2,0-2,1 sénarmontite 5,50 chlorargyrite 5,5-5,6 phosgénite 6,0-6,3 calomel 6,4-6,5
2½	ambre 1,05-1,30 épsomite 1,68 borax 1,7-1,8 kernite 1,91 gaylussite 1,99 chrysocolle 2,0-2,2 serpentine 2,0-2,6 picromérite 2,03 kainite 2,1-2,2 gibbsite 2,3-2,4 pennine 2,5-2,6 pharmacolite 2,6 thénardite 2,66-2,67 biotite 2,70-3,30 muscovite 2,78-2,88 lépidolite 2,80-2,90 zinnwaldite 2,90-3,20 cryolite 2,95 stolzite 7,9-8,2	serpentine 2,0-2,6 gibbsite 2,3-2,4 pennine 2,5-2,6 biotite 2,70-3,30 phlogopite 2,75-2,97 muscovite 2,78-2,88 lépidolite 2,80-2,90 fuchsite 2,85 zinnwaldite 2,90-3,20 cryolite 2,95 hydrozincite 3,5-3,8 valentinite 5,6-5,8 leadhillite 6,45-6,55	Sénarmontite 5,50 valentinite 5,6-5,8 phosgénite 6,0-6,3

Trait blanc + incolore

dureté Mohs	éclat cireux	éclat métallique	sans éclat mat
1	carnallite 1,60 talc 2,7-2,8	carnallite 1,60	natron 1,42-1,47
1½	carnallite 1,60 sylvine 1,99 chlorargyrite 5,5-5,6	carnallite 1,60 vivianite 2,6-2,7	natron 1,42-1,47 chlorargyrite 5,5-5,6
2	ambre 1,05-1,30 carnallite 1,60 borax 1,7-1,8 sylvine 1,99 soufre 2,0-2,1 chrysocolle 2,0-2,2 sénarmontite 5,50 chlorargyrite 5,5-5,6 phosgénite 6,0-6,3	carnallite 1,60 vivianite 2,6-2,7 phlogopite 2,75-2,97 muscovite 2,78-2,88 fuchsite 2,85 zinnwaldite 2,90-3,20	sépiolite 2,0 hydrozincite 3,5-3,8 chlorargyrite 5,5-5,6
2½	ambre 1,05-1,30 borax 1,7-1,8 chrysocolle 2,0-2,2 serpentine 2,0-2,6 phosgénite 6,0-6,3 leadhillite 6,45-6,55 stolzite 7,9-8,2	biotite 2,70-3,30 phlogopite 2,75-2,97 muscovite 2,78-2,88 fuchsite 2,85 zinnwaldite 2,90-3,20 argent 9,6-12,0	sépiolite 2,0 serpentine 2,0-2,6 hydrozincite 3,5-3,8

Trait blanc + incolore

les chiffres suivant les noms des minéraux

dureté Mohs	**éclat vitreux** **éclat résineux**	**éclat soyeux** **éclat nacré**	**éclat adamantin**
3	kurnakovite 1,86 chrysocolle 2,0-2,2 serpentine 2,0-2,6 kainite 2,1-2,2 laumontite 2,25-2,35 cacoxénite 2,3 gibbsite 2,3-2,4 hanksite 2,56 corail 2,6-2,7 calcite 2,6-2,8 thénardite 2,66-2,67 biotite 2,70-3,30 polyhalite 2,77-2,78 muscovite 2,78-2,88 lépidolite 2,80-2,90 strengite 2,87 zinnwaldite 2,90-3,20 cryolite 2,95 célestite 3,9-4,0 withérite 4,28 barite (barytine) 4,48 cérusite 6,4-6,6 wulfénite 6,7-6,9 stolzite 7,9-8,2	kurnakovite 1,86 serpentine 2,0-2,6 laumontite 2,25-2,35 cacoxénite 2,3 gibbsite 2,3-2,4 perles 2,60-2,78 biotite 2,70-3,30 muscovite 2,78-2,88 lépidolite 2,80-2,90 zinnwaldite 2,90-3,20 cryolite 2,95 célestite 3,9-4,0 barite (barytine) 4,48 valentinite 5,6-5,8	valentinite 5,6-5,8 phosgénite 6,0-6,3 anglésite 6,3-6,4 cérusite 6,4-6,6 wulfénite 6,7-6,9
3½	chrysocolle 2,0-2,2 serpentine 2,0-2,6 stilbite 2,0-2,20 heulandite 2,18-2,22 laumontite 2,25-2,35 gibbsite 2,3-2,4 wavellite 2,3-2,4 hanksite 2,56 kiesérite 2,57 corail 2,6-2,7 polyhalite 2,77-2,78 dolomite 2,85-2,95 strengite 2,87 anhydrite 2,9-3,0 ankérite 2,9-3,8 aragonite 2,95 rhodochrosite 3,3-3,6 strontianite 3,76 célestite 3,9-4,0 withérite 4,28 powellite 4,3 adamite 4,3-4,5 barite (barytine) 4,48 cérussite 6,4-6,6	serpentine 2,0-2,6 stilbite 2,09-2,20 heulandite 2,18-2,20 laumontite 2,25-2,35 gibbsite 2,3-2,4 perles 2,60-2,78 anhydrite 2,9-3,0 ankérite 2,9-3,8 célestite 3,9-4,0 barite (barytine) 4,48	sphalérite (blende) 3,9-4,2 powellite 4,3 anglésite 6,3-6,4 cérussite 6,4-6,6 pyromorphite 6,7-7,1 mimétite 7,1

dureté Mohs	éclat gras éclat cireux	éclat métallique	sans éclat mat
3	chrysocolle 2,0-2,2 serpentine 2,0-2,6 corail 2,6-2,7 polyhalite 2,77-2,78 célestite 3,9-4,0 withérite 4,28 phosgénite 6,0-6,3 anglésite 6,3-6,4 cérusite 6,4-6,6 stolzite 7,9-8,2	biotite 2,70-3,30 muscovite 2,78-2,88 zinnaldite 2,90-3,20 argent 9,6-12,0	serpentine 2,0-2,6 laumontite 2,25-2,35 hanksite 2,56 corail 2,6-2,7 withérite 4,28
3½	chrysocolle 2,0-2,2 serpentine 2,0-2,6 polyhalite 2,77-2,78 ankérite 2,9-3,8 aragonite 2,95 strontianite 3,76 célestite 3,9-4,0 sphalérite (blende) 3,9-4,2 withérite 4,28 powellite 4,3 anglésite 6,3-6,4 cérussite 6,4-6,6 pyromorphite 6,7-7,1 mimétite 7,1		serpentine 2,0-2,6 laumontite 2,25-2,35 hanksite 2,56 corail 2,6-2,7 withérite 4,28

Trait blanc + incolore

les chiffres suivant les noms des minéraux

dureté Mohs	**éclat vitreux** **éclat résineux**	**éclat soyeux** **éclat nacré**	**éclat adamantin**
4	chrysocolle 2,0-2,2 serpentine 2,0-2,6 chabasite 2,08-2,16 stilbite 2,09-2,20 heulandite 2,18-2,22 phillipsite 2,2 wavellite 2,3-2,4 colémanite 2,44 variscite 2,52 corail 2,6-2,7 dolomite 2,85-2,95 magnésite 2,9-3,1 ankérite 2,9-3,8 aragonite 2,95 fluorite 3,18 rhodochrosite 3,3-3,6 sidérite 3,7-3,9	serpentine 2,0-2,6 stilbite 2,09-2,20 heulandite 2,18-2,22 perles 2,60-2,78 ankérite 2,9-3,8 margarite 2,99-3,08 cyanite (disthène) 3,53-3,65 sidérite 3,7-3,9	colémanite 2,44 sphalérite (blende) 3,9-4,2 pyromorphite 6,7-7,1 mimétite 7,1
4½	chabasite 2,08-2,16 phillipsite 2,2 apophyllite 2,3-2,4 colémanite 2,44 harmotome 2,44-2,50 variscite 2,52 wollastonite 2,8-2,91 magnésite 2,9-3,1 cyanite (disthène) 3,53-3,65 sidérite 3,7-3,9	apophyllite 2,3-2,4 wollastonite 2,78-2,91 margarite 2,99-3,08 cyanite (disthène) 3,53-3,65 sidérite 3,7-3,9	colémanite 2,44 scheelite 5,9-6,1
4	chabasite 2,08-2,16 sodalite 2,13-2,29 natrolite 2,20-2,26 mésolite 2,2-2,4 analcime 2,24-2,31 apophyllite 2,3-2,4 variscite 2,52 scapolite 2,54-2,77 turquoise 2,6-2,8 wollastonite 2,78-2,91 wardite 2,81 datolite 2,9-3,0 mélilite 2,95-3,05 apatite 3,16-3,22 augite 3,2-3,6 bronzite 3,25-3,35 diopside 3,27-3,31 hémimorphite 3,3-3,5 hypersthène 3,35-3,84 smithsonite 4,3-4,5 monazite 4,6-5,7	natrolite 2,20-2,26 mésolite 2,2-2,4 scolécite 2,26-2,40 okénite 2,28-2,33 apophyllite 2,3-2,4 thomsonite 2,3-2,4 wollastonite 2,78-2,91 pectolite 2,8 bronzite 3,25-3,35 smithsonite 4,3-4,5	sphène 3,4-3,6 scheelite 5,9-6,1

dureté Mohs	éclat gras éclat cireux	éclat métallique	sans éclat mat
4	chrysocolle 2,0-2,2 serpentine 2,0-2,6 variscite 2,52 corail 2,6-2,7 ankérite 2,9-3,8 aragonite 2,95 bétafite 3,7-5,2 sphalérite (blende) 3,9-4,2 pyromorphite 6,7-7,1 mimétite 7,1	platine 14-19	serpentine 2,0-2,6 corail 2,6-2,7
4½	variscite 2,52 scheelite 5,9-6,1	platine 14-19	
5	sodalite 2,13-2,29 variscite 2,52 scapolite 2,54-2,77 turquoise 2,6-2,8 datolite 2,9-3,0 mélilite 2,95-3,05 apatite 3,16-3,22 titanite (sphène) 3,4-3,6 scheelite 5,9-6,1	bronzite 3,25-3,35 hypersthène 3,36-3,84	

Trait blanc + incolore

les chiffres suivant les noms des minéraux

dureté Mohs	éclat vitreux éclat résineux	éclat soyeux éclat nacré	éclat adamantin
5½	opale 1,98-2,50 sodalite 2,13-2,29 natrolite 2,20-2,26 mésolite 2,2-2,4 analcime 2,4-2,31 noséane 2,28-2,40 scolécite 2,3-2,4 haüyne 2,44-2,50 leucite 2,45-2,50 scapolite 2,54-2,77 néphéline 2,60-2,65 turquoise 2,6-2,8 datolite 2,9-3,0 trémolite 2,9-3,1 actinote 2,9-3,3 mélilite 2,95-3,05 lazulite 3,1-3,2 augite 3,2-3,6 bronzite 3,25-3,35 enstatite 3,26-3,28 diospide 3,27-3,31 hypersthène 3,35-3,84 rhodonite 3,40-3,73 arfvedsonite 3,44-3,46 willémite 4,0 monazite 4,6-5,7	natrolite 2,20-2,26 mésolite 2,2-2,4 scolécite 2,3-2,4 thomsonite 2,3-2,4 haüyne 2,44-2,50 trémolite 2,9-3,1 actinote 2,9-3,1 bronzite 3,25-3,35 rhodonite 3,40-3,73	titanite (sphène) 3,4-3,6 anatase 3,8-3,9 brookite 4,1
6	opale 1,98-2,50 sodalite 2,13-2,29 leucite 2,45-2,50 kaliophilite 2,49-2,67 microcline 2,53-2,56 orthose 2,53-2,56 scapolite 2,54-2,77 néphéline 2,60-2,65 turquoise 2,6-2,8 plagioclase 2,61-2,77 préhnite 2,8-3,0 trémolite 2,9-3,1 actinote 2,9-3,3 fassaïte 2,96-3,34 lazulite 3,1-3,2 zoïsite 3,15-3,36 augite 3,2-3,6 sillimanite 3,22-3,25 bronzite 3,25-3,35 diopside 3,27-3,31 hypersthène 3,35-3,84 rhodonite 3,40-3,73 arfvedsonite 3,44-3,46 cyanite (disthène) 3,53-3,65	opale 1,98-2,50 kaliophilite 2,49-2,67 microcline 2,53-2,56 plagioclase 2,61-2,77 préhnite 2,8-3,0 trémolite 2,9-3,1 actinote 2,9-3,3 amblygonite 3,0-3,1 zoïsite 3,15-3,36 spodumène 3,16-3,20 sillimanite 3,22-3,25 bronzite 3,25-3,35 rhodonite 3,40-3,73 cyanite (disthène) 3,53-3,65	anatase 3,8-3,9 fayalite 4,0-4,35 brookite 4,1

dureté Mohs	éclat gras éclat cireux	éclat métallique	sans éclat mat
5½	opale 1,98-2,50 sodalite 2,13-2,29 noséane 2,28-2,29 haüyne 2,44-2,50 leucite 2,45-2,50 scapolite 2,54-2,77 néphéline 2,60-2,65 turquoise 2,6-2,8 datolite 2,9-3,0 mélilite 2,95-3,05 lazulite 3,1-3,2 titanite (sphène) 3,4-3,6 willémite 4,0 pérowskite 4,0-4,8	bronzite 3,25-3,35 hypersthène 3,35-3,84 anatase 3,8-3,9 pérowskite 4,0-4,8	leucite 2,45-2,50
6	opale 1,98-2,50 sodalite 2,13-2,29 leucite 2,45-2,50 scapolite 2,54-2,77 néphéline 2,60-2,65 turquoise 2,6-2,8 lazulite 3,1-3,2 sillimanite 3,22-3,25	bronzite 3,25-3,35 hypersthène 3,35-3,84 anatase 3,8-3,9	leucite 2,45-2,50

dureté Mohs	**éclat vitreux éclat résineux**	**éclat soyeux éclat nacré**	**éclat adamantin**
6½	opale 1,98-2,50 cristobalite 2,20 tridymite 2,27 scapolite 2,54-2,77 plagioclase 2,61-2,77 préhnite 2,8-3,0 zoïsite 3,15-3,36 spodumène 3,16-3,20 forstérite 3,22 sillimanite 3,22-3,25 axinite 3,26-3,36 vésuvianite 3,27-3,45 olivine 3,27-4,20 jadéite 3,30-3,36 diaspore 3,3-3,5 rhodonite 3,40-3,73 grenat 3,4-4,6 cyanite (disthène) 3,53-3,65 bénitoïte 3,7	plagioclase 2,61-2,77 préhnite 2,8-3,0 zoïsite 3,15-3,36 spodumène 3,16-3,20 sillimanite 3,22-3,25 diaspore 3,3-3,25 rhodonite 3,40-3,73 cyanite (disthène) 3,53-3,65	thortveitite 3,6-3,8 zircon 3,9-4,8 fayalite 4,0-4,35
7	tridymite 2,27 cordiérite 2,50-2,75 quartz 2,65 boracite 2,9-3,0 tourmaline 3,02-3,26 spodumène 3,16-3,20 sillimanite 3,22-3,25 axinite 3,26-3,26 olivine 3,27-4,20 jadéite 3,30-3,36 diaspore 3,3-3,5 grenat 3,4-4,6 disthène 3,53-3,65 staurolite 3,65-3,77	spodumène 3,16-3,20 sillimanite 3,22-3,25 dumortiérite 3,26-3,41 diaspore 3,3-3,5 disthène 3,53-3,65	boracite 2,9-3,0 thortveitite 3,6-3,8 zircon 3,9-4,8 cassitérite 6,8-7,1
7½	cordiérite 2,50-2,75 béryl 2,63-2,91 boracite 2,9-3,0 euclase 3,0-3,1 tourmaline 3,02-3,26 andalousite 3,11-3,22 grenat 3,4-4,6 staurotide 3,65-3,77	dumortiérite 3,26-3,41	boracite 2,9-3,0 zircon 3,9-4,8
8	béryl 2,63-2,91 topaze 3,53-3,56 spinelle 3,58-3,61	dumortiérite 3,26-3,41	
8½	chrysobéryl 3,70-3,72		
9	corindon 3,97-4,05		

dureté Mohs	éclat gras éclat cireux	éclat métallique	sans éclat mat
6½	opale 1,98-2,50 scapolite 2,54-2,77 calcédoine 2,58-2,64 jaspe 2,58-2,91 sillimanite 3,22-3,25 vésuvianite 3,27-3,45 olivine 3,27-4,20 grenat 3,4-4,6 zircon 3,9-4,8 gadolinite 4,41		calcédoine 2,58-2,64 jaspe 2,58-2,91
7	cordiérite 2,50-2,75 calcédoine 2,58-2,54 jaspe 2,58-2,91 quartz 2,65 danburite 2,9-3,0 sillimanite 3,22-3,25 olivine 3,27-4,20 grenat 3,4-4,6 staurotide 3,65-3,77 zircon 3,9-4,8 cassitérite 6,8-7,1		calcédoine 2,58-2,64 jaspe 2,58-2,91 staurotide 3,65-3,77
7½	cordiérite 2,50-2,75 danburite 2,9-3,0 grenat 3,4-4,6 staurotide 3,65-3,77 zircon 3,9-4,8		andalousite 3,11-3,22 staurotide 3,65-3,77
8			
8½	chrysobéryl 3,70-3,72		
9			

Trait gris + noir

dureté Mohs	éclat vitreux éclat résineux	éclat soyeux éclat nacré	éclat adamantin
1			
1½			
2	borax 1,7-1,8 chlorite 2,6-3,4 chamosite 3,0-3,4	chlorite 2,6-3,4	
2½	borax 1,7-1,8 chlorite 2,6-3,4 chamosite 3,0-3,4 ocre de bismuth 6,7-7,4	chlorite 2,6-3,4 thuringite 3,2 jamesonite 5,63	
3	chlorite 2,6-3,4 chamosite 3,0-3,4 ténorite 6,0 ocre de bismuth 6,7-7,4	chlorite 2,6-3,4	

dureté **Mohs**	**éclat gras** **éclat cireux**	**éclat métallique**	**sans éclat** **mat**
1		graphite 2,1-2,3 molybdénite 4,7-4,8	graphite 2,1-2,3 patronite 2,81
1½	covelline 4,68	covelline 4,68 molybdénite 4,7-4,8 polybasite 6,0-6,2 sylvanite 8,0-8,3	patronite 2,81 covelline 4,68
2	borax 1,7-1,8 covelline 4,68	pyrolusite 4,5-5,0 berthiérite 4,6 antimonite 4,6-4,7 covelline 4,68 polybasite 6,0-6,2 stéphanite 6,2-6,4 bismuthine 6,8-7,2 argentite 7,2-7,4 sylvanite 8,0-8,3 bismuth 9,7-9,8	chlorite 2,6-3,4 patronite 2,81 chamosite 3,0-3,4 pyrolusite 4,5-5,0 antimonite 4,6-4,7 covelline 4,68 stéphanite 6,2-6,4 argentite 7,2-7,4
2½	borax 1,7-1,8	pyrolusite 4,5-5,0 berthiérite 4,6 chalcosine 5,5-5,8 jamesonite 5,63 bournonite 5,7-5,9 boulangérite 5,8-6,2 stéphanite 6,2-6,4 matildite 6,9-7,2 argentite 7,2-7,4 galène 7,2-7,6 petzite 8,7-9,2 bismuth 9,7-9,8	chlorite 2,6-3,4 chamosite 3,0-3,4 pyrolusite 4,5-5,0 chalcosine 5,5-5,8 bournonite 5,7-5,9 stéphanite 6,2-6,4 argentite 7,2-7,4 galène 7,2-7,6
3		pyrolusite 4,5-5,0 berthiérite 4,6 tennantite 4,6-4,8 tétraédrite 4,6-5,2 bornite 4,9-5,3 schwatzite 5,1 arsenic 5,4-5,9 chalcosine 5,5-5,8 bournonite 5,7-5,9 boulangérite 5,8-6,2 ténorite 6,0 antimonite 6,7 galène 7,2-7,6 petzite 8,2-9,2	chlorite 2,6-3,4 chamosite 3,0-3,4 pyrolusite 4,5-5,0 tennantite 4,6-4,8 tétraédrite 4,6-5,2 schwatzite 5,1 arsenic 5,4-5,9 chalcosine 5,5-5,8 bournonite 5,7-5,9 ténorite 6,0 galène 7,2-7,6

dureté Mohs	éclat vitreux éclat résineux	éclat soyeux éclat nacré	éclat adamantin
3½	dolomite 2,85-2,95 ankérite 2,9-3,8 ténorite 6,0 ocre de bismuth 6,7-7,4	ankérite 2,9-3,8	
4	dolomite 2,85-2,95 ankérite 2,9-3,8 sidérite 3,7-3,9 ténorite 6,0	ankérite 2,9-3,8 sidérite 3,7-3,9	
4½	sidérite 3,7-3,9	sidérite 3,7-3,9	
5	mélilite 2,95-3,05 riébeckite 3,0-3,4 hornblende 3,02-3,27 augite 3,2-3,6 hypersthène 3,35-3,84 davidite 4.3-5,0 yttrotantalite 5,7	riébeckite 3,0-3,4 hornblende 3,02-3,27	

dureté Mohs	éclat gras éclat cireux	éclat métallique	sans éclat mat
3½	ankérite 2,9-3,8	cubanite 4,10 chalcopyrite 4,1-4,3 énargite 4,4 freibergite 4,5-5,0 pyrolusite 4,5-5,0 tennantite 4,6-4,8 pentlandite 4,6-5,0 tétraédrite 4,65-5,2 schwazite 5,1 millérite 5,3 arsenic 5,4-5,9 ténorite 6,0 antimonite 6,7	pyrolusite 4,5-5,0 tennantite 4,6-4,8 tétraédrite 4,6-5,2 schwatzite 5,1 arsenic 5,4-5,9 ténorite 6,0
4	ankérite 2,9-3,8 uraninite 9,1-10,6	cubanite 4,10 chalcopyrite 4,1-4,3 manganite 4,3-4,4 stannine 4,3-4,5 freibergite 4,5-5,0 pyrolusite 4,5-5,0 pyrrhotine 4,6 tennantite 4,6-4,8 pentlandite 4,6-5,0 tétraédrite 4,6-5,2 psilomélane 4,7 hollandite 4,95 schwatzite 5,1 arsenic 5,4-5,9 ténorite 6,0 platine 14-19	pyrolusite 4,5-5,0 tennantite 4,6-4,8 tétraédrite 4,6-5,2 psilomélane 4,7 schwazite 5,1 arsenic 5,4-5,9 ténorite 6,0 uraninite 9,1-10,6
4½	uraninite 9,1-10,6	freibergite 4,5-5,0 pyrolusite 4,5-5,0 tennantite 4,6-4,8 psilomélane 4,7 linnéite 4,8-5,8 safflorite 6,9-7,3 stibiopalladinite 9,5 platine 14-19	pyrolusite 4,5-5,0 tennantite 4,6-4,8 psilomélane 4,7 uraninite 9,1-10,6
5	mélilite 2,95-3,05 samarskite 5,4-6,2 yttrotantalite 5,7 wolframite 7,12-7,60 uraninite 9,1-10,6	hypersthène 3,35-3,84 ilménite 4,5-5,0 pyrolusite 4,5-5,0 psilomélane 4,7 linnéite 4,8-5,8 gersdorffite 5,6-6,2 safflorite 6,9-7,3 löllingite 7,1-7,5 wolframite 7,12-7,60 nickéline 7,5-7,8	cryptomélane 4,3 ilménite 4,5-5,0 pyrolusite 4,5-5,0 psilomélane 4,7 gersdorffite 5,6-6,2 nickeline 7,5-7,8 uraninite 9,1-10,6

Trait gris + noir

les chiffres suivant les noms des minéraux

dureté Mohs	éclat vitreux éclat résineux	éclat soyeux éclat nacré	éclat adamantin
5½	anthophyllite 2,9-3,2 mélilite 2,95-3,05 riébeckite 3,0-3,4 hornblende 3,02-3,27 augite 3,2-3,6 hypersthène 3,35-3,84 arfvedsonite 3,44-3,46 hédenbergite 3,5-3,6 davidite 4,3-5,0 fergusonite 5,65 yttrotantalite 5,7	anthophyllite 2,9-3,2 riébeckite 3,0-3,4 hornblende 3,02-3,27	
6	riébeckite 3,0-3,4 hornblende 3,02-3,27 augite 3,9-3,6 épidote 3,3-3,5 hypersthène 3,35-3,84 arfvedsonite 3,44-3,46 hédenbergite 3,5-3,6 davidite 4,3-5,0 fergosonite 5,65	riébeckite 3,0-3,4 hornblende 3,02-3,27	
6½	épidote 3,3-3,5 thortveitite 3,6-3,8 gadolinite 4,41 fergusonite 5,65		thortveitite 3,6-3,8
7	boracite 2,9-3,0 épidote 3,3-3,5 thortveitite 3,6		boracite 2,9-3,0 thortveitite 3,6-3,8
7½	boracite 2,9-3,0 gahnite 4,3-4,9		boracite 2,9-3,0
8	gahnite 4,3-4,9		

dureté Mohs	éclat gras éclat cireux	éclat métallique	sans éclat mat
5½	mélilite 2,95-3,05 samarskite 5,4-6,2 yttrotantalite 5,7 wolframite 7,12-7,60 uraninite 9,1-10,6	hypersthène 3,35-3,84 ilménite 4,5-5,0 pyrolusite 4,5-5,0 psilomélane 4,7 linnéite 4,8-5,8 magnétite 5,2 samarskite 5,4-6,2 arsénopyrite 5,9-6,2 cobaltine 6,0-6,4 chloanthite 6,4-6,6 safflorite 6,9-7,3 löllingite 7,1-7,5 wolframite 7,12-7,60 nickéline 7,5-7,8	cryptomélane 4,3 ilménite 4,5-5,0 pyrolusite 4,5-5,0 psilomélane 4,7 magnétite 5,2 fergusonite 5,65 nickéline 7,5-7,8 uraninite 9,1-10,6
6	braunite 4,7-4,8 samarskite 5,4-6,2 uraninite 9,1-10,6	hypersthène 3,35-3,84 ilménite 4,5-5,0 pyrolusite 4,5-5,0 psilomélane 4,7 braunite 4,7-4,8 marcassite 4,8-4,9 pyrite 5,0-5,2 magnétite 5,2 columbites 5,2-8,1 samarskite 5,4-6,2 arsénopyrite 5,9-6,2 scuttérudite 6,8 sperrylite 10,58	cryptomélane 4,3 ilménite 4,5-5,0 pyrolusite 4,5-5,0 psilomélane 4,7 magnétite 5,2 fergusonite 5,65 uraninite 9,1-10,6
6½	gadolinite 4,41 braunite 4,7-4,8	pyrolusite 4,5-5,0 braunite 4,7-4,8 marcassite 4,8-4,9 pyrite 5,0-5,2 columbites 5,2-8,1 coronadite 5,5 sperrylite 10,58	pyrolusite 4,5-5,0 magnétite 5,2 coronadite 5,5 fergusonite 5,65
7		coronadite 5,5 sperrylite 10,58	coronadite 5,5
7½	gahnite 4,3-4,9		
8	gahnite 4,3-4,9		

Trait jaune + orange + brun

les chiffres suivant les noms des minéraux

dureté Mohs	éclat vitreux éclat résineux	éclat soyeux éclat nacré	éclat adamantin
1½	vivianite 2,6-2,7	vivianite 2,6-2,7 orpiment 3,48	réalgar 3,5-3,6 calomel 6,4-7,1
2	vivianite 2,6-2,7 chlorite 2,6-3,4 autunite 3,2	vivianite 2,6-2,7 chlorite 2,6-3,4 autunite 3,2 orpiment 3,48 molybdite 4,0-4,5	réalgar 3,5-3,6 calomel 6,4-7,1
2½	chlorite 2,6-3,4 autunite 3,2 uranocircite 3,5 uranotile 3,8-3,9	chlorite 2,6-3,4 autunite 3,2 uranotile 3,8-3,9 bismuthite 6,7-7,6	crocoïse 5,9-6,1
3	cacoxénite 2,3 chlorite 2,6-3,4 olivénite 3,9-4,4	cacoxénite 2,3 chlorite 2,6-3,4 bismuthite 6,7-7,6	olivénite 3,9-4,4 crocoïse 5,9-6,1 vanadinite 6,5-7,1
3½	descloïsite 5,5-6,2 wurzite 4,0 powellite 4,3	bismuthite 6,7-7,6	sphalérite (blende) 3,9-4,2 powellite 4,3 descloïsite 5,5-6,2
4	sidérite 3,7-3,9 wurzite 4,0 powellite 4,3	sidérite 3,7-3,9 carnotite 4,5-4,6	sphalérite (blende) 3,9-4,2 powellite 4,3 zincite 5,4-5,7
4½	sidérite 3,7-3,9 thorite 4,4-4,8 brannérite 6,35	sidérite 3,7-3,9 bismite 8,64-9,22	zincite 5,4-5,7 bismite 8,64-9,22
5	hornblende 3,02-3,27 davidite 4,3-5,0 horite 4,4-4,8 aeschynite 4,8-5,1 brannérite 6,35	hornblende 3,02-3,27 goethite 3,8-4,3	pyrochlore 3,5-4,6 goetite 3,8-4,3 lépidocrocite 4,0 zincite 5,4-5,7
5½	hornblende 3,02-3,27 neptunite 3,23 davidite 4,3-5,0 euxénite 4,7-5,9 aeschynite 4,8-5,1 fergusonite 5,65	hornblende 3,02-3,27 goethite 3,8-4,3	pyrochlore 3,5-4,6 goethite 3,8-4,3 brookite 4,1
6	hornblende 3,02-3,27 aegyrine 3,43-3,60 davidite 4,3-5,0 euxénite 4,7-5,9	hornblende 3,02-3,27	brookite 4,1 rutile 4,2-4,3
6½	aegyrine 3,43-3,60 euxénite 4,7-5,9		rutile 4,2-4,3
7			cassitérite 6,8-7,1

dureté Mohs	éclat gras éclat cireux	éclat métallique	sans éclat mat
1½	orpiment 3,48 réalgar 3,5-3,6	vivianite 2,6-2,7 sylvanite 8,0-8,3	
2	orpiment 3,48 réalgar 3,5-3,6	vivianite 2,6-2,7 berthiérite 4,6 sylvanite 8,0-8,3	chlorite 2,6-3,4 ferrimolybdite 4,0-4,5 molybdite 4,0-4,5
2½	crocoïse 5,9-6,1	berthiérite 4,6 or 15,5-19,3	chlorite 2,6-3,4
3	crocoïse 5,9-6,1 vanadinite 6,5-7,1	berthiérite 4,6 tennantite 4,6-4,8 tétraédrite 4,6-5,2	chlorite 2,6-3,4 tennantite 4,6-4,8 tétraédrite 4,6-5,2
3½	sphalérite (blende) 3,9-4,2 powellite 4,3	tennantite 4,6-4,8 tétraédrite 4,6-5,2 cuprite 5,8-6,2	tennantite 4,6-4,8 tétraédrite 4,6-5,2 cuprite 5,8-6,2
4	bétafite 3,7-5,2 sphalérite (blende) 3,9-4,2 powellite 4,3 zincite 5,4-5,7 uraninite 9,1-10,6	manganite 4,3-4,4 tennantite 4,6-4,8 tétraédrite 4,6-5,2 psilomélane 4,7 cuprite 5,8-6,2	carnotite 4,5-4,6 tennantite 4,6-4,8 tétraédrite 4,6-5,2 psilomélane 4,7 cuprite 5,8-6,2
4½	zincite 5,4-5,7 brannérite 6,35 uraninite 9,1-10,6	tennantite 4,6-4,8 psilomélane 4,7	tennantite 4,6-4,8 psilomélane 4,7 uraninite 9,1-10,6
5	pyrochlore 3,5-4,6 zincite 5,4-5,7 brannérite 6,35 wolframite 7,12-7,60 uraninite 9,1-10,6	ilménite 4,5-5,0 psilomélane 4,7 samarskite 5,4-6,2 wolframite 7,12-7,60 nickéline 7,5-7,8	goethite 3,8-4,3 ilménite 4,5-5,0 psilomélane 4,7 nickéline 7,5-7,8 uraninite 9,1-10,6
5½	pyrochlore 3,5-4,6 chromite 4,5-4,8 euxénite 4,7-5,9 samarskite 5,4-6,2 wolframite 7,12-7,60 uraninite 9,1-10,6	chromite 4,5-4,8 ilménite 4,5-5,0 hausmannite 4,7-4,8 fergusonite 5,65 wolframite 7,12-7,60 nickéline 7,5-7,8	goethite 3,8-4,3 ilménite 4,5-5,0 psilomélane 4,7 fergusonite 5,65 nickéline 7,5-7,8 uraninite 9,1-10,6
6	braunite 4,7-4,8 euxénite 4,7-5,9 samarskite 5,4-6,2 uraninite 9,1-10,6	rutile 4,2-4,3 ilménite 4,5-5,0 hématite 5,2-5,3 columbites 5,2-8,1	ilménite 4,5-5,0 psilomélane 4,7 hématite 5,2-5,3 uraninite 9,1-10,6
6½	jaspe 2,58-2,91 braunite 4,7-4,8 euxénite 4,7-5,9	rutile 4,2-4,3 hématite 5,2-5,3 columbites 5,2-8,1	jaspe 2,58-2,91 hématite 5,2-5,3
7	cassitérite 6,8-7,1		

Trait rouge + orange

les chiffres suivant les noms des minéraux

dureté Mohs	éclat vitreux éclat résineux	éclat soyeux éclat nacré	éclat adamantin
1			
1½		orpiment 3,48	réalgar 3,5-3,6
2	érythrine 3,07	érythrine 3,07 orpiment 3,48	réalgar 3,5-3,8 cinabre 8,0-8,2
2½			proustite 5,57 pyrargyrite 5,85 crocoïse 5,9-6,1 cinabre 8,0-8,2
3			pyrargyrite 5,85 crocoïse 5,9-6,1
3½			
4			zincite 5,4-5,7
4½			zincite 5,4-5,7
5			lépidocrocite 4,0 zincite 5,4-5,7
5½			
6	piémontite 3,4		
6½	piémontite 3,4		
7			

dureté Mohs	éclat gras éclat cireux	éclat métallique	sans éclat mat
1			
1½	orpiment 3,48 réalgar 3,5-3,6	polybasite 6,0-6,2	
2	orpiment 3,48 réalgar 3,5-3,6	polybasite 6,0-6,2 cinabre 8,0-8,2	
2½	crocoïse 5,9-6,1	cinabre 8,0-8,2 cuivre 8,3-8,7	
3	crocoïse 5,9-6,1	tennantite 4,6-4,8 cuivre 8,3-8,7	tennantite 4,6-4,8
3½		tennantite 4,6-4,8 cuprite 5,8-6,2	tennantite 4,6-4,8 cuprite 5,8-6,2
4	zincite 5,4-5,7	purpurite 3,2-3,4 tennantite 4,6-4,8 cuprite 5,8-6,2	tennantite 4,6-4,8 cuprite 5,8-6,2
4½	zincite 5,4-5,7	purpurite 3,2-3,4 tennantite 4,6-4,8	tennantite 4,6-4,8
5	zincite 5,4-5,7 samarskite 5,4-6,2	samarskite 5,4-6,2	
5½	samarskite 5,4-6,2	hausmannite 4,7-4,8 samarskite 5,4-6,2	
6	samarskite 5,4-6,2	franklinite 5,0-5,2 hématite 5,2-5,3 samarskite 5,4-6,2	hématite 5,2-5,3
6½	jaspe 2,58-2,91	franklinite 5,0-5,2 hématite 5,2-5,3	jaspe 2,58-2,91 hématite 5,2-5,3
7	jaspe 2,58-2,91		jaspe 2,58-2,91

Trait vert

les chiffres suivant les noms des minéraux

dureté Mohs	éclat vitreux éclat résineux	éclat soyeux éclat nacré	éclat adamantin
1			
1½			
2	chrysocolle 2,0-2,2 chlorite 2,6-3,4 ripidolite 2,75-2,90 chamosite 3,0-3,4 torbernite 3,3-3,7	chlorite 2,6-3,4 rhipidolite 2,75-2,90 daphnite 3,2 torbernite 3,3-3,7 aurichalcite 3,6-4,2	
2½	chrysocolle 2,0-2,2 pennine 2,5-2,6 chlorite 2,6-3,4 chamosite 3,0-3,4 torbernite 33-3,7 zeunérite 3,8	pennine 2,5-2,6 délessite 2,6-2,9 chlorite 2,6-3,4 daphnite 3,2 thuringite 3,2 torbernite 3,3-3,7 bismuthite 6,7-7,6	
3	chrysocolle 2, à-2,2 chlorite 2,6-3,4 chamosite 3,0-3,4 atacamite 3,76	délessite 2,6-2,9 chlorite 2,6-3,4 daphnite 3,2 bismutite 6,7-7,6	olivénite 3,9-4,4
3½	chrysocolle 2,0-2,2 malachite 3,75-3,5 atacamite 3,76 descloïzite 5,5-6,2 mottramite 5,7-6,2	malachite 3,75-3,95 brochantite 3,97 bismutite 6,7-7,6	powellite 4,3 descloïzite 5,5-6,2
4	chrysocolle 2,0-2,2 serpiérite 3,08 malachite 3,75-3,95	malachite 3,75-3,95 brochantite 3,97 carnotite 4,5-4,6	
4½	brannérite 6,35	bismite 8,64-9,22	bismite 8,64-9,22
5	hornblende 3,02-3,27 augite 3,2-3,6 dioptase 3,28-3,35 omphacite 3,29-3,37 brannérite 6,35	hornblende 3,02-3,27	
5½	hornblende 3,02-3,27 augite 3,2-3,6 hédenbergite 3,5-3,6	actinolite 2,9-3,3 hornblende 3,02-3,27	
6	hornblende 3,02-3,27 augite 3,2-3,6 aegyrine 3,43-3,60 hédenbergite 3,5-3,6	actinolite 2,9-3,3 hornblende 3,02-3,27	
6½	aegyrine 3,43-3,60 gadolinite 4,41		thortveitite 3,6-3,8

dureté Mohs	éclat gras éclat cireux	éclat métallique	sans éclat mat
1		molybdénite 4,7-4,8	patronite 2,81
1½		molybdénite 4,7-4,8	patronite 2,81
2	chrysocolle 2,0-2,2 garniérite 2,2-2,7		glauconie 2,2-2,8 chlorite 2,6-3,4 patronite 2,81 chamosite 3,0-3,4 daphnite 3,2
2½	chrysocolle 2,0-2,2 garniérite 2,2-2,7		délessite 2,6-2,9 chlorite 2,6-3,4 chamosite 3,0-3,4 daphnite 3,2
3	chrysocolle 2,0-2,2 garniérite 2,2-2,7		délessite 2,6-2,9 chlorite 2,6-3,4 chamosite 3,0-3,4 daphnite 3,2
3½	chrysocolle 2,0-2,2 garniérite 2,2-2,7 powellite 4,3	chalcopyrite 4,1-4,3 millérite 5,3	malachite 3,75-3,95
4	chrysocolle 2,0-2,2 garniérite 2,2-2,7 uraninite 9,1-10,6	chalcopyrite 4,1-4,3	malachite 3,75-3,95 carnotite 4,5-4,6 uraninite 9,1-10,6
4½	brannérite 6,35 uraninite 9,1-10,6		uraninite 9,1-10,6
5	brannérite 6,35 uraninite 9,1-10,6		uraninite 9,1-10,6
5½	uraninite 9,1-10,6	fergusonite 5,65	fergusonite 5,65 uraninite 9,1-10,6
6	uraninite 9,1-10,6	marcasite 4,8-4,9 pyrite 5,0-5,2 fergusonite 5,65	fergusonite 5,65 uraninite 9,1-10,6
6½	gadolinite 4,41	marcasite 4,8-4,9 pyrite 5,0-5,2	

Trait bleu

les chiffres suivant les noms des minéraux

dureté Mohs	éclat vitreux éclat résineux	éclat soyeux éclat nacré	éclat adamantin
1			
1½	vivianite 2,6-2,7	vivianite 2,6-2,7	
2	vivianite 2,6-2,7	vivianite 2,6-2,7 aurichalcite 3,6-4,2	
2½	chalcanthite 2,2-2,3 linarite 5,3-5,5		linarite 5,3-5,5
3			
3½	azurite 3,7-3,9		
4	azurite 3,7-3,9		
4½			
5	lapis-lazuli 2,38-2,42 riébeckite 3,0-3,4	riébeckite 3,0-3,4	
5½	lapis-lazuli 2,38-2,42 haüyne 2,44-2,50 riébeckite 3,0-3,4 arfvedsonite 3,44-3,46	haüyne 2,44-2,50 riébeckite 3,0-3,4	
6	lapis-lazuli 2,38-2,42 riébeckite 3,0-3,4 arfvedsonite 3,44-3,46	riébeckite 3,0-3,4	

dureté Mohs	éclat gras éclat cireux	éclat métallique	sans éclat mat
1			
1½	covellite 4,68	vivianite 2,6-2,7 covellite 4,68	covellite 4,68
2	covellite 4,68	vivianite 2,6-2,7 covellite 4,68	covellite 4,68
2½			
3			
3½			
4			
4½			
5	lapis-lazuli 2,38-2,42		
5½	lapis-lazuli 2,38-2,42 haüyne 2,44-2,50		
6	lapis-lazuli 2,38-2,42		

Aide à la détermination des roches

Pour déterminer une roche, essayez d'abord de la rattacher à un des groupes principaux. Pour cela, examinez sa structure pétrographique, c'est-à-dire l'agencement de ses constituants, pour savoir si une orientation quelconque s'en dégage et si oui, laquelle. Les quatre types de structures possibles sont présentés ici : structure non orientée, structure fluidale, litage et schistosité. Cherchez ensuite dans les différents schémas la structure se rapprochant le plus de celle de la roche à déterminer.
Observez autant que possible plusieurs échantillons sur un même affleurement afin de pouvoir en définir les critères caractéristiques sans risquer d'être trompé par des aspects inhabituels. En outre, des échantillons de grande taille révèlent plus de détails que de petits fragments. Utilisez une loupe lorsque la stratification est très fine. Étudiez aussi l'affleurement dans lequel vous avez prélevé l'échantillon, que ce soit une carrière ou une paroi. Observez si l'échantillon est représentatif de l'ensemble.

Texture grenue

Les minéraux sont mélangés en désordre. Leur agencement ne montre aucune espèce d'orientation.

↓

Aide à la détermination plus détaillée p. 378-379.

Texture fluidale

Des minéraux isolés ou des cavités sont légèrement orientés suivant une direction. Cette disposition est due à l'écoulement de la lave ou à des courants magmatiques.

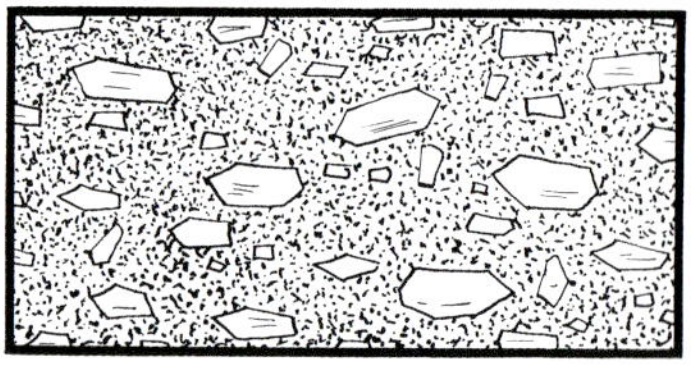

La disposition de certains cristaux détermine une direction.

→ roches volcaniques p. 228
→ roches plutoniques p. 195

Des pores allongés, étirés, soulignent une direction.

→ roches volcaniques p. 228

Toutes les caractéristiques des principaux groupes de roches en un coup d'œil p. 380.

Stratification

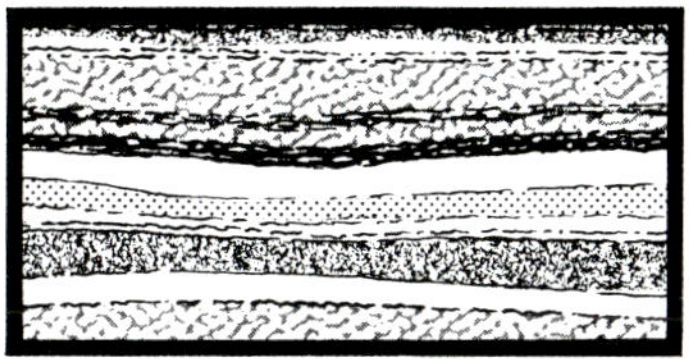

Limites de couches continues. Texture d'origine sédimentaire, due à des changements dans les conditions de dépôt. Plans de séparation à surface lisse et plane.

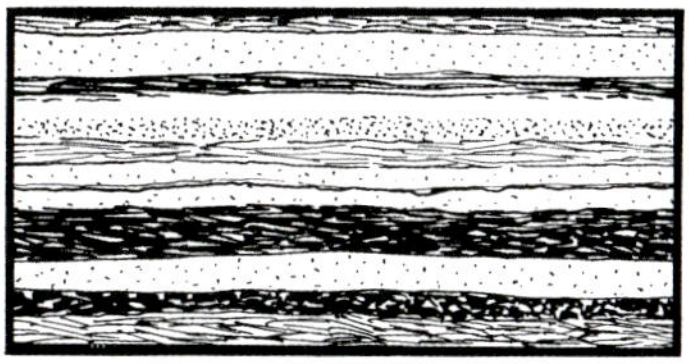

Limites de couches continues et granulométries homogènes à l'intérieur des strates sédimentaires p. 260
→ schistes p. 312

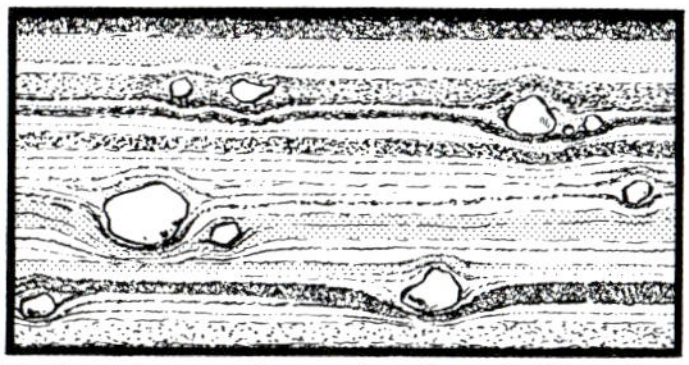

Limites des couches enfoncées et déformées par des éléments de grande taille.
→ tuffites p. 234

Schistosité

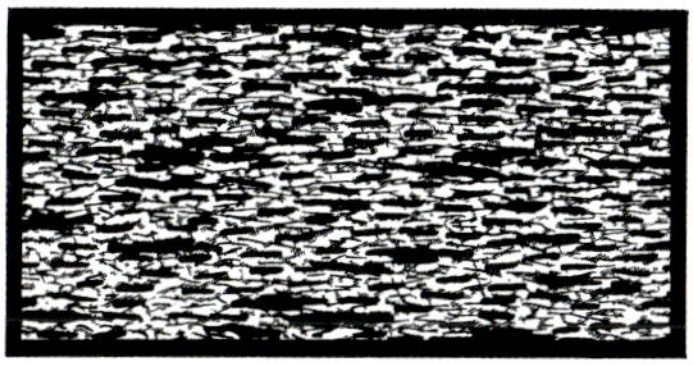

Texture parallèle sans surfaces continues, due à l'arrangement dans une direction de minéraux aplatis ou en baguettes. La surface des plans de clivage n'est pas lisse.

Texture parallèle déterminée par l'orientation de cristaux dispersés dans un fond grenu de type granitique.
→ gneiss p. 308

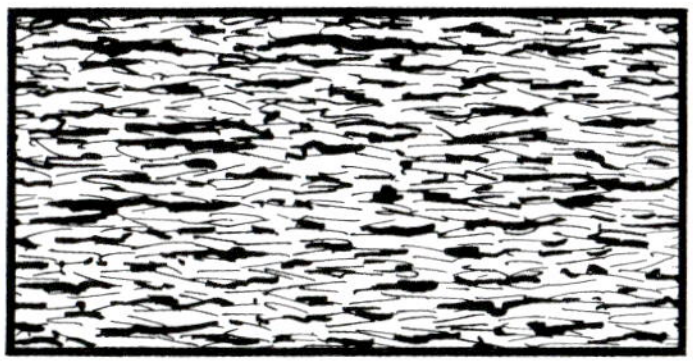

Structure parallèle très nette développée dans une matrice à grain fin à moyen.
→ schistes p. 312

Roches sans texture orientée

Texture à gros débris de rochers

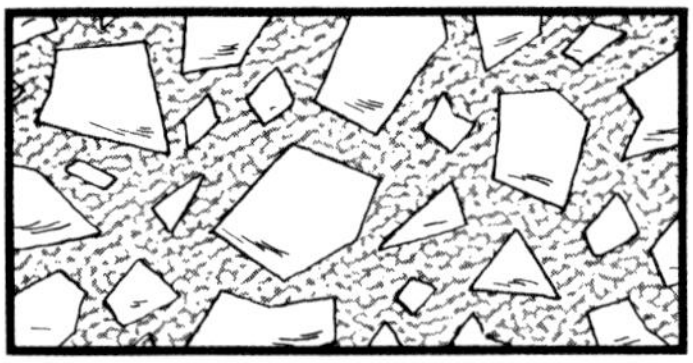

Lithoclases anguleux atteignant la taille d'une tête, dispersés dans une matrice de composition variable.
→ brèches p. 268

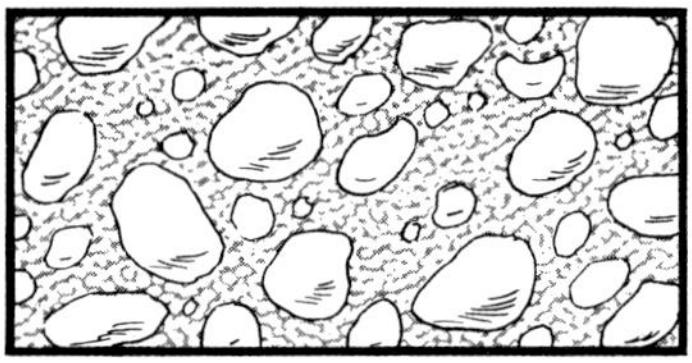

Lithoclases arrondis atteignant la taille d'une pomme, dispersés dans une matrice de composition variable.
→ poudingues p. 270

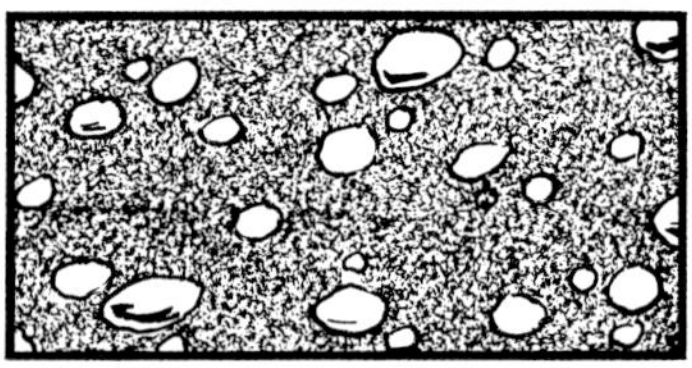

Lithoclases arrondis et anguleux dispersés dans une matrice limoneuse et argileuse.
→ moraines p. 261
→ tillites p. 268

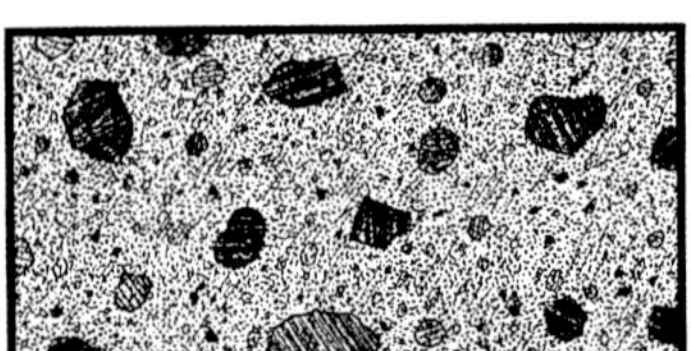

Fragments anguleux de la taille d'une noix, dispersés dans une matrice à grain fin très poreuse.
→ tuffites p. 234

Texture grenue

Masse complètement cristallisée ; minéraux variés de taille sensiblement égale reconnaissables à l'œil nu.
→ roches plutoniques p. 195

Cristaux isolés bien formés, dispersés dans une matrice microlitique ou vitreuse.
→ roches volcaniques p. 228

Grands cristaux isolés dispersés parmi des cristaux plus petits, visibles à l'œil nu.
→ pegmatites p. 258
→ roches métamorphiques massives non schisteuses p. 318

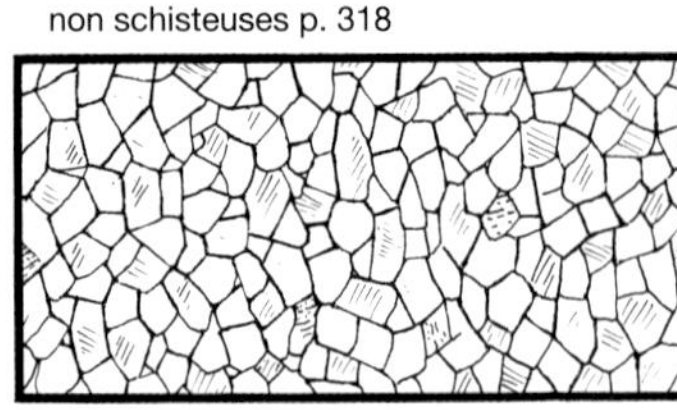

Roche monominérale d'aspect saccharoïde, facilement rayable au couteau.
→ marbres p. 324
→ marbres dolomitiques p. 326

Texture finement grenue

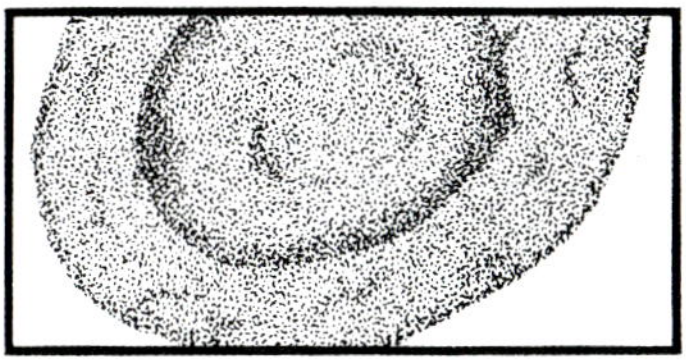

Agrégat noduleux atteignant la taille d'une pomme, souvent zoné.
→ silex p. 294
→ rognons de silex p. 294

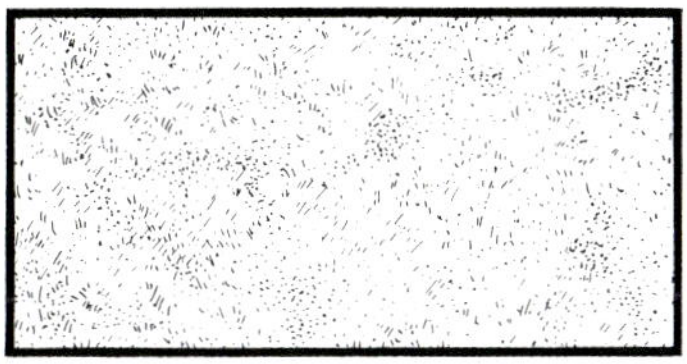

Texture régulière finement grenue, très dure.
→ quartzolites p. 198
→ roches métamorphiques massives non schisteuses p. 318

Masse finement grenue, rayable au couteau avec parfois présence de fossiles.
→ calcaires récifaux p. 284
→ dolomies p. 290

Texture vitreuse

Masse vitreuse homogène, cassure conchoïdale.
→ obsidiennes p. 238

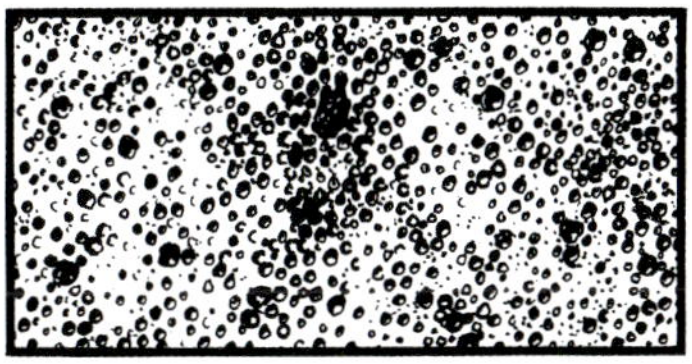

Roche poreuse, très légère, généralement de couleur claire.
→ ponces p. 236

Toutes les caractéristiques des principaux groupes de roches en un coup d'œil p. 380.

Caractéristiques de reconnaissance des principaux groupes de roches

Roches plutoniques

1. Totalement cristallisées ; la masse tout entière formée de cristaux
2. Gros cristaux visibles à l'œil nu
3. Pas de direction généralement visible dans un échantillon de la taille de la main ; minéraux mélangés les uns dans les autres ; texture rarement fluide
4. Très compactes ; quasiment aucune cavité
5. Jamais de fossile
6. Diaclases souvent rectangulaires les unes par rapport aux autres
7. Formes d'altération typiquement en boules
8. Formes de grandes montagnes le plus souvent en douces ondulations (« ballons » vosgiens)

Roches volcaniques

1. Uniquement des cristaux isolés bien développés (texture porphyrique)
2. Masse de fond dense (microcristallisée) ou amorphe (sans configuration, vitreuse)
3. Nombreuses petites cavités
4. Texture fluide commune
5. Fréquent débit en colonnes (« orgues basaltiques »)
6. Fossiles extrêmement rares

Roches sédimentaires

1. Le plus souvent stratification évidente
2. Souvent fossilifère
3. Formes de grandes montagnes à escarpements multiples et surprenants
4. Moraines jamais litées, aucun triage de galets
5. Récifs calcaires presque jamais lités

Roches métamorphiques

1. Totalement cristallisées, schisteuses, la masse tout entière formée de cristaux
2. Gros cristaux visibles à l'œil nu le plus souvent
3. Fréquemment brillantes sur un côté
4. Texture à direction parallèle schisteuse
5. Très compactes, aucune cavité
6. Aucun fossile en général
7. Aucune surface de séparation lisse
8. Formes de montagnes douces et onduleuses

Tableau des éléments chimiques

Symbole chimique	Nom	Numéro atomique	Symbole chimique	Nom	Numéro atomique
Ac	Actinium	89	Mg	Magnésium	12
Ag	Argent	47	Mn	Manganèse	25
Al	Aluminium	13	Mo	Molybdène	42
Am	Américium	95	N	Azote (*nitrogène*)	7
Ar	Argon	18	Na	Sodium (*natrium*)	11
As	Arsenic	33	Nb	Niobium	41
At	Astate	85	Nd	Néodyme	60
Au	Or (*Aureum*)	79	Ne	Néon	10
B	Bore	5	Ni	Nickel	28
Ba	Baryum	56	No	Nobélium	102
Be	Béryllium	4	Np	Neptunium	93
Bi	Bismuth	83	O	Oxygène	8
Bk	Berkélium	97	Os	Osmium	76
Br	Brome	35	P	Phosphore	15
C	Carbone	6	Pa	Protactinium	91
Ca	Calcium	20	Pb	Plomb	82
Cd	Cadmium	48	Pd	Palladium	46
Ce	Cérium	58	Pm	Prométhium	61
Cf	Californium	98	Po	Polonium	84
Cl	Chlore	17	Pr	Praséodyme	59
Cm	Curium	96	Pt	Platine	78
Co	Cobalt	27	Pu	Plutonium	94
Cr	Chrome	24	Ra	Radium	88
Cs	Césium	55	Rb	Rubinium	37
Cu	Cuivre	29	Re	Rhénium	75
Dy	Dyprosium	66	Rh	Rhodium	45
Er	Erbium	68	Rn	Radon	86
Es	Einsteinium	99	Ru	Ruthénium	44
Eu	Europium	63	S	Soufre	16
F	Fluor	9	Sb	Antimoine (*stibium*)	51
Fe	Fer	26	Sc	Scandium	21
Fm	Fermium	100	Se	Sélénium	34
Fr	Francium	87	Si	Silicium	14
Ga	Gallium	31	Sm	Samarium	62
Gd	Gadolinium	64	Sn	Étain (*stannum*)	50
Ge	Germanium	32	Sr	Strontium	38
H	Hydrogène	1	Ta	Tantale	73
He	Hélium	2	Tb	Terbium	65
Hf	Hafnium	72	Tc	Technétium	43
Hg	Mercure		Te	Tellure	52
	(hydrargyrum)	80	Th	Thorium	90
Ho	Holmium	67	Ti	Titane	22
In	Indium	49	Tl	Thallium	81
Ir	Iridium	77	Tm	Thulium	69
I	Iode	53	U	Uranium	92
K	Potassium (*kalium*)	19	V	Vanadium	23
Kr	Krypton	36	W	Tungstène (*wolfram*)	74
La	Lanthane	57	Xe	Xénon	54
Li	Lithium	3	Y	Yttrium	39
Lr	Lawrencium	103	Yb	Ytterbium	70
Lu	Lutécium	71	Zn	Zinc	30
Md	Mendelevium	101	Zr	Zirconium	40

Échelle des temps géologiques

Ères	Millions d'années avant le présent	Périodes ou systèmes	Subdivisions et étages	
Cénozoïque		Quaternaire	Holocène Pléistocène	
	2	Tertiaire	Pliocène Miocène	Néogène
			Oligocène Eocène Paléocène	Paléogène
	70	Crétacé	Supérieur Inférieur	
Secondaire ou Mésozoïque	140	Jurasique	supérieur (Malm) moyen (Dogger) inférieur (Lias)	
	200	Trias	supérieur (Keuper) moyen (Muschelkalk) inférieur (Buntsandstein – Grès bigarrés)	
	250	Permien	supérieur Thuringien moyen Saxonien inférieur Autunien	Zechstein Rotliegendes (Grès rouges)
Primaire ou Paléozoïque	300	Carbonifère	supérieur Silésien (Houiller) inférieur Dinantien	
	360	Dévonien	supérieur moyen inférieur	
	400	Silurien	supérieur inférieur	
	440	Ordovicien	supérieur inférieur	
	500	Cambrien	supérieur moyen inférieur	
Algonkien	570	Protérozoïque	supérieur	
Précambrien	1000	Protérozoïque	inférieur	
Archéen	2500	Archéen		
	4500			

Bibliographie

Ouvrages en langue française

Ouvrage collectif de 15 auteurs (2001), *Diamants* (livre souvenir de l'exposition « Diamants » au Museum National d'Histoire naturelle de Paris – 352 pages) Museum National d'Histoire naturelle

Asselborn E., Chiappero P.J., Galvier J. (1987/1999), *Les Minéraux*, Artémis, Chamalières

Aubert G., Guillemin C., Pierrot R. (1978), *Précis de minéralogie*. Masson. Paris.

Bancroft P. (1973) *Les plus beaux minéraux et cristaux du monde*, traduit de l'américain, Draeger, Paris

Bariand P. & N. (1979), *Le Monde merveilleux des pierres précieuses à l'état naturel*, Minerva S.A., Genève

Bariand P. & N. (1992), *Minéraux passion*, Bordas, Paris

Bariand P., Cesbron F., Geffroy J. (2005), *Les Minéraux, leurs gisements, leurs associations* (3 volumes). Réédition revue et augmentée (1re éd. 1977) Minéraux et fossiles, hors série n° 19, Revigny

Bariand P. & Poirot J.-P. (2004), *Larousse des pierres précieuses,* édition revue (1re éd. 1985), Larousse, Paris

Bellair P., Pomerol Ch. (1982), *Éléments de géologie*. A. Colin, Paris.

Bertin L. (1939), *Géologie et paléontologie*, Larousse, Paris

Boillot G. (1983), *Géologie des marges continentales*, Masson, Paris.

Bouillard J.C. (1996), *Et l'homme créa la pierre, les synthèses de cristaux*, Université Pierre et Marie Curie, Paris

Betekhtine A. (1968), *Manuel de minéralogie descriptive*, traduit du russe, Éditions Mir, Moscou

Cailleux A. (1980), *Les Roches*, coll. « Que sais-je ? » n° 519, (8e édition).

Caillère S., Hénin S., Rautureau M. (1982), *Minéralogie des argiles*, Masson, Paris.

Canac R. (1980), *L'Or des cristalliers*, Denoël, Paris

Carion A. (1993), *Les Météorites et leurs impacts*, Armand Colin Éditeur, Paris

Carion A., Galoisy L., Bouillard J.-C., de La Tullaye (2007), *Fulgurites et verres naturels, pierres de foudre, de feu et de choc*, Université Pierre et Marie Curie, Paris

Chauris L., Le Bail F., Guigues J. (1970), *Minéraux de Basse-Bretagne*, fascicule de 96 pages, extrait de la revue *Penn ar Bed,* volumes 6 & 7, I.C.A., Brest

Chermette A. (1986), *La Fluorite,* Gaston Lachurié éditeur, Paris

Da Cunha C. & A. (1984) *Des pierres précieuses aux pierres fines*, guide de l'amateur et du collectionneur, Plon

De Michele V. (1969), *Le Monde des cristaux*, Grange Batelière SA, Paris.

Deribéré M. (1945), *Les Météorites…des pierres tombées du ciel*, Éditions Prisma, Paris

Desautels P.-E. (1970/1973), *L'Univers des pierres précieuses*, traduit de l'américain (*The Gem Kingdom*), Arthaud, Paris

Duda R. & Rejl L. (1999), *Les Pierres précieuses*, traduit du tchèque, Gründ, Paris

Font-Altaba M.(1960), *L'Encyclopédie de la minéralogie*, traduit de l'espagnol (*Atlas de mineralogia*), Marabout Université, Verviers, Belgique

Foucault A., Raoult J.-F. (1984), *Dictionnaire de géologie*. (2e édition), Masson, Paris.

Fourmarier P. (1944), *Élements de géologie*, Masson et Cie, Paris

Flint E. (1968), *Principes de cristallographie*, traduit du russe, Éditions Mir, Moscou

Fuchs E. & De Launay L. (1893), *Traité des gîtes minéraux et métallifères*, 2 tomes, Baudry et Cie, Paris

Gignoux M. (1950), *Géologie stratigraphique*, Masson et Cie, Paris

Girod M. et coll. (1978), *Les Roches volcaniques*. Pétrologie et cadre structural. Doin, Paris

Gorchkov G. & Yakouchova A. (1967), *Géologie générale*, traduit du russe, Editions Mir, Moscou
Gübelin E. & Wolgensinger M. (1969), *Pierres précieuses*, Éditions Silva, Zürich
Hohl J.-L. (1994), *Minéraux et mines du massif vosgien*, Éditions du Rhin, Mulhouse
Johnsen O. (2002), *Guide Delachaux des minéraux*, traduit du danois (*Mineralernes verden*) et adapté par Poirot J.-P., Delachaux et Niestlé, Paris
Kourimsky J. & Turz F. (1984), *Encyclopédie des minéraux*, traduit du tchèque, Gründ
Krzeminska E. & Krzeminski W. (1992), *Les Fantômes de l'ambre*, Musée d'histoire naturelle de Neufchâtel, Suisse
Lameyre J. (1975), *Roches et minéraux*, Doin, Paris
Lapparent A. de (1975), *Précis de minéralogie*, Blanchard.
Lucas G., Cros P., Lang J. (1986), *Les Roches sédimentaires*, Doin, Paris
Mari G. (1989), *Les Lithophyses du massif de l'Esterel*, Arnéra, Vallauris
Metta A. et N. (1960), *Les Pierres précieuses*, Presses universitaires de France, Paris
Millot G. (1964), *Géologie des argiles*, Masson, Paris
Moret L., (1955), *Précis de géologie*, Masson, Paris
Poirot J.-P. (2004), *Minéralia*, Artémis, Chamalières
Pomerol C., Fouet R. (1975), *Les Roches éruptives*, coll. « Que sais-je ? » n° 542 (6e édition)
Pomerol C., Fouet R. (1982), *Les Roches sédimentaires*, coll. « Que sais-je ? » n° 595, (7e édition)
Pomerol C., Fouet R. (1976), *Les Roches métamorphiques*, coll. « Que sais-je ? » n° 647, (5e édition)
Pough F.-H. (1972), *Guide des roches et minéraux*, traduit de l'américain, Delachaux et Niestlé
Raphaell K. (1990), *Les Pouvoirs secrets des cristaux*, traduit de l'anglais (*Crystal enlightenment*,1985), Albin Michel, Paris
Raguin E. (1942), *Géologie appliquée*, Masson et Cie, Paris
Rinne F. (1928), *La Science des roches*, traduction et adaptation de l'allemand par Bertrand L., J. Lamarre éditeur, Paris
Rittmann, A. (1963), *Les Volcans et leur activité*, Masson, Paris.
Raulet S. (1999), *Cristal de roche,* Éditions Assouline, Paris
Schumann W. (2009), *Guide des pierres précieuses, pierres fines et ornementales*, traduit de l'allemand (*Edelsteine und Schmucksteine, alle Arten und Varietäten der Welt*, Delachaux et Niestlé, Paris
Schubnel H.-J. (1968), *Pierres précieuses, gemmes et pierres dures*, Grange Batelière, Paris
Schubnel H.-J. (1972), *Pierres précieuses dans le monde*, Horizons de France, Paris
Wallerant F. (1909), *Cristallographie*, Librairie polytechnique, Ch. Béranger, Paris
Winkler, H.-G.-F. (1965), *La Genèse des roches métamorphiques*, Ophrys
Zanda B., Rotaru M. & *alii* (1996), *Les Météorites*, Bordas, Paris

Ouvrages en langue anglaise

Fourestier, J de (1999), *Glossary of mineral synonyms*, The Canadian mineralogist, Ottawa, Canada
Grady M.M. (2000), *Catalogue of meteorites*, Cambridge University Press, Angleterre
Gübelin E. & Koivula J.I. (2005), *Photoatlas of inclusions in gemstones*, Opinio Verlag, Bâle, Suisse
Hurlblut C.S. & Klein C. (1985), *Manual of mineralogy*, John Willey, New York, USA
Keller P.C. (1990), *Gemstones and their origins*, Van Nostrand Reinhold, New York, USA
Kunz G.F. (1913), *The curious lore of precious stones*, réplique en 1971 de l'édition originale par Dover Publication Inc, New York, États-Unis

Kievlenko E.Y. (2003), *Geology of gems*, traduit du russe, Ocean Pictures Ltd., Littleton,USA
Mandarino J.A. & Back M.E. (2004), *Fleischer's Glossary of Mineral Species*, The Mineralogical record Inc., Tucson, USA (réédition revue et augmentée des tables de Michael Fleischer publiées en 1983)
Mitchell R.S. (1979), *Mineral names, what do they mean ?* Van Nostrand Rheinholld Company
O'Neil P. (1983), *Gemstones*, Time-Life Books, Alexandria, Virginia, USA
Read P.G. (1994), *Dictionary of gemmology*, Butterworth-Heineman, Oxford, Angleterre
Schort M.N. (1940/1948), *Microscopic determination of the ore minerals*, Geological survey bulletin 914, United States Government Printed Office, Washington, USA
Uytenbogaardt W. (1951), *Tables for microscopic identification of ore minerals*, Princeton University press, Princeton, New Jersey, USA
Webster R. (1975), *Gems, their sources, descriptions and identification*, Newnes-Butterworth, Londres, Angleterre
Wight Q. (1993), *The complete book of micromounting*, Mineralogical record, Tucson, USA

Ouvrages en langue allemande

Bruder B. (2005), *Geschönte Steine*, Neue Erde, Saarebrücken
Bruhns W. & Ramdhor P. (1972), *Petrographie*. Sammlung Göschen, Bd 173, Walter de Gruyter, Berlin
Duthaler R. & Weiss S. (1999), *Mineralien reinnigen und aufbewahren*, Christian Weise Varlag, Augsbourg
Goldschmidt V. (1913/1923), *Atlas der Krystallformen* (9 tomes), Carl Winter, Heidelberg
Gunther B. (1988/1991), *Bestimmungtabellen für Edelsteine, synthetische Steine, Imitationen*, mis à jour en 1991, Verlagbuchh. E. Lenzen, Kirschweiler
Lüschen H. (1979), *Die Namen der Steine*, Otto Verlag, Thun, Suisse
Philipsborn H (1967), *Tafeln zum Bestimmen der Mineralenach aussereren Kennzeichnen*, E. Schweizerbart'sche Verlagbuchhandlung, Stuttgart
Ramdohr P. & Strunz H. (1978/1980), *Klockmanns Lehrbuch der Mineralogie* (réédition 1980), Enke Verlag, Stuttgart
Schlossmacher K. (1969), *Edelsteine und Perlen*, E Schweitzerbart'che Verlag-Buchh., Stuttgart
Strunz H. & Nickel E.H. Strunz (2001) *Mineralogical Tables* (réédition revue des tables de 1982) , E Schweitzerbart'che Verlag-Buchh., Stuttgart
Vinx R. *Gesteinbestimmung im Gelände*, Spektrum, Munich

Publications périodiques en langue française

Minéraux et fossiles, Revigny (Meuse)
Le règne minéral, Saint-Julien-du-Pinet (Haute-Loire)
Lithos, mensuel, éd. Serre, Nice
Géochroniques, revue d'information d'expression française en sciences de la terre, coéditée par la Société géologique de France et le BRGM
Bulletin de la société géologique de France, bimestriel, édité par la Société géologique de France
Géologues, sciences de la terre et techniques modernes, bulletin trimestriel, revue officielle de l'Union française des géologues
Revue de gemmologie, Association française de gemmologie, Paris

Publications périodiques en langue anglaise

The Mineralogical Magazine, Londres, Angleterre
The Journal of Gemmology, Gemmological Association of Great Britain, Londres, Angleterre

The Australian Mineralogist, Sidney, Australie
The Canadian Mineralogist, Ottawa, Canada
The American Mineralogist, Mineralogical association of America, Washington, USA
The Mineralogical Record, Tucson, USA
Rocks and Minerals, Washington, USA
Lapidary Journal, San Diego, USA
Gems and Gemology, Gemological Institute of America, Carlsbad, California, USA

Publications périodiques en langue allemande

Fundgrube, Zeitschrift für Geologie, Mineralogie, Paläontologie und Bergbaugeschichte – Meteor Verlag, Berlin, Allemagne
Der Aufschluss, Zeitschrift für die Freunde der Mineralogie und Geologie, Hrsg. Vereinigung der Freude und Geologie, Heidelberg, Allemagne
Lapis, Christian Weise Verlag, Munich, Allemagne
Mineralien-Welt, Bode Verlag, Haltern, Allemagne
Gemmologie, Zeitschrift der Deutschen Gemmologischen Gesellschaft, Idar-Oberstein, Allemagne
Der Mineraliensammler, Hrsg. Vereinigte Mineraliensammler Osterreichs, Linz, Autriche
Die Eisenblüte, Fachzeitschrift für österreichische Mineraliensammler, Graz, Autriche
Der Karinthin, Beiblatt der Fachgruppe für Mineralogie und Geologie des Naturwissenschaftlichen Vereins für Kärnten, Klagenfurt, Autriche
Schweizer Strahler, Zeitschrift für Liebhaber von Mineralien und Fossilien, Thun, Berne, Suisse
Urner Mineralienfreunde, Reiden, Uri, Suisse

Publication périodique en langue italienne

Rivista Mineralogica Italiana – Milan, Italie

Publication périodique en langue espagnole

Bocamina – Madrid, Espagne

Musées

L'amateur de minéraux aime admirer des cristaux bien formés, propres, esthétiques et assez gros. Où les trouver ailleurs que dans un musée ? Les capitales et les grandes villes universitaires possèdent souvent un musée de minéralogie ouvert au public. Certains, telle la Smithsonian Institution de Washington, sont célèbres dans le monde entier. À Paris, trois collections remarquables comportent des échantillons rares connus du monde entier et qui font la joie de tout amateur de minéraux :

1. la collection de l'Université Pierre et Marie Curie, avec une présentation moderne où les échantillons exposés sont particulièrement esthétiques (place Jussieu, Paris 5e)
2. la collection du Museum national d'histoire naturelle, où l'on verra de nombreuses gemmes (rue Geoffroy-Saint-Hilaire, Paris 5e)
3. la collection de l'École nationale supérieure des mines, présentée dans un agréable cadre XIXe siècle, avec certains échantillons très spectaculaires (60 boulevard Saint-Michel, Paris 6e)

Bourses minéralogiques

Des bourses aux minéraux sont organisées dans presque toutes les villes ; certaines sont d'une importance internationale, comme celles de Munich (Allemagne) et de Tucson (États-Unis). En France, une bourse se tient vers la fin du mois de juin à Sainte-Marie-aux-Mines (Haut-Rhin). Elle offre à l'amateur minéralogiste une vue d'ensemble sur toutes les nouveautés, ainsi que sur ce qui gravite avec plus ou moins de sérieux autour des cristaux (comme la soi-disant lithothérapie).

Internet

Le lecteur peur trouver de multiples renseignements sur Internet en saisissant des mots-clefs dans son moteur de recherche (minéraux, etc.).

Index

Crédits photographiques

Tableaux et photographies en couleurs :
Hermann Eisenbeiss (échantillons fournis par l'auteur) à l'exception de :

3 M Deutschland GmbH (Modell RM HT-401) : 343
Archiv Lapis im Chr. Weise Verlag München : 338
Bayerische Volkssternwarte, Munich : 330 (météorite)
G. Blockus/K. Fischer : 34
Brewes : 345, 350
Conrad Electronic : 351
DMF International : 339
Dress-Safe : 348 (à gauche)
W. Eisenreich/W. Schumann : 21, 27, 29, 30, 186, 340, 341 (à gauche), 341 (à droite), 344, 347 (à gauche), 347 (à droite)
J. Kautzky : 328-329
F. Kögel : 2-3, 261 (à droite)
R. Kögel : 274
Krantz : 348 (à droite)
Krause : 111 [4], 145 [3]
Lippke Kleingerätebau : 342
U. Medenbach : 74 [2], 101 [3], 103 [9], 117 [3], 124 [3], 125 [4], 131 [4], 137 [4], 147 [2]
H. Menke : 208 (en haut)
F. Müller : 205, 207, 213, 215, 219, 221, 249, 283 (en haut à gauche), 283 (au milieu à gauche), 311, 323, 327
Museumsabteilung der Bayerischen Schlösserverwaltung, Münich : 156
Neukirchen : 45 [4], 53 [1]
Odenwälder Hartstein-Industrie GmbH, Werk Groß-Bieberau : 226-227
Pfeil Verlag : 336
Museumabteilung der Bayerischen Schlösserverwaltung, Munich : 156
R. Phildius : 330 (ciel étoilé)
E. Pott : 288
Reul Granit A.G., Kirchenlamitz : 210, 212
Reul Granit A.G., Kirchenlamitz/Knapsack-Griesheim A.G., Francfort : 211
W. Schumann : 19, 94, 206, 208 (au milieu), 208 (en bas), 209, 229, 232, 234, 256, 260, 261 (à gauche), 266, 270, 272, 276, 305, 334
Chr. Weise : 335 [3], 335 [4]
S. Weiß/Archiv Lapis : 45 [1], 103 [7], 117 [5], 137 [4], 137 [5], 141 [3], 143 [3]

Dessins : Hellmut Hoffmann (sauf p. 14-15, 161, 189 : Walter Schumann, *Das grosse Buch der Erde*, (c) Lexiko-graphisches Institut, Munich)

Photographies de couverture :
K. Hartmann-Diaverleih T. Sachs
(couverture avant : émeraude ; couverture arrière : chrysocolle)